데이터 기반
문제해결 교육을 위해

교사가 알아야 할 통계와 데이터과학

전국통계교육교사모임 학술번역서

Anna Bargagliotti · Christine Franklin 지음

탁병주 · 지영명 · 이윤경 · 김은하
구나영 · 이자미 · 전수경 · 한수연 옮김

KM 경문사

역자 머리말

지난 2022년 5월, **전국통계교육교사모임**은 미국통계협회와 미국수학교사협의회에서 공동으로 발행한 『Guidelines for Assessment and Instruction of Statistics Education II (이하 GAISE II)』 보고서를 번역하여 **『학교에서 통계와 데이터과학은 어떻게 가르쳐야 할까?』**라는 제목으로 발간한 바 있습니다. 2019년 창립 이래로 전국통계교육교사모임은 교사 연수, 교수·학습 자료 개발 등 학교 통계 수업을 지원하는 다양한 사업을 수행해 왔지만, 학술 번역서를 출판함으로써 그동안의 활동을 이론적으로 뒷받침하면서 더욱 전문적이고 체계적인 통계교육의 변화를 추진할 수 있는 토대를 마련할 수 있었습니다.

역자 중 일부는 2022 개정 수학과 교육과정의 시안 개발에 참여한 연구진이었습니다. 그렇기에 GAISE II 보고서의 내용을 비롯한 여러 국내외 연구 성과를 토대로 다양한 아이디어를 담아 통계 교육과정의 재구조화를 꿈꾸었지만, 일부 난관에 부딪쳐 실현되지 못하고 많은 부분을 타협이라는 이름하에 포기할 수밖에 없었습니다. 그 이유에는 여러 가지가 있었으나, 그중 "현장 교사들이 그 아이디어를 소화할 수 없다"는 말이 역자에게는 가장 아프게 다가왔습니다. 이는 단순히 교육과정의 개정만으로는 통계 수업의 변화를 이끌어낼 수 없고, 이를 실천하는 교사들이 그만큼의 준비가 되어 있어야 함을 뜻하는 말이기도 했습니다.

GAISE II 보고서는 통계 교육과정의 이상적인 구조를 표준화하여 보여줍니다. 그리고 통계 수업을 실천하는 교사들이 참고할 수 있는 다양한 아이디어와 사례를 제공하는 좋은 가이드라인이기도 합니다. 그러나 아무리 좋은 교육과정과 좋은 가이드라인이 있더라도, 통계교육 변화의 최전선에서 통계 수업을 실천하고 있는 교사들의 전문성이 뒷받침되지 않으면 소용이 없다는 사실을 깨달았습니다. 대다수의 교사들은 '데이터 기반(data-driven)'이라는 핵심적인 철학이 거세된 채 형식적으로 이루어지는 통계교육만을 경험해왔기에, 우리나라 교사들의 높은 자질과 잠재력이 통계 수업에서도 발휘될 수 있게 하려면 어떤 교사교육이 이루어져야 하는지를 고민하기 시작했습니다. 그래서 주목한 것이 미국통계협회에서 발간한 『Statistics and Data Science for Teachers』입니다.

준(準) 수학자로서의 정체성을 지닌 우리나라 수학 교사분들께는 구조와 형식에서 본질을 추구하는 수학의 논리가 익숙한 반면, 통계는 언제나 데이터와 맥락에서 의미를 찾아내는 것이 중요합니다. 그렇기에 통계 수업을 실천하는 데 필요한 전문성은 풍부한 데이터와 이를 둘러싼 맥락 속에서 통계 아이디어에 의미를 부여하는 경험과 활동으로부터 비롯된다고 볼 수 있는데, 이 책은 바로 그러한 사례들이 Unit별로 풍부하게 제시되어 있습니다. 무엇보다도 이 책은 데이터과학으로서 통계학의 본질적인 특성에 주목하여 '데이터 기반 문제해결'의 철학을 반영하고 있기에, 그동안 많은 교사분들이 공부했던 통계 전공서적과는 분명한 차이가 있습니다. 그래서 이 책은 교육대학과 사범대학에서 통계 과목을 수강하는 예비교사에게, 그리고 학교 현장에서 통계 수업을 실천하고 있는 현직교사에게 매우 유용한 교재가 될 것이라 기대하고 있습니다. 이는 번역서의 제목을 **『교사가 알아야 할 통계와 데이터과학』**이라 명명한 이유이기도 합니다.

본 번역서가 학교 현장에서 통계교육의 변화를 위해 노력하시는 많은 교사분들께, 그리고 교육대학과 사범대학에서 교사가 되기 위해 열심히 학업에 매진하고 있는 많은 예비교사에게도 도움이 되기를 희망합니다. 이 책의 발간을 지원해주신 경문사 편집부에 진심으로 감사 인사를 전합니다.

2023년 봄

역자 일동

역자 머리말 iii
서론 viii

UNIT 1 문제해결 과정으로서 통계

Unit 1A 통계적 문제해결 과정 2

탐구 1A.1: 3학년 학생들이 좋아하는 스포츠 3
사례연구 1: 수학과 운동 7
사례연구 2: 식료품 쇼핑과 건강한 식사 10

Unit 1B 통계에서 질문의 역할 14

탐구 1B.1: 탐구 질문 구성하기 14

Unit 1C 분포의 도입 24

탐구 1C.1: 교내 댄스 페스티벌 25
탐구 1C.2: 모의시험 점수 30
탐구 1C.3: 미라비치에 있는 회사들 35

Unit 1D 분포 비교하기 42

탐구 1D.1: 고등학생의 수면 패턴 42
탐구 1D.2: 피로도 52

Unit 1E 변수 사이의 관계 탐색하기 56

탐구 1E.1: 질문 제기 전략과 시험 점수 57
탐구 1E.2: 영화 제작비와 흥행 수익 62
탐구 1E.3: 신체에 대한 이미지 66

UNIT 2 데이터과학의 세계로

Unit 2A 일상생활의 데이터 74

사례연구 3: 그래픽 표현 75
사례연구 4: Dear Data 78
탐구 2A.1: 나의 행복 주간 81
탐구 2A.2: 데이터 카드 87

Unit 2B 데이터과학을 향하여 95

탐구 2B.1: 사진, 우리를 말해주는 데이터 95
탐구 2B.2: 우리 사회의 기후 변화 105

Unit 2C 비정형데이터 탐구하기 116

탐구 2C.1: 쓰레기 캠페인 116
탐구 2C.2: 갭마인더 122
탐구 2C.3: 글로벌 테러리즘과 종교 문제 130
사례연구 5: 피트빗 트래킹 137

UNIT 3 확률 톺아보기

Unit 3A 확률의 도입 142

탐구 3A.1: 어떤 카드가 공정할까? 146
탐구 3A.2: 블루베리 팬케이크 150
탐구 3A.3: 마지막 바나나 154
탐구 3A.4: 확률 게임판 159
탐구 3A.5: 시험지를 무작위로 돌려주기 165
탐구 3A.6: 축구장에서의 연습 게임 171
탐구 3A.7: 질병 진단하기 174

Unit 3B 통계에서의 확률 182

Unit 3B.a. 통계에서의 확률: 무작위 표집 184
사례연구 6: 여론조사 184
탐구 3B.a.1: 단어 표집하기[첫 번째] 188
Unit 3B.b. 확률: 무작위 할당 195
사례연구 7: 치실의 효과 196
탐구 3B.b.1: 돌고래와 함께 수영하기 198

Unit 3C 표집분포와 부트스트랩 204

탐구 3C.1: 단어 표집하기[두 번째] 209
탐구 3C.2: 교수법의 차이 213
탐구 3C.3: 중심극한성리 222
탐구 3C.4: 페니 실험[계속] 231

마무리 요약 235
감사의 글 236

부 록

부록 1 「사례연구 6: 여론조사」 탐구를 위한 기사 238

부록 2 「사례연구 7: 치실의 효과」 탐구를 위한 기사 244

찾아보기 247

서 론

2015년, 미국통계협회(American Statistical Association)는 『교사를 위한 통계교육(Statistical Education of Teachers, 이하 SET)』 보고서를 발행하였다. 『교사를 위한 수학교육 II(Mathematical Education of Teachers II, 이하 MET II)』 보고서에서는 수학 교사에게 통계 수업을 위한 준비가 특히 필요하다고 권고한 바 있는데, SET 보고서는 이러한 권고를 좀 더 구체적으로 풀어내기 위해 기획된 것이다. MET II 보고서는 교실에서 공통핵심규준(Common Core State Standards) 또는 이에 상응하는 주 규준에 따라 지도할 이들에게 필요한 지식을 구체적으로 제시하기 위해 미국 수리과학 컨퍼런스 보드(Conference Board of the Mathematics Science, 이하 CBMS)에서 발행하였다. 교사교육자를 대상으로 하는 SET 보고서는 교사가 현재의 교육 규준에 맞게 가르치기 위해서 알고 있어야 하는 통계 내용을 구체적으로 보여준다. 통계에 대한 교양 수준이 학년 전체에 걸쳐 어떻게 높아지는지를 보여주고자 다양한 학년 수준에 적용할 수 있는 자체 제작 사례를 담고 있다. MET II 보고서와 일관성을 기하는 차원에서, SET 보고서에서는 각 학교급별 교사에게 다음과 같이 통계 과목 이수를 권고하고 있다.

- 초등학교 교사: 6주에서 한 학기 간의 통계 과목 이수
- 중학교 교사: 두 학기 간의 통계 과목 이수
- 고등학교 교사: 세 학기 간의 통계 과목 이수

현행 교사교육 프로그램에는 통계 내용이 거의 또는 전혀 포함되어 있지 않기 때문에, 이러한 권고는 도전적인 것이다. 그러나 비록 도발적이기는 하나, 이러한 권고는 MET II 보고서에서 보여주듯이 수학교육 공동체가 교사교육자에게 일반적으로 요구하는 내용과도 일치할 뿐만 아니라, 통계적 소양을 강조하는 사회적인 요구(예를 들어, 데이터에 기반을 둔 뉴스 기사를 이해할 수 있어야 하며, 우리 사회에 존재하는 이슈에 대해 비판적으로 생각할 수 있어야 한다는 요구)에도 부합한다.

2020년에는 미국통계협회와 미국수학교사협의회(National Council of Teachers of Mathematics, 이하 NCTM)에서 공동으로 『Pre-K-12 Guidelines for Assessment and Instruction in Statistics Education II: A framework for statistics and data science education(이하 GAISE II)』 보고서[1]를 발행하였다. GAISE II는 2005년에 발행된

1 (역주) 우리나라에서는 2022년에 『학교에서 통계와 데이터과학을 어떻게 가르쳐야 할까?(탁병주 외 역, 경문사)』라는 제목으로 번역서가 출판되었다.

원래의 GAISE 보고서의 정신을 유지하면서 오늘날 데이터를 이해하는 데 필요한 새로운 기술을 통합하여 발전시킨 것이다. 그 어느 때보다도 오늘날에는 모든 학생들이 데이터 기반의 세계에서 삶을 영위하고 생활하기 위한 준비를 하는 데 중·고등학교의 졸업이 필수적이며, GAISE II 보고서는 이러한 목표를 달성하는 방법을 개괄한다. 모두가 데이터 소양을 갖춘 사회를 만들기 위해 교사는 교실에서 통계와 데이터과학 콘텐츠를 제공할 준비가 되어 있어야 한다. 통계와 데이터과학에 대한 교사교육의 중요성은 NCTM에서 발행한 『Catalyzing Change in High School Mathematics: Initiating Critical Conversations』에 더욱 명확히 설명되어 있는데, 여기에서 통계는 대수, 기하와 함께 주요 내용 영역으로 포함되어 있다. 또한 데이터과학이 전국에 걸쳐 주 규준(state standards)에서 더욱 중요해짐에 따라, 교사가 이에 따른 요구 사항을 충족할 수 있도록 준비가 필요하다.

현대 사회에서 데이터의 중요성

GAISE II에서 언급한 바와 같이, 최근 몇 년 동안 우리 사회에서 데이터의 영향력이 증가하면서 데이터 기반 의사결정이 점점 더 강조되고 있다. 전통적인 정형데이터와 비전통적인 비정형데이터 모두 어디에나 있으며, 통계학은 대개 데이터의 과학이라 불리곤 한다. 데이터를 수집하고, 우리의 삶을 어떠한 지표로 정량화하며, 의사결정을 하는 데 데이터에 의존하는 현상은 오늘날 데이터에 기반을 둔 사회에서 두드러지는 특징이다. 예를 들어, 운동, 식단 조절 그리고 그 외의 일상적인 활동을 정량화하는 신체 추적 장치가 최근 들어 유행한다는 점을 생각해보자. 피트빗(Fitbits), 애플워치(Apple Watches), 휴대전화와 같은 장치를 사용하면 개인이 매일 자신에 대한 데이터를 수집할 수 있다. 2011년에 게재된 롭 굴드(Rob Gould)의 논문 「Statistics and the Modern Student」에는 하루 동안 다양한 테크놀로지에 의해 수집되는 데이터에 대한 수많은 사례가 제시되어 있다. 예를 들어, 판도라(Pandora) 앱은 사용자가 이전에 선택한 음악과 선호도 질문에 대한 응답을 기반으로 사용자가 선호할 만한 음악을 추천한다. 굴드가 언급한 또 다른 사례로는, 로스앤젤레스 권역의 휘발유 가격을 업데이트하는 지도를 이용하여 사용자가 어느 곳에서 주유할지를 정보에 기반을 두어 의사결정하는 경우가 있다.

이러한 사례들은 우리가 통계적 탐구 질문에 답하고 우리의 삶 속에서 의사결정을 하기 위해 데이터를 수집, 분석, 해석할 수 있음을 보여준다. 아마도 우리는 데이터를 분석하고 해석하여 하루에 얼마나 걸어야 하는지, 어떤 음식을 먹어야 하는지, 어떤 추천 음악을 선택할지와 같은 삶의 선택에 도움을 받을 수 있을 것이다.

사회 전반에 걸쳐 데이터 소양이 점점 더 중요해지고 있다. 예컨대, 뉴스에는 각종 통계 정보가 넘쳐나고 있다. 그렇기에 데이터는 우리의 삶에 점점 더 많은 영향을 미치고 있다. 이는 전 세계에 COVID-19 팬데믹이 시작된 2020년 3월 이후 극적으로 입증되었다. 사회의 능동적인 구성원으로서 우리는 통계 정보를 이해하는 방법에 대한 교육을 받아야 한다. 통계와 데이터과학 교육을 받은 사람을 찾는 수요는 점점 증가하고 있다. 예를 들어, 미국 노동통계국(Bureau of Labor Statistics, 이하 BLS)에 따르면, 통계와 관련된 직업은 2012년부터 2022년 사이에 약 27% 증가할 것으로 예상된다(BLS, 2013).

통계교육의 현재

데이터에 대한 접근성이 높아지고 일상생활에서 데이터를 수집하는 행위가 지속됨에 따라 사회 구성원이 모두 통계적으로 유능해질 필요가 있다. 이러한 새로운 강조점에 의해 데이터와 통계는 미국 전역에 걸쳐 학교수학 교육과정의 핵심 구성 요소가 되었다. 현재의 규준에는 중학교와 고등학교 수준에 상당한 양의 통계가 포함되어 있다. 미국에서 수학 규준을 개정하면서 특히 초등학교 수준에서 통계 규준이 추가적으로 더해지고 있다. 또한 고등학교에서 AP[2] 통계를 수강하는 학생 수도 1997년 7,500명에서 2019년 222,000명 이상으로 지난 몇 년 동안 급격히 증가하였으며, 이는 통계교육에 대한 학생들의 높은 수요를 보여준다.[3] 이를 감안할 때, 교사 역시 이에 따른 준비가 필요하다.

일상생활에서 데이터가 점점 더 중요해지고 있지만, 학교에서 통계를 강조해야 한다

2 (역주) 대학 과목 선이수제를 뜻하는 Advanced Placement의 약어로, 특히 미국 College Board가 운영하는 AP는 미국 대학 학점을 선취할 수 있는 고급 교육과정, 그리고 해당 교육과정을 기반으로 출제되는 표준화 시험을 의미한다.

3 https://secure-media.collegeboard.org/digitalServices/pdf/research/2019/Program-Summary-Report-2019.pdf

는 아이디어는 새로운 것이 아니다. 1923년 미국수학협회(Mathematical Association of America, MAA)에서 발행한 『The Reorganization of Mathematics in Secondary Schools』 보고서에는 두 가지 권고 사항이 포함되어 있다. 첫째, 중학교 수학에서 통계 교육이 이루어져야 한다. 둘째, 고등학교에서 필수과목으로 통계를 포함시켜야 한다. 거의 100년이 지난 오늘날, 수학과 공통핵심규준(Common Core State Standards in Mathematics, 이하 CCSSM)』과 그 외의 주 규준에는 학교수학 교육과정의 일부로 통계가 포함되어 있다. 그러나 안타깝게도 통계는 여전히 교사교육과 전문성 신장 프로그램에 포함되기 위해 힘겨운 싸움을 하고 있다. 이 책은 이러한 문제를 해결하려는 의도에서 집필되었다. 이 책의 목표는 통계와 데이터과학 분야의 교사교육에 필요한 자원을 제공하는 것이다.

교사교육

교사는 현행 주 규준에 따라 가르쳐야 하는 통계를 이해하고 통계와 데이터과학을 가르치는 적절한 방법과 테크놀로지에 익숙해져야 한다. 안타깝게도 교사들은 교사교육을 통해 통계를 배울 기회가 거의 없었다(MET II, 2012). 현재 미국통계협회 웹사이트[4]에는 교사교육에 사용할 수 있는 자료들이 있으며, 홀리린 리(HollyLynne S. Lee) 박사가 개발한 온라인 교사교육 과정이 제공되는 누리집[5]도 있다. 통계와 데이터과학을 가르치는 데 필요한 다른 자료들도 있다. 그러나 현재는 AP 통계에만 초점을 맞추지 않고 교사를 위한 통계와 데이터과학 교육을 포괄적으로 다루는 책이 부족한 실정이다. 실제로 MET II 보고서에서는 가르칠 내용과 교수법 모두에서 교사가 가장 많이 필요로 하는 영역이 통계임을 확인하였다(CBMS, 2011). 일반적인 수학 영역에서 교사교육에 대한 수많은 접근 방식이 있음에도 불구하고(예를 들어, Ball, 1991; Ball & Bass, 2000; Hill & Ball, 2004; Franke et al., 2009), 통계와 데이터과학을 가르치기 위한 교사교육을 하는 데 필요한 종합적인 자료는 부족한 실정이다.

4 https://www.amstat.org/education/k-12-educators

5 https://www.mooc-list.com/instructor/hollylynne-s-lee

이 책의 목적

SET 보고서에서는 현행 학교 수준의 규준과 권고를 다루고 있는데, 이를 통해 교사와 교사교육자는 통계와 데이터과학을 보다 충실하고 유의미하게 가르칠 수 있을 것이다. **이 책은 SET의 흐름에 맞춰 주 규준에 포함된 통계와 데이터의 기초를 제공하는 것을 목표로 한다.** GAISE II의 정신에 따라 통계적 탐구 질문을 설정하고, 데이터를 수집/숙고하며, 데이터를 분석하고, 결과를 해석하는 통계적 문제해결 과정에 따른 탐구와 참여를 통해 통계적 아이디어를 제시한다. 각각의 탐구 활동에 대하여 교사가 교실에서 사용할 수 있는 활동지를 내려받을 수 있다.[6]

『교사가 알아야 할 통계와 데이터과학』은 초등학교, 중학교, 고등학교 그리고 AP 통계 과정의 내용까지 모든 학교급과 학년 범위를 망라한 교사교육을 위한 교재이다. 필자는 이 책이 교사가 이수해야 하는 과목과 전문성 신장 프로그램의 전체 또는 일부를 안내하는 데 사용될 수 있다고 생각한다. **이 책의 주된 목표는 교사교육자에게 교실에서 통계와 데이터과학을 가르칠 모든 학년 수준의 교사를 양성할 때 사용할 자원을 제공하는 것이다.**

이 책에서 제시하는 내용은 예비교사를 위한 교직이수, 현직교사를 위한 대학원 통계 과목, 지역의 교사 전문성 신장 프로그램과 같은 다양한 교사교육 환경에서 대면과 비대면 방식으로 검증 및 활용되었다. 전체적으로 이 책의 내용을 모두 다루는 데 대면 수업 기준으로 약 50시간이 필요하다. 제시되어 있는 각 탐구 활동은 탐색하는 데 약 1시간이 소요되며, 여분의 연습 문제와 같은 추가된 내용을 다루는 데 15시간이 더 필요하다. 이 책은 여러 가지 방식으로 활용될 수 있다. 탐구 활동은 온라인 포럼이나 원격수업 사용을 목적으로 조정될 수 있다. 또한 이 책은 개별 교사가 책을 읽고 각 탐구 활동을 따라 수행하면서 스스로 학습할 수 있도록 구성되어 있다. 책을 읽다 보면 내용들이 서로 연결되어 있음을 알게 될 것이다. 자기주도적인 독자들은 주제와 논의의 진행을 따라 통계의 기초를 닦을 수 있다. 이 책은 정형화된 교과서 형식이 아니라 대화 형식으로 내용을 제시하여 읽기에 수월할 것이다.

이 책의 목표는 교사가 다음 목표를 달성하도록 돕기 위한 방식으로 교육자에게 가이드라인을 제시하는 것이다.

---

6 https://bit.ly/Statistics-DataScience-for-Teachers

- 유치원부터 12학년 과정에서 다루는 통계와 데이터과학 내용에 대한 이해
- 앱, 통계 소프트웨어와 같은 테크놀로지 활용에 대한 이해와 숙달
- 데이터를 다루는 법에 대한 이해

이 책의 구조

이 책 전반에 걸쳐 교사는 현대 통계에 대한 이해를 심화하기 위해 노력하는 적극적인 참여자로 간주된다. 이를 위해 이 책은 '사례연구'와 '탐구'의 형태로 내용을 제시한다. 사례연구는 뉴스 기사를 사용하여 통계 내용에 대한 동기를 부여한다. 탐구 활동은 GAISE 보고서의 정신에 따라 내용을 소개한다. 각각의 탐구 활동은 질문에 따라 안내되며, 탐구 범위는 데이터를 통해 질문에 답변하는 것이다. 또한, 이 책 전체에 걸쳐 SET 보고서 3장에 설명된 "통계적 렌즈를 통한 수학적 관행"을 참고한다. 이러한 관행은 통계 내용 영역에서 문제를 해결하는 동안 갖추어야 하는 마음의 습관을 설명한다. SET 보고서에 언급된 바와 같이 이러한 관행은 수학적 관행과 중요한 면에서 다르다. 통계에서의 관행은 체계적인 방식으로 불확실성과 변이성을 추려내는 데 중점을 둔다.

이 책은 크게 세 개의 장으로 구성되어 있다.

- 「문제해결 과정으로서 통계」
- 「데이터과학의 세계로」
- 「확률 톺아보기」

각 장에서 기술통계, 연관성 및 관계, 분포, 확률, 표집분포와 같이 규준에 포함되어 있는 주제가 모두 다루어진다. 또한 「데이터과학의 세계로」 장에서는 모든 학년 범위에 걸쳐 학교 수준에서 데이터과학의 원리를 지도하는 방법을 보여준다.

우리는 교사로서의 경험, 그리고 훌륭한 교사, 학생과의 협력으로부터 배운 통찰을 공유하게 되어 매우 기쁘다. 아무쪼록 이 책이 건전한 통계적 추론 능력을 신장하는 데 창의적이고 현실적이며 유용한 자료가 되기를 바란다.

Anna Bargagliotti & Christine Franklin

UNIT

01

문제해결 과정으로서 통계

Unit 1A

통계적 문제해결 과정

2020년에 발표된 GAISE II에는 통계적 문제해결 과정이 제시되어 있다. GAISE II는 통계를 [그림 1]과 같이 통계적 탐구 질문 설정하기, 데이터 수집/숙고하기, 데이터 분석하기, 결과 해석하기의 네 가지 요소를 포함하는 과정으로 설명하였다(GAISE II, p. 13).

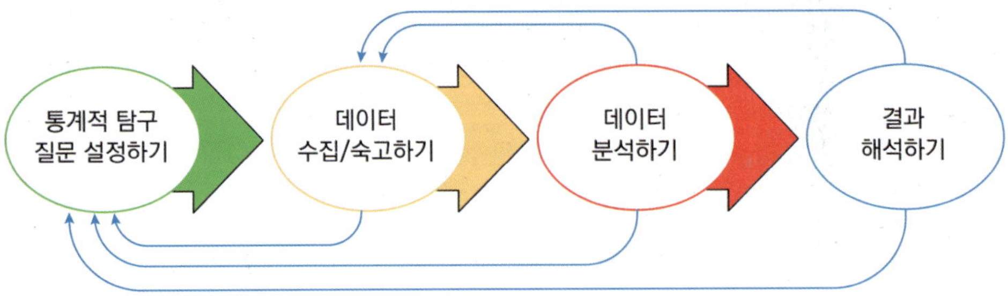

[그림 1] 통계적 문제해결 과정

통계적 탐구 질문은 통계적 탐구가 수행될 수 있는 출발점을 제공한다. 출발점은 탐구 질문에서 시작할 수 있다. 탐구 질문을 해결하기 위해서는 데이터가 수집되어야 한다. 탐구 질문은 데이터의 변이성(variability)을 예측하고 변이성을 이해하는 것을 목표로 한다. 데이터를 수집할 때에는 탐구 질문을 해결하는 방법을 제공할 수 있는지 고려한다. 데이터를 분석할 때에는 데이터에 있는 변이성을 더 잘 이해하고 탐구 질문에 답할 수 있도록 데이터를 요약하는 방식으로 수행한다. 그리고 탐구 질문에 대한 답을 제공할 수 있도록 해석한다. 이 책에서는 [그림 1]의 4단계를 거치는 과정을 **통계적 문제해결 과정**이라 할 것이다.

GAISE II는 통계적 탐구 질문이 통계적 문제해결 과정의 모든 요소에서 어떻게 중요한 역할을 하는지를 명시적으로 설명하였다. 실제로 통계적 문제해결 과정에는 여러 층위의 질문이 존재한다(Arnold & Franklin, 2021). 예컨대, 탐구에 대한 동기를 부여하는 질문, 데이터 수집에 동기를 부여하는 통계 질문, 데이터를 생성하는 질문(예를 들어, 설문조사 질문), 데이터 분석을 촉진하는 질문(예를 들어, 대표적인 값은 무엇인가?), 데이터를 이해하기 위한 질문(예를 들어, 관찰 단위는 무엇인가?), 그리고 결과의 해석에 초점을 맞춘 질문 등이 있다. [그림 1]의 각 구성 요소에 대해 질문하는 것은 중요한 역할을 한다. 통계적 질문의 역할에 대해서는 Unit 1B에서 더 자세히 논의할 것이다. 현재 주목해야 할 중요한 점은 통계적 탐구 질문에 답을 하기 위해 데이터의 수집, 분석, 해석이 이루어져야 한다는 것이다.

탐구 1A.1 : 3학년 학생들이 좋아하는 스포츠

탐구 목표: 통계적 탐구 과정을 설명한다. 즉, 통계적 탐구 질문을 만들고 데이터를 수집/숙고하며 데이터를 분석하고 그 결과를 해석한다.

어느 초등학교 관리자가 3학년 학생들이 쉬는 시간에 놀 수 있는 새로운 장비를 구입하는 데 관심이 있다. 그들은 무엇을 사야 할지 몰라서 이렇게 묻는다. "놀이터에는 어떤 종류의 장비를 구입해야 할까?" 이 질문은 관리자가 탐구를 수행하도록 동기를 부여한다. 어떤 종류의 장비를 구입해야 하는지 결정하기 위해 그들은 학생들의 선호도를 먼저 이해할 필요가 있다는 것을 깨닫는다. 관리자는 다음과 같은 탐구 질문을 제기한다.

우리 학교 3학년 학생들은 어떤 스포츠를 좋아할까?[1]

이 질문은 3학년 학생들 모두 같은 스포츠를 좋아할 가능성이 적고 데이터 값이 다양하게 나오는 탐구 질문이다. 이 탐구 질문에 답하기 위해, 3학년 전체 학급을 대상으로 다음과 같은 설문조사를 하기로 했다.

학교에서 가장 좋아하는 스포츠는 무엇인가?

농구　　축구(soccer)　　미식축구(football)　　술래잡기(tag)　　핸드볼

3학년 학생 80명 모두가 설문에 응답했다. 수집된 데이터는 ThirdGradeSports.csv에서 찾을 수 있다. 이 데이터 분석을 진행하기 전에 주요 통계 용어를 도입하여 데이터

1　"우리 학교 3학년 학생들은 어떤 스포츠를 좋아할까?"는 데이터 수집의 동기를 불러일으키는 통계적 탐구 질문이다. 우리는 책 전체에 걸쳐 데이터 수집의 동기를 부여하는 데 사용되는 질문을 '통계적 탐구 질문'이라 할 것이다. 이러한 질문으로부터 [그림 1]에서 설명한 바와 같이 통계적 탐구가 시작된다.

의 특징을 파악할 수 있다.

관찰 단위(observational unit)는 데이터로 기록되는 개체들로 우리가 측정하려는 대상으로 생각할 수 있다. 이번 탐구에서는 학생들을 측정하기 때문에 학생들이 관찰 단위이다. 학생들을 관찰 단위로 지정한 후 학생들의 선호도가 데이터로 기록된다. 이번 탐구에서는 80개의 관측값이 있으며, 각 관측값은 설문지에 대한 학생의 응답을 나타낸다.

모집단(population)은 통계적 탐구에서 관심이 있는 관찰 단위의 전체 모음이다. 이번 탐구에서는 앞서 언급한 초등학교 3학년 전체 학생 80명이 모집단이다. 탐구 질문이 관심사인 모집단을 정의한다는 점에 유의해야 한다. 즉, "우리 학교 3학년 학생들은 어떤 스포츠를 선호할까?"라는 질문은 해당 초등학교의 3학년 전체 학생 80명에 관심이 있다는 사실을 말한다. 설문조사가 3학년 전체 학생들을 대상으로 실시되었기 때문에 **전수조사**를 실시한 것이다. 전수조사는 관심 있는 모든 구성원으로부터 정보를 수집한다.

학생들은 학교에서 하고 싶은 운동을 선택하는 질문을 받았다. 여기서 관심 있는 **변수**(variable)는 학생들의 스포츠 선호도이다. 변수는 관찰 단위를 설명하는 특성 또는 속성이다. 변수는 관찰 단위에 따라 달라질 수 있다. 변수는 수치형 변수 또는 범주형 변수일 수 있다. 변수는 측정 가능한 양을 나타내는 경우 **수치형**이다. 측정 가능한 양은 수치적으로 측정된다. 예를 들어, 한 사람의 신장, 학생의 시험 점수, 또는 한 나라의 인구수를 측정하는 것은 모두 수치적 변수로 간주될 것이다. 그러나 수를 값으로 갖는 모든 변수가 양적인 것은 아니다. 예를 들어, 사람의 우편번호를 생각해보자. 우편번호는 수이지만 측정 가능한 양은 아니다. 우편번호는 특정 거주지를 가진 사람을 간단히 식별한다. 이 식별 정보는 사람을 각각의 우편번호 범주에 넣는다. 관찰 단위들을 특정 그룹으로 할당할 때 이러한 변수를 **범주형**이라 부른다. 따라서 우편번호는 범주형이다. 범주형 변수의 다른 예로는 학생의 성별, 학생의 인종 또는 개의 품종 등이 있다. 이 탐구에서는 학생들의 운동 선호 변수가 범주형이다. 각 학생이 좋아하는 스포츠(범주)를 선택했기 때문이다. 이러한 데이터의 분석을 촉진하기 위해 (a) 얼마나 많은 학생들이 각각의 스포츠를 선호하는지 (b) 몇 퍼센트의 학생들이 각각의 스포츠를 선호하는지 그리고 (c) 선호하는 스포츠의 최빈값은 무엇인지와 같은 질문을 할 수 있다.

범주형 데이터는 **빈도표**(frequency table)[2]로 요약될 수 있다. 빈도표는 변수의 범주

---

2 (역주) 우리나라 중학교 수학과 교육과정에서는 frequency를 나타내는 용어로 '도수'를 사용한다. 그러나 데이터 세트 내에 특정 관측값이 '빈번하게' 나타난다는 의미를 전달하는 데는 '빈도'가 더 적절하다고 판단하여 이 책에서는 frequency의 번역어로 '빈도'를 채택하였다. frequency table은 '도수분포표' 대신 '빈도표'로, relative frequency는 '상대도수' 대신 '상대빈도'로 번역하였다.

및 해당 범주로 식별된 관찰 단위의 개수를 표시하는 표이다. 실제 데이터 값은 학생이 분류되는 범주라는 것을 이해하는 것이 중요하다. 즉, 빈도는 데이터가 아니라 범주형 데이터의 요약값이다. 빈도표는 각각의 스포츠를 선호하는 학생 수와 스포츠 범주 중 최빈값에 대한 질문을 대답하는 데 도움이 될 수 있다.

학교에서 가장 좋아하는 스포츠는 무엇인가?	빈도
농구	25
미식축구	10
핸드볼	16
축구	14
술래잡기	15
합계	80

위의 표에서 3학년 학생 80명 중 25명이 농구를 선호하는 반면 미식축구는 10명, 핸드볼은 16명, 축구는 14명, 술래잡기는 15명이 좋아하는 것을 알 수 있다. 핸드볼, 술래잡기, 축구가 3학년 학생들 사이에서 인기 있지만, 3학년 학생들 사이에서 가장 많이 선택된 스포츠는 농구이다. 농구는 약 31%의 학생들이 선호하고, 두 번째로 선호하는 스포츠인 핸드볼은 겨우 20%의 학생들이 선호했다.

이러한 분석 결과를 살펴보고 나서 다음과 같이 해석을 유도하는 질문을 던질 수 있다. "학교 관리자는 어떤 유형의 장비를 먼저 구입해야 할까?" 농구가 3학년 학생들이 선호하는 스포츠라는 것을 알 수 있기에, 학교 관리자들이 내릴 수 있는 결론 중 하나는 농구공과 농구 골대를 먼저 구입해야 한다는 것이다. 남은 돈이 있다면 그 다음으로 핸드볼 용품을 구입해야 한다.

앞의 탐구를 통해 우리는 통계적 문제해결 과정이 탐구 질문에 의해 어떻게 안내되는지 알 수 있다. "우리 학교 3학년 학생들이 선호하는 스포츠는 무엇일까?"라는 탐구 질문은 학급 설문조사로 **데이터 수집**을 하였고, 각 학생이 좋아하는 스포츠를 구분하는 범주형 변수로 구성했다. 이 데이터들은 탐구 질문을 사용하여 수집되었다. **분석** 결과 데이터를 빈도표에 요약한 뒤 "최빈 범주는 무엇인가?" 등의 분석을 위한 질문을 던졌다. 빈도표를 **해석**하여 학교 관리자는 탐구 질문에 직접 대답할 수 있다. 이 탐구는 또한 **모집단**, **전수조사**, **데이터 유형**, **관찰 단위** 및 **변수**와 같은 몇 가지 중요한 용어를 강조한다.

요약

「탐구 1A.1: 3학년 학생들이 좋아하는 스포츠」에서 주요 개념은 다음과 같다.

1. **통계적 탐구 과정**은 탐구 질문 설정하기, 데이터 수집/숙고하기, 데이터 분석하기, 결과 해석하기를 포함한다.
2. **모집단**은 제기된 탐구 질문에 답하기 위한 관심 있는 항목들, 사건들, 사람들, 사물들 등의 전체 집합이다.
3. **관찰 단위**는 데이터를 설명하는 단위이다. 우리가 측정하는 것은 사물, 사람, 그룹, 항목 등이다.
4. **변수**는 관찰 단위를 설명하는 특성 또는 속성이다. 변수의 값은 관찰 단위마다 다를 수 있다. 변수는 **수치형** 또는 **범주형**일 수 있다. 수치적으로 측정되는 측정가능한 양을 나타내는 경우에는 **수치형** 변수이다. 관찰 단위를 특정 그룹에 할당할 때는 **범주형**이다.

더 알아보기

1. 다음과 같은 탐구 질문에 대한 **모집단**이 무엇인지 설명하시오.
   a. 미라비치 학군 학생들의 수학 시험 점수는 보통 몇 점인가?
   b. 미국의 3학년 학생들의 수학 시험 점수는 보통 몇 점인가?
   c. 주로 밤늦게까지 공부하는 캘리포니아 7학년 학생들에게 성적이 나쁜 경향이 나타나는가?
   d. 미국의 10세 아이들이 이탈리아의 10세 아이들보다 단체로 하는 스포츠에 참여했을 가능성이 더 높은가?
   e. 캥거루의 키, 나이, 몸무게 데이터에 기초하여 호주의 캥거루가 얼마나 멀리 뛸 수 있는지 예측할 수 있는가?

2. 다음 질문에서 **관찰 단위**를 알아보시오.
   a. 플래시드 초등학교 5학년 학생들은 매일 자유 놀이 시간에 책 읽는 것을 더 좋아하는가? 아니면 수학 공부를 더 좋아하는가? 아니면 둘 다 좋아하지 않는가?
   b. 로스앤젤레스 통합 학군의 빈곤이 심한 지역과 빈곤이 적은 지역에서 학교가 환경에 미치는 영향이 다른가?

c. 멤피스 시 학군에서 더 많은 내용 지식을 갖춘 교사들이 교실에서 더 많은 개방형 과제를 내주는 경향이 있는가?
d. 미국의 다른 지역에서 교사들의 교수법을 지원하기 위해 어떤 종류의 전문성 개발 프로그램이 제공되는가?

3. 다음 설문조사 질문에서 측정될 변수를 결정하고, 해당 변수가 수치형인지 아니면 범주형인지 판단하시오.
   a. 가장 좋아하는 남자 프로농구팀은 어디인가?
   b. 외국을 몇 번이나 여행했는가?
   c. 몇 월에 태어났는가?
   d. 키가 몇 인치인가?
   e. 전화번호 중 지역번호는 무엇인가?

사례연구 뉴스 기사의 통계적 문제해결 과정 살펴보기

우리는 매일 데이터를 소비한다. 한 휴대전화 서비스를 다른 서비스와 비교하는 광고부터 최근 실시된 연구를 논의하는 미국 공영 라디오방송 부문, 여론조사에 관한 뉴스까지 우리는 삶의 모든 면에서 데이터를 얻는다. 데이터의 사용자로서 우리는 통계 아이디어를 해석하는 방법에 대한 정보를 얻는 것이 중요하다. 최신 상태를 유지하고 우리 주변의 세계에 대해 비판적으로 생각할 필요가 있다. 뉴스 매체에 제시된 결론을 평가하기 위해 매체에서 언급된 연구를 이해할 수 있어야 한다. 특히 기사에서 연구에 대한 글을 읽을 때 연구자들이 수행한 통계적 문제해결 과정을 인지할 수 있어야만 그 결과에 대해 비판적으로 생각할 수 있다. 다음 두 개의 뉴스 기사를 사례연구로 제시하고 연구에서 논의되고 있는 통계적 문제해결 과정을 살펴보자.

사례연구 1 수학과 운동

연구 목표: 일상생활에서 접하는 통계의 예를 제시하고, 통계 연구의 측면을 통계적 탐구 과정과 연결하고, 관찰연구와 실험연구의 차이점을 설명한다.

2015년 8월, CNN 웹사이트에 "Math-letes[3] 법칙! 튼튼하고 건강한 아이들이 학교에서 공부를 더 잘하고 그중에서도 특히 수학을 잘한다"라는 기사가 게시되었다.[4]

이 기사는 아이들의 체력 수준과 수학, 영어 수행 능력 사이의 연관성을 탐구한 연구에 대해 설명하고 있다.

게시된 기사를 읽고 다음을 통해 통계적 탐구 과정의 개요를 설명한다.

a. 탐구 질문 식별하기
b. 데이터 수집 방법 설명하기
c. 데이터 분석 방법 설명하기
d. 데이터로부터 어떤 해석이 이루어졌는지 그 특징을 묘사하기

"Math-letes 법칙! 튼튼하고 건강한 아이들이 학교에서 공부를 더 잘하고 그중에서도 특히 수학을 잘한다"는 기사는 9살과 10살 아이들의 수학, 읽기, 그리고 신체 활동에 대해 실험을 하는 관찰연구에 대해 논의한다. 이 연구는 실험연구와 비교하여 결과에 영향을 미치지 않고 일부 변수에 대해 관찰 단위를 관찰하고 어떤 방식으로 일부 변수에 대해 측정하는 연구이기 때문에 **관찰연구**라고 한다. 이 연구의 전반적인 범위는 정신과 신체의 연관성을 조사하는 것이었다. 이에 대해 연구자들이 답을 하기 위해 착수한 탐구 질문은 다음과 같다. "9살과 10살 아이들의 수학 시험 점수와 아이의 신체 활동 사이에 연관이 있는가?" 신체 활동은 학생이 러닝머신에서 뛸 수 있는 시간의 양으로 측정되었다.

탐구 질문은 시험 점수와 신체 활동 사이에 연관이 있는지를 이해하는 데 관심이 있음을 나타낸다. 이 뉴스 기사는 각 학생에 대해 수집된 세 가지 다른 변수를 나타낸다. 학생들은 측정 대상이기 때문에 이 연구에서 분석의 관찰 단위 역할을 제공한다. 측정된 변수는 (1) 수학 시험 점수, (2) 읽기 시험 점수, (3) 2분마다 러닝머신의 경사도가 3%씩 증가할 때 러닝머신에서 뛸 수 있는 시간, (4) MRI에서 보이는 학생들의 뇌 속 회백질의 양이다. 학생들은 20초마다 측정한 산소 섭취량과 호흡 교환 비율에 따라 지쳤다고 판단되면 달리기를 멈췄다. 논의된 네 가지 변수는 모두 수치형 변수이다.

이러한 데이터를 고려할 때 각 행이 학생 한 명을 나타내는 스프레드시트를 그려보는 것이 도움이 될 수 있다. 데이터를 정리하기 위해 표에 수학 시험 점수, 읽기 시험 점

3 (역주) Math-letes는 수학을 의미하는 Mathematics와 운동선수를 의미하는 Athletes를 결합하여 만든 조어이다.

4 www.cnn.com/2015/08/31/health/fit-kids-better-math/index.html

수, 아이가 뛸 수 있는 시간, 뇌에 있는 회백질의 양을 나타내는 4개의 항목이 있다. 표는 다음과 같다.

관찰 단위	수학 점수 (100점 중)	읽기 점수 (100점 중)	달린 시간 (분)	뇌에 있는 회백질의 양
학생 A	71	50	9	부피값
학생 B	92	30	7	부피값
학생 C	56	70	12	부피값

48명의 학생들이 이 연구에 참여했다. 추가적인 인터넷 조사는 온라인 저널 기사[5]에서 이루어졌는데, 이 기사는 연구가 어디서 이루어졌는지, 학생들이 어떻게 참여하도록 모집되었는지, 48명의 학생들을 선발하는 데 있어 연구자들의 심사 과정과 같은 연구에 대한 더 자세한 내용을 기술하고 있다. 연구에 참여한 학생들은 연구에 관심이 있는 더 많은 집단의 자원봉사자들의 **표본**이었는데, 이들은 모두 9살과 10살이었다. **표본**(sample)은 관심 모집단의 부분군 또는 모집단에서 선택한 그룹이다. **모집단**은 연구에서 관심 있는 모든 사람 또는 대상들의 집합이다.

뉴스 기사에서 통계적 탐구 과정의 각 단계를 다음과 같은 방법으로 구별할 수 있다.

(a) 이 연구는 9살 또는 10살 어린이를 대상으로 수학 시험 점수와 신체 활동 사이에 연관성이 있는지에 대한 질문을 탐구한다.

(b) 데이터는 9, 10세 아동 48명을 대상으로 러닝머신에서 지구력 시험, 수학 시험, 그리고 읽기 시험을 통해 수집되었다. 48명의 아이들의 뇌의 조직을 MRI로 측정했다.

(c) 데이터는 체력과 수학 성취도 사이의 연관을 조사하기 위해 분석되었다. 수행된 특정 통계 분석은 뉴스 기사에 제공된 링크를 클릭하여 들어가면 전체 연구에 문서화되어 있다. 데이터를 분석하는 데 기술적 분석, 독립 t-검정 및 다변량 분산 분석이 사용되었다.

(d) 데이터 분석 결과, 체력이 좋으면 수학 성취도도 높다는 결과가 나왔다. 게다가, MRI에서 더 높은 수준의 체력을 가진 사람은 뇌의 앞쪽에 있는 회백질이 적은 것과 관련이 있다. 이 회백질은 뇌의 영역으로, 작동 기억, 인지적 유연성, 그리고 주의산만을 조절하는 능력에 기인하는데, 이것들은 모두 수학에서 중요한 능력이다.

5 https://journals.plos.org/plosone/article?id=10.1371/journal.pone.0134115

요약

「사례연구 1: 수학과 운동」에서 주요 개념은 다음과 같다.

데이터가 어떻게 보고되고 있는지 알리기 위해 사례연구의 탐구 과정을 분석하는 것이 도움이 된다. 뉴스 기사를 주의 깊게 읽고, 뉴스 매체가 보도하는 원래 연구를 참고함으로써 통계적 탐구 과정을 알 수 있다.

사례연구 2 식료품 쇼핑과 건강한 식사

연구 목표: 일상생활에서 접하는 통계의 예를 제시하고, 통계 연구의 측면을 통계적 탐구 과정과 연결한다. 또한, 관찰연구와 실험연구의 차이점을 설명한다.

뉴스 팟캐스트는 2015년 5월에 "칸막이가 있는 식료품 카트가 쇼핑객들에게 더 건강한 음식을 사는 데 어떻게 도움이 될 수 있는가[6]"를 발표했으며 기사 "칸막이가 있는 쇼핑 카트: 구매자가 더 건강한 음식을 구매하는 데 도움이 되는 방법"에서 검토된 연구를 논의한다. 관련된 기사[7]도 함께 참고할 수 있다.

팟캐스트에 게재된 기사를 읽고 다음을 통해 통계적 탐구 과정의 개요를 설명한다.

a. 탐구 질문 식별하기
b. 데이터 수집 방법 설명하기
c. 데이터 분석 방법 설명하기
d. 데이터로부터 어떤 해석이 이루어졌는지 그 특징을 찾아내기

팟캐스트에서 과일과 채소가 표시된 큰 칸막이가 있는 카트를 가진 고객들이 건강에 좋은 음식을 구매하는 경향이 있다는 것을 나타낸다. 그 기사를 다시 읽어보면서, 그 결과를 믿을 수 있는지 생각해보자. 왜 그런가? 혹은 왜 그렇지 않은가?

관찰 단위는 가게에서 쇼핑하는 사람들이다. 기존에 발표된 연구를 보면 쇼핑객 171명이 연구에 참여했고 그중 75명이 칸막이가 있는 카트를 사용했으며 96명이 일반 카

---

6 https://www.npr.org/2015/05/26/409671975/how-partitioned-grocery-carts-can-help-shoppers-buy-healthier-foods

7 www.npr.org/2015/09/10/439104239/can-grocery-carts-steer-consumers-to-healthier-purchases

트를 사용했다는 것을 알 수 있다. 이것은 쇼핑객들에게 무작위로 다른 종류의 카트를 배정한 실험이다. 측정된 두 변수는 쇼핑객이 받는 카트 유형(범주형)과 구입한 과일과 채소의 양(수치형)이었다. 과일과 채소의 구매량은 과일과 채소에 소비된 비용으로 측정되었다. 관심 대상의 모집단은 식료품을 사려고 쇼핑하는 모든 사람이다. 통계적 탐구 과정은 다음과 같은 방법으로 알 수 있다.

(a) 이 연구는 다음과 같은 탐구 질문을 제기한다. 칸막이가 없는 카트에 비해 칸막이가 있는 카트는 사람들이 과일과 채소에 더 많은 돈을 쓰도록 하는가?

(b) 데이터는 식료품점에서 수집되었다. 총 171명의 사람들이 연구에 참여했고 무작위로 한 종류의 쇼핑 카트를 받았다. 관찰 단위는 식료품을 사는 각 개인이었다. 이 연구는 그들이 사용한 카트의 종류와 과일·채소에 소비한 금액에 주목했다. 이것들은 각각 범주형 변수와 수치형 변수이다.

(c) 칸막이가 있는 카트를 사용한 사람들이 일반 카트를 사용한 사람들보다 과일과 채소에 더 많은 돈을 쓰는지 여부를 조사하여 데이터를 분석했다. 카트 유형이 영향을 미치는지 조사하기 위해 회귀 분석을 수행했다.

(d) 이 연구는 데이터 분석 결과로부터 칸막이가 있는 카트를 사용한 사람들이 일반 카트를 사용한 사람들보다 과일과 채소에 더 많은 돈을 쓸 가능성이 높다고 해석했다. 카트의 종류가 실제로 쇼핑 패턴에 영향을 미친다는 해석이었다.

요약

「사례연구 2: 식료품 쇼핑과 건강한 식사」에서 주요 개념은 다음과 같다.

정보에 입각하여 데이터를 소비하기 위해서는 사례연구의 탐구 과정을 분석하는 것이 도움이 된다. 뉴스 기사를 꼼꼼히 읽고 뉴스 매체가 보도하는 원래 연구를 참고함으로써 통계적 탐구 과정을 알 수 있다.

이러한 사례연구는 우리가 일상생활에서 통계를 어떻게 대하고 있는지에 대한 예시를 제공한다. 데이터의 소비자로서 뉴스의 정보 기사 및 통계를 해석하는 방법을 아는 것은 중요하다. 통계적 탐구 과정을 파악함으로써 통계를 공부하는 이유를 실세계 사례와 연결하여 우리의 내용 지식을 적용 가능하고 의미 있게 만들 수 있다.

서론에서 설명한 바와 같이, 이 책의 주된 목적은 「**교사를 위한 통계교육(SET)**」 보고서에서 구상한 대로 교사들을 준비시키기 위한 지침을 제공하는 것이다. 이 책에서 다루는 내용은 현재 주 교육과정뿐만 아니라 SET의 특정 지침과도 직접적으로 부합한다. 각 탐구 및 사례연구를 다루는 규준과 지침을 설명하는 행렬이 제공된다. 일반적으로 SET는 통계적 사고 과정을 위해 GAISE 모델을 채택한다. Unit 1A에서는 이 과정을 소개한 것이며, 책 전체에 걸쳐 이 과정을 설명할 것이다. 전반적으로 통계 내용은 통계적 과정을 따르는 탐구를 통해 도입되어야 한다.

더 알아보기

1. 아래 표에 링크된 4개의 뉴스 기사를 읽고 통계적 탐구 과정의 개요를 다음과 같이 설명해보시오.
   a. 탐구 질문 식별하기
   b. 데이터 수집 방법 설명하기
   c. 데이터 분석 방법 설명하기
   d. 데이터로부터 어떤 해석이 이루어졌는지 그 특징을 찾아내기

2. 각 기사에 있는 연구에 대해 더 잘 이해하기 위해 어떤 추가 정보가 포함되어야 도움이 되는지 고려해보시오.

3. 위 연구를 다시 수행한다면 다르게 할 것이 있는가?

사례연구 이름	소 스
Migraines	https://wayback.archive-it.org/7993/20170112002134/http://www.fda.gov/NewsEvents/Newsroom/PressAnnouncements/ucm388765.htm
Busyness	www.huffingtonpost.com/entry/being-busy-is-actually-better-for-your-brain-study-finds_us_573c7f69e4b0ef86171ccab2
Lottery	https://consumer.healthday.com/mental-health-information-25/behavior-health-news-56/people-gamble-more-when-they-think-things-are-going-their-way-707300.html
Voice Changes	www.npr.org/sections/health-shots/2015/01/05/371964053/how-a-position-of-power-can-change-your-voice

관심 있는 뉴스 기사를 찾아 더 알아보기 1.~3.에 답해보자. 연구는 구글 검색을 통해 찾을 수 있다. 또한 다음 웹사이트[8]에서 많은 정보를 확인할 수 있다.

8 www.npr.org/people/137765146/shankar-vedantam

참고 문헌

Arnold, P. & Franklin, C. (2021). What makes a good statistical question? *Journal of Statistics and Data Science Education, 29*(*1*).

Unit 1B

통계에서 질문의 역할

Unit 1A에서 논의한 바와 같이, 통계는 통계적 탐구 질문 설정하기, 데이터 수집/숙고하기, 데이터 분석하기, 분석 결과 해석하기의 네 가지 구성 요소로 진행되는 탐구 과정이다. 이 과정은 통계적 탐구 질문 설정하기에서 질문을 명시적으로 언급하지만, 사실 질문하기는 모든 구성 요소에서 중요한 역할을 한다. 즉, 연구에 동기를 부여하는 질문, 데이터 수집의 필요성을 불러일으키는 질문(탐구 질문), 데이터를 생성하는 질문, 데이터 분석을 촉진하는 질문, 결과 해석에 초점을 맞춘 질문, 전체 과정에 걸쳐 점검하고 균형을 맞추기 위해 묻는 탐문 질문 등이 있다. 본질적으로, 질문하기는 탐구를 안내하기 위해 통계적 탐구 과정의 구성 요소 전반에 걸쳐 사용되며 그 과정의 각 단계에 통찰력을 제공할 수 있다. Unit 1B의 목적은 다양한 유형의 질문을 설명하고 다양한 질문들이 풍부한 탐구를 일으키고 안내하는 데 도움이 되는 방법을 보여주는 것이다.

탐구 1B.1 : 탐구 질문 구성하기

탐구 목표: 질문 설정하기, 데이터 수집하기, 데이터 분석하기, 결과 해석하기의 네 가지 구성 요소 각각을 거쳐 어떻게 탐구를 안내할 수 있는지 설명한다.

존슨은 880명의 학생들이 다니는 큰 중학교의 관리자로서 학교의 재정과 노력을 어디에 써야 하는지를 결정하는 임무를 맡고 있다. 학년이 시작될 때, 교육감은 그에게 1년 내내 수행할 업무 목록을 제공한다. 존슨은 모든 일에 대해 데이터에 근거하여 결정을 내릴 것이다.

존슨의 업무 목록

1. 학교 식당을 위한 건강하고 바람직한 음식의 종류를 결정하시오.
2. 교사들이 그들의 전문성 개발에서 설정한 교수 목표를 충족하고 있는지를 결정하도록 도움을 주시오.

3. 내년에 학교를 어떤 색으로 꾸밀지 결정하시오.

4. 교사들이 현재의 수학 규준을 가르치는 데 적절한 지원을 받고 있다고 느낄 수 있게 하려면 무엇이 필요한지 결정하시오.

5. 학급 내에서 학습에 어려움을 겪는 학생들과 우수한 학생들을 식별하시오.

6. 수학 시간 전에 쉬는 시간이 학생들의 집중에 도움이 되는지 아니면 방해가 되는지 판단하시오.

각 과제별로 (1) 초기 탐구 질문을 구성하고 (2) 데이터 수집 계획을 세워보자. 이것이 완료되면 결과를 해석하고 탐구 질문에 답할 수 있는 분석 유형을 간략하게 설명해 보자.

처음 탐구 질문을 구성하는 일은 꽤 어려울 수 있지만, 통계적 질문을 작성하는 것은 탐구 과정을 숙달하기 위해 교사가 습득해야 하는 필수 능력이다. 교사들이 교실에서 통계적 탐구를 효과적으로 지도하기 위해서는 탐구 질문을 작성하고 제기할 수 있어야 한다. 통계적 탐구 질문을 작성하려면 먼저 연구할 시나리오를 이해하고 연구의 동기를 부여하는 전반적인 질문을 이해해야 한다. 예를 들어, "과제 1: 학교 식당에서는 건강하면서도 학생들이 좋아할 만한 선택지로서 어떤 종류의 음식을 제공할 수 있는가?" 이러한 질문에 답하려면 제공할 음식에 대한 결정이 필요하므로, 학교 식당을 이용하는 학생들의 음식 선호도를 알아내는 것이 중요하다. 근본적으로 탐구 질문을 이해하는 것은 관심 대상에 집중하는 것을 의미한다. 관심을 확인하기 위해 보다 구체적인 탐구 질문을 할 수 있다. 탐구 질문은 데이터를 수집하는 방식으로 제기되어야 한다. 탐구 질문은 데이터의 변이성을 예상해야 한다. 예를 들어, 중학생의 음식 선호도는 학생에 따라 다르기 때문에 가능한 탐구 질문은 "학생의 건강식품 선호도는 무엇인가?" 또는 "학생이 일반적으로 선호하는 건강한 식품은 무엇인가?"가 될 수 있다. 두 질문 모두 학생들이 선호하는 것에 대한 데이터를 수집한다. 두 질문 모두 학생들의 전반적인 선호도에 대해 질문하지만, 두 번째 질문에 답하려면 학생마다 선호도가 어떻게 다른지 고려하고 '일반적인' 선호도가 무엇인지 이해하려고 노력해야 한다. 게다가, 이 과제는 학교 식당의 건강한 음식 제공에 초점을 맞추고 있다. 따라서 다음과 같은 탐구 질문이 적합할 것이다.

우리 학교 중학생들은 학교에서 어떤 건강식품을 먹는 것을 선호하나요?

Arnold(2013)는 제기된 통계적 탐구 질문을 비평하는 데 사용할 수 있는 기준을 개발했다. 탐구 질문을 사용하여 그 질문이 좋은 질문인지 아닌지를 확인하기 위해 기준을 살펴볼 수 있다.

1. **관심사인 변수가 명확하고 분명하게 정의되는가?**
   그렇다. 관심사인 변수는 학생들이 선호하는 건강식품이다.
2. **탐구하고 있는 그룹이나 모집단이 명확한가?**
   그렇다. 존슨이 근무하는 중학교의 학생들에 대한 질문이다. "우리 중학교 학생들"이다.
3. **질문의 의도가 분명한가?**
   그렇다. 탐구 질문은 요약형 질문이다. 탐구 질문에 답하기 위해 수집된 데이터를 요약하고 기술한다.
4. **직접 수집할 수 있는 데이터로 해당 질문에 답할 수 있는가?**
   그렇다. 학생들에게 음식 선호도에 대해 물어볼 수 있다.
5. **질문이 전체 그룹에 대한 것인가?**
   그렇다. 질문은 모든 학생들로부터 얻는 응답 모두를 고려한다. 예를 들어, 해당 질문은 한 가지 범주에 대해서만 묻는 질문이 아니다.
6. **질문이 흥미롭고 목적이 있는가?**
   그렇다. 존슨은 올해 과제 중 하나로 질문에 답해야 한다.

존슨은 학생들이 무엇을 먹는 것을 더 좋아하는지에 대한 학생들의 의견을 이해하는 데 관심이 있어서 설문조사를 실시하기로 결정한다. 설문조사 질문은 탐구 질문이 아니라는 점에 유의해야 한다. 설문조사 질문은 데이터 수집을 위해 구성되고 제기되는 반면, 탐구 질문은 전체 과정의 발판을 마련한다. 일단 탐구 질문이 제기되면 적절한 데이터 수집 계획을 세워야 한다. 설문조사 질문은 데이터를 생성하는 질문이다. 이런 의미에서 설문조사 질문은 탐구 과정의 데이터 수집/숙고하기 요소에 포함되는 질문 유형이다. 이 탐구 질문에 답하는 데 도움이 되는 적절한 설문 질문을 구성하는 방법은 여러 가지가 있다. 이에 대한 다음과 같은 두 가지 가능한 옵션이 있다.

설문 문항 1 설문조사에 초점을 맞추기 위해 존슨은 모든 건강 음식을 선택 사항의 목록으로 제시하였다. 그리고 각 음식 항목을 학교에서 그 음식을 먹는 것에 대한 그들의 호감도로 평가하도록 학생들에게 요청하기로 결정했다.

각 항목을 1~3의 척도로 평가한다. 여기서 1은 학교에서 이 항목을 먹는 것을 **좋아하지 않는다**는 의미이고, 2는 학교에서 이 항목을 먹는 것을 **조금 좋아한다**는 의미이며, 3은 학교에서 이 항목을 먹는 것을 **정말 좋아한다**는 의미이다.

음식	순위 매기기		
사과	1	2	3
스무디	1	2	3
우유	1	2	3
샐러드	1	2	3
당근	1	2	3
요거트	1	2	3
샌드위치	1	2	3

변수는 각 음식에 대한 학생들의 점수로 구성된다. 이 변수는 순서가 있다. 점수는 **'좋아하지 않음'**, **'조금 좋아함'**, 또는 **'정말 좋아함'**을 나타내기 때문에 범주형이라고 말하는 것이 적절해 보일 수 있지만, 수는 호감도의 순서 척도를 나타낸다. 이러한 의미에서 음식 등급의 수 값은 순서가 있는 호감도를 나타내므로 이 변수를 수치적으로 고려하고자 한다. 변수를 수치적으로 다루기 위해 등급의 수 사이의 차이가 일관성이 있다고 가정하고 있는데, 이 경우 그럴듯해 보인다. 학생 몇 명의 데이터 스프레드시트는 다음과 같을 것이다.

학생 이름	사과	스무디	우유	샐러드	당근	요거트	샌드위치
존	2	3	3	3	2	1	3
사라	1	3	3	3	2	1	2
셰인	1	3	2	2	2	1	3
카일	3	3	3	2	2	2	3

데이터가 수집되면 이에 대한 분석은 데이터에 있는 변이성에 대한 이해를 제공하는 동시에 탐구 질문에 답하려고 노력한다. 데이터 분석을 수행하기 위해 다음과 같이 질문할 수 있다.

1. 음식 항목의 점수를 서로 비교해보면 어떠한가?
2. 음식 항목 각각의 평균 점수는 얼마인가?
3. 점수의 변이성이 가장 적은/가장 큰 음식은 무엇인가?

이러한 분석 질문은 통계적 탐구 과정을 위한 데이터 분석 단계를 안내한다. 변수의 특징을 수치화하고 설명함으로써 존슨은 처음에 제기된 통계적 탐구 질문에 답할 수 있다.

설문 문항 2 존슨은 학생들이 설문조사에 집중시키기 위해 학교에서 먹는 음식 목록에서 가장 좋아하는 음식을 선택하도록 했다.

학교 식당에서 가장 먹고 싶은 음식을 선택하시오.

음식
사과
스무디
우유
샐러드
당근
요거트
샌드위치

이 설문조사에서 변수는 학생들이 가장 좋아하는 음식으로 이는 범주형 변수이다. 따라서 학생의 데이터 결과의 일부는 다음과 같다.

학생의 이름	가장 좋아하는 음식
존	스무디
사라	사과
셰인	우유
카일	스무디

이러한 데이터를 이용하여 존슨은 다음과 같은 분석 질문에 답함으로써 음식 항목들을 비교하는 방법에 대해 생각할 수 있다.

1. 중학생들이 학교에서 선호하는 음식은 무엇인가?
2. 학교에서 가장 선호하는/가장 선호하지 않는 음식은 무엇인가?
3. 음식이 전반적으로 좋았는가, 그렇지 않았는가?

데이터 분석 단계를 안내하는 이 세 가지 질문은 변수의 특징을 설명함으로써 탐구 질문에 답하는 데 도움이 될 것이다.

이제 존슨이 맡은 다음 과제를 살펴본다. '과제 2: 교사들이 그들의 전문성 개발에서 설정한 교수 목표를 충족하고 있는지를 결정하도록 도움을 주시오.'

이 학군은 교사들이 수학 교수법을 향상시키기 위해 전문성 개발 프로그램을 시행하고 있다. 프로그램에 참여하면서 교사들은 자신의 교수 활동에 대한 목표를 세워야 한다. 목표는 교사가 수업 시간에 시행하려고 하는 교육의 변화에 기초해야 한다. 예를 들어, 마리아는 학생들이 수학 문제를 풀면서 질문을 하는 능력을 길러야 한다는 것을 목표로 정한다. 마리아는 질문을 하는 것이 학생들이 더 높은 성취로 이어질 수 있는 수학적 사고 습관(예를 들어, 인내심, 비판, 추론, 모델링)을 기르는 데 도움이 될 수 있다고 믿는다. 마리아는 수업에서 질문을 구성하는 것과 학생들이 문제를 풀 때 스스로 질문하도록 격려하는 것에 중점을 둔다. 이제, 마리아의 목표는 학생들의 질문이 실제로 학생들의 성취도를 높이는 데 도움이 되는지 탐구하는 것이다. 동기 부여가 되는 연구 질문은 다음과 같다. '수학 문제를 푸는 동안 학생들의 질문과 그들의 수학 성취도 사이에 연관성이 있는가?'

마리아는 자신의 데이터 수집에 동기를 부여하기 위해 다음과 같은 통계적 탐구 질문을 제기한다.

수학 시험 점수는 질문을 하는 학생들과
질문을 하지 않는 학생들 사이에서 어떻게 다른가?

마리아는 수학 1반 전체를 대상으로 연구하기로 결심한다. 관찰 단위는 수학 1반의 전체 학생들이 될 것이다. 마리아는 수치형 변수인 수학 시험 성적과 범주형 변수인 시험을 치르면서 스스로 질문을 던지는지 여부의 연관성을 알아보는 데 관심이 있다. 마리아는 데이터 수집을 위해 다음과 같은 두 가지 질문을 제기한다.

- 학생이 질문을 하는가?
- 수학 시험에서 학생이 받은 점수는 몇 점인가?

마리아는 시험을 치르고 학생들이 시험을 볼 때 질문을 하는지 기록하여 데이터를 수집하기로 결심한다. 마리아는 학생들이 질문을 하는지 관측하기 위해 각 문제 옆에 "질문 공간"이라는 부분이 포함된 평가 서식을 개발한다. 이 부분은 학생들이 각 수학 문제를 풀면서 질문을 적을 수 있는 공간을 제공한다. 마리아는 학생들의 시험지를 살펴보면서 자신이 고안한 방식으로 질문 공간을 활용했는지를 기록한다. 데이터는 다음과 같이 기록될 것이다.

학생 이름	시험점수	질문여부 (○/×)
존	89	×
사라	78	○
셰인	82	○
카일	70	×

마리아는 이 데이터를 사용하여 질문하기가 시험 점수를 향상시키는 데 도움이 되었는지 여부를 조사할 수 있다. 분석 단계를 안내하는 몇 가지 질문은 다음과 같다.

1. 질문을 하는 학생들과 질문을 하지 않는 학생들의 평균 점수는 얼마인가? 평균 점수의 차이는 얼마인가?
2. 질문을 하는 학생과 그렇지 않은 학생의 시험 점수에 얼마나 많은 변이성이 존재하는가? (즉, 질문을 하는 학생은 일반적으로 비슷한 점수를 받는가, 아니면 다른 점수를 받는가?)
3. 질문을 하는 학생들의 시험 점수는 질문을 하지 않는 학생들과 비교했을 때 어떠한가? 질문을 하는 학생들과 그렇지 않은 학생들의 시험 점수, 그리고 각각의 점수가 어떠한지를 보여주는 그래프를 그릴 수 있는가? 그래프를 통해 이 두 분포가 다르다는 것을 알 수 있는가? 어떤 식으로 알 수 있는가?

마리아는 유도 분석 질문을 고려한 후 질문하기가 시험 점수의 향상으로 이어지는지 여부를 해석할 수 있었다. 그의 해석은 다음과 같은 질문에 의해 유도될 수 있다. "두 분포 사이에 의미 있는 차이가 존재하는가? 그 차이가 문제가 될 만큼 충분히 큰가?"

이 탐구의 결과 부분의 분석과 해석은 Unit 1C에서 완전하게 수행될 것이다.

요약

「탐구 1B.1: 탐구 질문 구성하기」에서 주요 개념은 다음과 같다.

1. 통계적 탐구 질문은 데이터를 수집하기 위해 필요한 질문이다. 탐구 질문은 탐구를 유도한다.
2. 좋은 통계적 탐구 질문은 다음 질문에 대한 답을 명확하게 한다.
   a. 관심사인 변수가 명확하고 분명하게 정의되어 있는가?
   b. 탐구 중인 그룹이나 모집단이 명확한가?
   c. 질문의 의도가 명확한가?
   d. 수집 가능한 데이터로 질문에 답할 수 있는가?
   e. 질문이 전체 그룹에 대한 것인가?
   f. 질문이 흥미롭고 목적을 가지고 있는가?
3. 질문하기는 통계적 문제해결 과정 전반에 걸쳐 데이터 수집, 분석, 해석을 안내하고 탐구 과정의 모든 단계를 탐문하는 데 사용된다.

더 알아보기

존슨의 업무 목록(14쪽 참고) 중 과제 1과 2에 대해 가능한 통계적 탐구 질문 및 데이터 수집 계획이 완료되었다. 이제, 과제 3은 학교를 어떤 색으로 칠할지 결정하는 문제이다.

1. 두 명의 학교 관리자는 다음과 같은 서로 다른 탐구 질문과 그들의 탐구 질문에 답하는 접근 방식을 제안한다. 어떤 접근법이 학교 페인트 색상을 결정하는 데 존슨에게 가장 좋은 지침을 제공할 것인가? 수집된 데이터와 데이터 분석에서 얻을 수 있는 시사점을 바탕으로 답을 내도록 논의되어야 한다. 각 접근법의 장단점에 대해 논의해보자. 어느 접근 방식도 만족스럽지 않다면, 자신만의 접근법을 설계하고 왜 이것이 더 나은지 논의해보시오.

   a. **관리자 워싱턴의 접근법:** 워싱턴은 학교에 대한 주인 의식과 연결을 느끼기 위해 학생들이 학교의 모습에 대해 발언권을 가져야 한다고 생각한다. 곧 있을 학교 페인트 작업을 위해 워싱턴은 결정을 내리는 데 도움을 받기 위해 학생들의 생각을 알아야 한다고 믿는다. 그는 다음과 같은 탐구 질문을 제기한다.

학교에 있는 학생들이 가장 좋아하는 건물 색상은 무엇인가?

이 질문에 답하기 위해 워싱턴은 학교의 모든 학생들을 대상으로 설문조사를 하고 그들에게 다음과 같은 설문조사를 할 것을 제안한다.

가장 좋아하는 건물 색상은 무엇인가?

그런 다음, 학생들 사이에서 어떤 색이 유행하는지 알아보기 위해 데이터를 분석할 것이다. 그 뒤, 워싱턴은 학생들이 가장 일반적으로 선택한 답에 따라 학교 건물의 색을 선택할 것을 제안한다.

b. **관리자 로페즈의 접근법**: 워싱턴처럼 로페즈도 학교의 학생들에게 의견을 구하고 싶어한다. 로페즈는 다음과 같은 탐구 질문을 던진다.

학생들은 보통 어떤 색으로 학교 건물을 페인트칠하는 것을 선호하는가?

이 질문에 답하기 위해, 로페즈는 학교의 모든 학생들을 대상으로 설문조사를 하고 그들에게 다음과 같은 설문조사를 할 것을 제안한다. **'학교의 건물을 칠하는 데 회색, 연노란색, 황토색, 파란색, 초록색 중 가장 희망하는 색을 선택하시오.'** 그런 다음 어떤 색이 학생들 사이에서 가장 많은 표를 얻었는지 알아보기 위해 데이터를 분석할 것이다. 그 뒤 로페즈는 학생들이 가장 많이 선택한 답안을 바탕으로 색을 선택할 것을 제안한다.

존슨의 업무 목록 중 과제 4는 교사들이 현재의 수학 규준을 전달하는 데 있어 충분한 지원을 받고 있다고 느낄 수 있도록 하기 위해 무엇이 필요한지 결정하는 문제이다.

2. 두 개의 서로 다른 초기 탐구 질문을 작성하고 각각에 대한 데이터 수집 계획을 작성하시오. 과제를 수행하기 위한 조치를 가장 적절하게 결정하기 위한 접근 방식을 비교하고 대조해 보시오.

존슨의 업무 목록 중 과제 5는 어떤 하위 그룹의 학생들이 수업에서 어려움을 겪고 있는지, 혹은 성공적으로 해내고 있는지를 고려하시오. 첫 번째 단계로 비교해보고 싶은 학생들의 하위 그룹을 명확하게 정의하시오.

3. 두 개의 서로 다른 초기 탐구 질문을 작성하고 각각에 대한 데이터 수집 계획을 작성하시오. 과제를 수행하기 위한 조치를 가장 적절하게 결정하기 위한 접근 방식을 비교하고 대조하시오.

4. 초등학교 교실에서 사용할 자기만의 초기 탐구 질문을 구성해보시오(탐구 질문은 학생에게 초점을 맞출 필요가 없다. 예를 들어, 무당벌레, 스포츠 팀 등에 초점을 맞출 수 있다. 중요한 것은 데이터 수집 계획과 분석 계획이 초등학생을 대상으로 한다는 점에서 해당 질문이 초등학생에게 적합한지의 여부이다). 초등학교 교실에서 질문에 대답하는 데 사용할 수 있는 데이터 수집 계획을 작성해보시오. 그런 다음, 분석을 안내하는 데 사용할 수 있는 데이터 분석 질문의 예를 설명해보시오. 학생들은 탐구 질문에 답하기 위해 그들의 분석을 어떻게 사용할 수 있는가? 중학교 교실과 고등학교 교실에서 이 활동을 반복해 보시오.

참고 문헌

Arnold, P. (2013). *Statistical investigative questions: An enquiry into posing and answering investigative questions from existing data* (Doctoral thesis). https://researchspace.auckland.ac.nz/handle/2292/21305.

Arnold, P. & Franklin, C. (2021). What makes a good statistical question? *Journal of Statistics and Data Science Education*, *29*(1).

Unit 1C

분포의 도입

Unit 1B에서 통계적 문제해결 과정을 소개하고 이 과정에서 질문하기의 역할에 대해 논의했다. Unit 1C에서는 시각화를 통해 데이터를 분석하는 것에 중점을 둘 것이다. 탐구 질문이 제기되고 관련 데이터를 수집했다면 데이터를 분석해야 한다. 데이터 분석의 중요한 단계는 데이터에 존재하는 변이성의 패턴을 시각화하고 식별할 때 도움이 되는 데이터의 적절한 그래픽 표현을 만드는 것이다. 데이터세트의 각 변수에 대해 변수가 동등할 수 있는 가능한 값과 그 값이 발생하는 빈도를 고려한다.

변수의 **분포**(distribution)는 변수가 가정할 수 있는 가능한 값과 각 값이 발생하는 도수를 나타낸다. 고급 통계에서 분포는 방정식에 의해 명시된다. 변수의 분포는 변수의 어떤 값이 일반적이고 어떤 값이 희귀한지 보여줄 수 있다. 이러한 정보는 변수의 대푯값이나 변수의 값들이 얼마나 변하는지와 같이 변수에서 전체 패턴을 추출하고 경향을 이해하는 데 유용하다.

학생들은 분포의 개념을 이해하고 분포를 시각화하는 데 어려워한다. 여러 선행연구에 따르면, 학생들은 그래픽 표현의 사소한 측면에만 집중하는 경향이 있으며 전체 분포의 더 큰 그림을 고려하지 못하는 경향이 있다(예를 들어, Friel, Curcio, & Bright, 2001). 예를 들어, 학생들은 가장 빈번한 값이나 최댓값과 같은 특정 값에 초점을 맞추고, 데이터의 전체 그래픽 표현을 고려하지 않는다. 특정 값이 중요할 수도 있지만, 전체 패턴도 그에 못지않게 중요하다. 따라서 학생들에게 분포를 가르칠 때의 초점은 학생들이 일반적인 패턴과 가능한 경향에 주목하도록 하는 것이다.

Unit 1C의 목표는 분포, 그래픽 표현 및 분포의 시각화, 분포의 모양, 중심 측도, 변이성 측도뿐만 아니라 분포의 특성을 사용하여 데이터에서 패턴을 찾는 동시에 변수에 대한 의미 있는 결론을 도출하는 방법을 소개하는 것이다.

탐구 1C.1 : 교내 댄스 페스티벌

탐구 목표: 통계적 탐구 과정에 참여하여 범주형 변수에 대한 분포를 통해 데이터를 시각화한다.

한 중학교가 교내 댄스 페스티벌을 조직하는 데 관심이 있다고 가정해보자. 이 행사에 대한 몇 가지 세부 사항은 아직 결정되지 않았고 이 댄스 페스티벌을 조직하는 교사 위원회는 몇 가지 결정을 내리기 위해 학생들의 의견을 수렴하려고 한다. 특히, 댄스 축제에서 어떤 음악을 연주할 지에 대한 결정이 필요하다. 몇 가지 탐구 질문을 제기함으로써 데이터 수집을 촉진하고 댄스 페스티벌에서 연주될 음악에 대한 결정을 내리는 데 도움이 될 수 있다. 예를 들어, 다음과 같은 탐구 질문을 생각해볼 수 있다.

1. 중학생들이 선호하는 음악 유형은 무엇인가?
2. 중학생들이 선호하는 음악 장르는 무엇인가?

각 질문에 답하기 위해서는 데이터 수집, 분석, 해석하기의 통계적 탐구가 필요하다. 일단 연구 질문에 대한 결정이 내려지면 데이터 수집 계획을 세워야 한다. 데이터 수집 계획은 연구 목표와 일치해야 한다. Unit 1B에서 논의된 바와 같이 연구 대상 모집단은 제기된 탐구 질문에 따라 정해진다.

예를 들어, 연구의 범위가 특정 그룹의 학생에 관한 것이라면, 모집단은 그 그룹의 모든 학생으로 구성된다. 6학년 학급이 특정한 문제에 대해 어떻게 생각하는지 알아보려고 한다면, 6학년 학급 전체를 조사하는 것(전수조사를 시행하는 것)은 실천 가능한 계획이다. 그러나 만약 모집단이 큰 중학교의 모든 학생이고 각 학생으로부터 정보를 얻는 것이 가능하지 않다면 학생들의 표본으로부터 데이터를 수집해야 할 것이다.

다음의 탐구 질문이 선택되었다고 가정해보자.

중학생들이 선호하는 음악 유형은 무엇인가?

이 탐구 질문을 위해 학생들의 음악 선호도를 물어보는 설문조사를 실시할 수 있다. 데이터를 수집하기 위한 설문조사 질문은 다음과 같다.

댄스 페스티벌에서 연주된 음악 중에서 가장 선호하는 음악 유형은 무엇입니까?

이 설문조사 질문에 대한 응답은 데이터를 제공한다. 관찰 단위는 학생이고 정의된 변수는 학생이 가장 좋아하는 음악 유형이다. 이 변수는 범주형이다. 이 변수의 가능한 값은 랩, 록 등이다. 탐구 질문은 각 조사 대상 학생들이 좋아하는 음악 유형에 대한 정보를 수집하기 위한 것이며, 탐구 질문은 학교의 모든 학생들의 선호도에 대한 것이다. 이런 유형의 설문조사는 학생들로부터 너무 다양한 응답을 얻게 될 수 있기 때문에 그 데이터를 분석해서 댄스 페스티벌에서 연주될 음악 유형에 대해 결정하는 것은 매우 어려울 수 있다. 이러한 이유로 음악 선호도에 대해 닫힌 질문을 하는 것이 더 유용할 수 있다. 이러한 설문조사 질문으로는 다음과 같은 질문이 있을 수 있다.

댄스 페스티벌에서 연주될 랩, 록, 클래식, 힙합, 컨트리 음악 중
어떤 것을 선호하나요?

선다형 형태의 닫힌 질문이 지닌 장점은 학생들에게 다섯 가지 선택지 중에서 선택하도록 할 수 있다는 것이다. 열린 답변이 가능하도록 질문을 하게 되면 너무 다양한 유형의 응답이 나오게 되어 이러한 응답들을 범주별로 다시 분류할 필요가 있다. 닫힌 질문의 단점은 질문이 설문조사 대상자에게 제한적일 수 있고 학생들의 선호도와 완벽하게 일치하지 않을 수 있다는 것이다. 데이터 수집 계획에는 설문조사지를 배포하는 방법(예를 들어, 종이 사본 또는 전자 문서로 배포할지, 일자 및 학교 수업 시간 중 언제 배포할지)과 전반적인 데이터세트를 체계적으로 정리하는 방법(예를 들어, 스프레드시트, Google 문서)이 포함된다.

모든 학생의 의견을 모으는 것이 이상적이겠지만, 학교에서 전수조사를 실제로 시행하기 어려울 수 있다. 이러한 경우 분석과 해석을 할 수 있도록 데이터를 모으기 위해 데이터 수집 계획을 조정해야 한다. 전수조사를 할 수 없다면, 또 다른 방법은 관심 있는 학생 모집단에서 표본을 추출하는 것이다. 모집단에서 표본을 추출하는 방법은 여러 가지가 있다. 분포를 소개하는 목적으로 학교 관리자가 100명의 학생을 표본으로 추출했다고 가정하자. 설문조사는 종이 형태로 배포되었고 모든 학생이 질문에 대한 답변을 선택했음을 확실하게 하기 위해 즉석에서 설문조사를 완료하게 하였다. 한 중학교에서 100명의 학생들에 의해 제공된 표본 응답은 SchoolDance.csv[9]에 나와 있다.

9 이 데이터는 그럴 듯하게 만들어낸 것이다.

앞서 언급했듯이 데이터를 분석할 때 첫 번째 목표는 변수의 분포를 시각화하는 것이다. 여기서는 변수에 대한 그래픽 표현을 만들어 이를 수행한다. 학생들의 음악적 선호도는 범주형 변수이기 때문에 선호도의 분포를 시각화할 수 있는 그래픽 표현에는 몇 가지 선택 사항들이 있다. 범주형 변수의 분포는 **막대그래프**, **원그래프**, **표**를 사용하여 시각화할 수 있다. 서로 다른 표현들이 서로 다른 유형의 정보를 제공하는 방법을 보기 위해 이러한 각 선택 사항들을 살펴보려고 한다. **표**부터 시작해보자.

음악 선호 결과에 대한 빈도표

선호 음악	빈도	비율
클래식	3	3%
컨트리	22	22%
힙합	34	34%
랩	11	11%
록	30	30%

표에는 각 범주의 빈도뿐만 아니라 상대빈도(상대도수)도 표시된다. 예를 들어, 랩을 좋아하는 학생의 수, 즉 빈도는 11이다. 랩의 상대빈도는 전체 학생 수의 11%에 해당한다. 힙합이 가장 인기 있는 장르로 전체 학생 중 34%가 선호했으며, 록이 30%로 2위, 컨트리가 22%로 3위를 차지한다는 것도 알 수 있다.

학생들이 주로 어떤 음악 유형을 선호하는지 알아보려고 하기 때문에 **막대그래프**로 표현하는 것이 적절한 선택일 수 있다. 막대그래프의 가로축에는 선호하는 음악 변수의 범주들을 나타내고, 세로축에는 학생들이 선택한 범주에 대한 빈도를 나타낸다. 대안적으로 막대그래프의 세로축에 선호하는 음악 변수를 표시하고 가로축에 상대빈도를 나타낸 가로형 막대그래프로 표시할 수 있다. 막대그래프는 막대 높이를 비교하는 것만으로 빈도의 차이를 볼 수 있게 해준다. 다음의 (세로축에 빈도를 표현한) 막대그래프는 교내 댄스 페스티벌 음악으로 힙합은 34명, 록이 30명, 컨트리는 22명, 랩이 11명, 클래식은 3명의 학생이 선택했다는 것을 나타낸다. 따라서 데이터의 **최빈값**(mode)은 힙합 범주이다. 범주형 변수의 최빈값은 가장 자주 발생하는 범주이다. 범주형 데이터세트의 대푯값을 말할 때 최빈값을 사용한다. 이러한 경우에 힙합을 **최빈 범주**(modal category)라고 부르는데, 이것이 학생들 사이에서 가장 인기 있는 음악 선택지였음을 나타낸다.

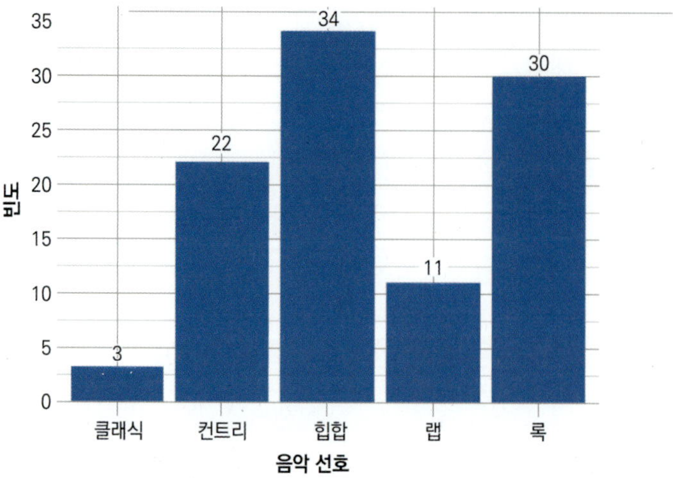

범주형 변수의 분포를 시각화하는 세 번째 방법은 **원그래프**이다. 원그래프는 각 범주를 전체의 부분들로 표시한다. 이 원그래프를 통해 선호하는 음악 데이터를 시각화할 수 있다.

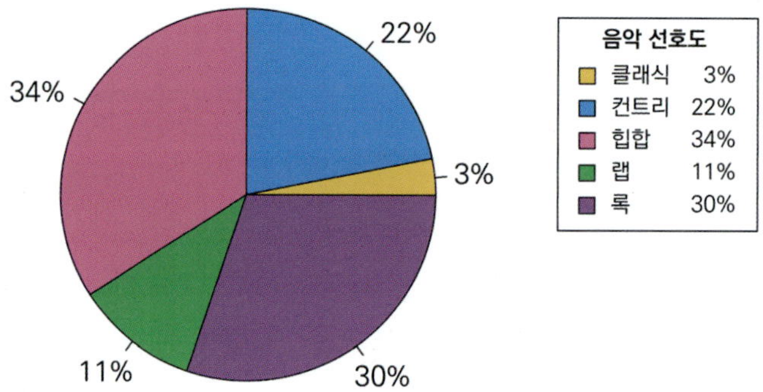

원그래프를 살펴보면 힙합, 록, 컨트리 세 가지 주요 음악 범주들이 선호도를 지배하고 있다. 반면에 표본으로 선정된 학생들이 랩과 클래식은 훨씬 더 낮은 비율로 선택했음을 알 수 있다. 어떤 범주가 실제로 나머지를 지배하지는 않기 때문에, 이 데이터의 **변이성**이 크다는 것을 알 수 있다. 범주형 변수에 대한 변이성은 응답 범주들에서 응답이 얼마나 다양한지를 나타낸다. 빈도 간의 차이가 감소하고 증가함에 따라 범주형 변수에 대해 원그래프가 어떻게 보일 수 있는지 상상해보는 연습을 해야 한다. 또한 이 연습은 한 범주, 예를 들어 힙합이 50% 이상이고 다른 범주가 적은 경우 명확한 선호도를 보여주는 막대그래프를 사용하면서 이루어질 수 있다. 현재 학교 교육을 위한 현행 주 규준에 범주형 변수에 대한 공식화된 변이성 측도는 포함되어 있지 않지만, 범주형 변수에도 변이성을 나타내는 측도는 분명히 존재한다(예를 들어, Kader & Perry, 2007 참고).

세 가지 표현에 대한 정보를 모두 활용하여, 교내 댄스 페스티벌 음악은 대부분 힙합과 록으로 구성하고 댄스 전반에 걸쳐 약간의 컨트리 노래를 결합해야 함을 제안할 수 있다. 이번 탐구를 통해 범주형 변수의 분포를 세 가지 방법으로 나타낼 수 있음을 알 수 있었다. 각 유형의 표현은 데이터에 대해 다른 통찰의 기회를 제공할 수 있다. 예를 들어 변수의 범주가 많을 경우, 원그래프를 해석하기 어려울 수 있으므로 막대그래프나 표를 보는 것이 좋다. 범주를 전체의 부분으로 시각화하고 각 범주의 상대적인 크기를 비교하는 경우에는 원그래프가 시각적으로 매우 좋다. 데이터를 지배하는 범주가 존재하는 경우, 원그래프는 이 사실에 쉽게 주목하게 한다. 그러나 각 범주의 빈도가 유사한 경우, 막대그래프는 빈도가 가장 높은 범주를 확인하는 가장 좋은 방법이 될 수 있다. 각 범주의 정확한 수나 상대빈도에 집중하려 할 때는 표를 선택하는 것이 유용하다. 범주형 변수의 분포를 시각화할 때, 주어진 해당 변수에 가장 적합한 표현 유형을 고려하는 것이 중요하다. 변수의 모든 측면을 탐구하기 위해 분포의 다양한 표현 방법들을 살펴보는 것이 좋다.

요약

「탐구 1C.1: 교내 댄스 페스티벌」에서 주요 개념은 다음과 같다.

1. 범주형 변수의 분포는 막대그래프, 원그래프, 표를 통해 표현하고 시각화할 수 있다.
2. 많은 범주형 변수들은 빈도가 가장 높은 범주로 요약되고, 각 범주가 얼마나 자주 일어나는지를 이용해 설명한다.
3. 범주형 변수의 변이성은 다양한 범주의 응답에서 얼마나 많은 차이가 있는지를 통해 측정할 수 있다. 전반적으로 응답이 일치하는 경우(한 범주에 많은 응답이 있는 경우) 데이터에 존재하는 변이성은 작다. 모든 응답이 같은 범주에 있으면, 데이터에 변이성은 없다. 의견이 일치하지 않을수록 변이성은 더 커진다.

탐구 1C.2 : 모의시험 점수

탐구 목표: 통계적 탐구 과정에 참여하여 수치형 변수에 대한 분포를 통해 데이터를 시각화하고 데이터 안에 내재된 가능한 변이성을 측정한다.

가르시아는 중학교 교사이다. 그는 학년 말에 주에서 시행하는 표준화 시험을 위한 모의시험을 학생들이 어떻게 해결하고 있는지를 이해하는 데 관심이 있다. 그는 다음과 같은 탐구 질문을 제기한다.

가르시아가 지도한 학생들이 모의시험에서 받은 점수는 대략 몇 점인가?

가르시아는 3개의 반에서 총 96명의 학생을 담당한다. 모든 학급에는 비슷한 학업 능력을 가진 학생들이 있지만, 가르시아는 학생들이 표준화 시험에서 어떤 결과를 낼지 확신하지 못한다. 가르시아가 지도한 학생들이 치른 모의시험 결과는 PracticeTestScores.csv에 나와 있다.

가르시아는 학급 학생들의 일반적인 점수를 아는 데 관심이 있다. 점수 변수는 수치형이기 때문에 탐구 1C.1에서 사용된 범주형 변수를 사용하는 그래픽 표현은 적절하지 않다. 수치형 변수의 분포는 **점그래프**, **히스토그램**, **상자그림**을 사용하여 시각화할 수 있다. Unit 1C에서는 점그래프(선그래프, 점도표 등으로 불리기도 한다)와 히스토그램을 소개하는 데에 초점을 맞출 것이다. 상자그림은 Unit 1D에서 분포를 비교하기 시작할 때 논의할 것이다. 이번 탐구를 시작하기 위해 **점그래프**(dot-plot)를 사용하여 데이터를 시각화해보자.

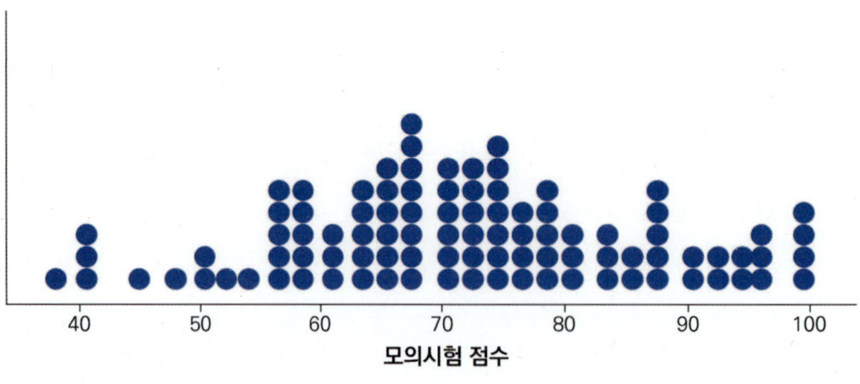

그래프의 각 점은 학생의 점수를 나타낸다. 수치형 변수의 분포를 설명할 때, 먼저 분포의 **모양**, **중심**, **변이성**을 설명하는 데 초점을 맞춘다. 이 점그래프는 70점을 중심으로 하나의 봉우리 모양으로 보인다. 분포는 70점이라는 점수에 대해 거의 대칭적으로[10] 나타나며, 70점을 기준으로 양쪽에 거의 동일한 수의 점수들이 있다. 70점에서 양쪽으로 멀어질수록 데이터 점들의 빈도는 감소하는 경향이 있다.

분포의 중심과 하나의 봉우리에 대한 분포의 근사적인 대칭성 때문에 **평균**(mean, 모든 모의시험 점수를 합산하고 점수들의 전체 개수로 나눈 값)은 이러한 데이터에 대한 중심으로 적절한 측도이다. 예를 들어, 분포가 대칭적이지 않은 경우에는 **중앙값**(median, 모든 점수를 오름차순으로 놓은 다음 데이터의 중간 점수를 찾아 계산한 값)을 사용하여 분포의 중심을 설명하는 것이 더 적절할 수 있을 것이다.

데이터 분포의 중심을 나타내는 데 평균을 사용하기 때문에, **평균절대편차**(mean absolute deviation, MAD)는 범위와 함께 데이터의 변이성에 대한 초기 접근에 있어 좋은 측도를 제공해준다. 점수가 39점에서 100점까지 다양하여 범위는 61점이다(**(범위)**=**(최댓값)**−**(최솟값)**=100−39). 따라서 61은 두 점수 사이의 최대 가능 거리이다. 또한 70이라는 중심에서 평균절대편차를 통해 점들의 평균 거리로 변이성을 개념화할 수 있다. 이러한 방법으로 변이성을 설명하기 위해, 평균값 71.71에서 각 학생의 점수들의 거리를 고려한다. 예를 들어, 모의시험에서 40점을 받은 학생 몇 명이 있다. 이 학생들은 중심값에서 약 30점 떨어져 있다. 반면 100점을 받은 학생도 있다. 이 값도 중심값에서 약 30점 정도 떨어져 있다. 전반적으로 모든 학생의 점수에 대해 평균으로부터의 거리를 고려한 다음 이러한 거리들의 평균을 찾을 수 있다. 이것은 데이터세트의 평균으로부터 변이성을 요약할 수 있는 수치를 제공하기 때문에 중요하다. 이 수치적 요약이 **평균절대편차**이다.

정확히 말하자면, 우리는 계산을 수행한다. 평균절대편차를 계산하기 위해, 각 점에서 71.71(평균)까지의 거리를 계산한다. 이것은 스프레드시트에 수식을 설정하여 엑셀과 같은 소프트웨어로 빠르게 수행할 수 있다. 이러한 엑셀 스프레드시트의 이미지는 아래와 같다. 스프레드시트에는 평균으로부터의 거리에 대한 공식이 점수에서 각 관측값의 평균을 뺀 값의 절댓값으로 표시된다.

10 분포가 대칭인 경우, 반드시 정규분포를 따르는 것은 아니다. 정규분포는 대칭적인 것 외에도 특정한 특징과 특성을 갖는 매우 특별한 유형의 연속분포이다.

	A	B	C	D	E	F
1	모의시험 점수	평균으로부터의 거리	평균으로부터의 거리의 절댓값		모의시험 점수의 평균	71.71
2	40	-31.71	31.71		평균으로부터의 총 거리	1108
3	40	-31.71	31.71		평균으로부터의 평균거리 (MAD)	11.541667
4	76	4.29	4.29			
5	96	24.29	24.29			
6	75	3.29	3.29			
7	75	3.29	3.29			
8	61	-10.71	10.71			
9	77	5.29	5.29			
10	50	-21.71	21.71			
11	78	6.29	6.29			
12	84	12.29	12.29			
13	72	0.29	0.29			
14	68	-3.71	3.71			
15	88	16.29	16.29			
16	59	-12.71	12.71			
17	54	-17.71	17.71			
18	70	-1.71	1.71			
19	56	-15.71	15.71			
20	67	-4.71	4.71			

스프레드시트의 C열에 각 점수에 대해 71.71까지의 거리를 계산한다는 것이 나타나 있다. 이것은 점수가 평균보다 낮거나 높은지에 대해 고려하는 것이 아니라 단지 점수 평균과의 거리만 고려하기 때문이다.

셀 F2에는 96명 학생 전체 그룹에 대한 평균으로부터 떨어진 총 거리가 1108이라는 것이 나타나 있다. 셀 F3에서 평균으로부터 절댓값 거리의 평균을 구하기 위해, 총 합계를 점수들의 개수인 96으로 나눈다. 평균으로부터의 평균적인 거리는 11.54점으로 계산되며, 이것이 평균절대편차이다. 평균절대편차는 관측값과 평균의 차를 모두 합하여 관측값의 개수로 나누어 구할 수 있는데, 방정식으로 나타내면 다음과 같다.

$$MAD = \frac{\sum |X_i - \overline{X}|}{n}$$

여기서 X_i는 i번째 관측값을 나타내고, $\overline{X}$는 평균을 나타내며, n은 관측값들의 개수와 같다.

평균절대편차는 데이터에 존재하는 변이성을 간단하게 계산할 수 있는 측도이다. 이것은 변수의 평균으로부터 데이터 값들의 평균적인 거리이다. 점수의 맥락에서 보면, 11.54라는 평균절대편차는 꽤 커 보인다. 평균절대편차는 96개의 점수들이 평균적으로 평균 71.71점과 11.54점 정도 차이가 난다는 것을 보여준다. 평균보다 11.54점 높은 점수를 받은 학생과 평균보다 11.54점 낮은 점수를 받은 학생의 성적 등급 차이를 고려해보자. 이 등급 차이는 대략 23점이 될 것이고, 따라서 그들의 성적 등급은 크게 바뀔 것이다.

자주 사용되는 또 다른 변이성 측도는 표준편차이다. 중학교에서는 평균절대편차를 활용하게 하고, 일반계 고등학교 수학과 교육과정이나 AP 통계학에서는 표준편차를 도입할 것이다.

표준편차(standard deviation)도 평균으로부터 점수가 얼마나 떨어져 있는지를 하나의 값으로 측정하지만, 평균절대편차는 평균과 점수의 차를 양수로 만들기 위해 절댓값을 취하는 반면, 표준편차는 제곱을 취한다(평균절대편차의 교수학습 자료는 Franklin et al., 2020 참고). 평균과 점수의 차를 제곱한 후, 평균을 구한 다음(n이 아니라 $n-1$로 나눈다), 제곱근을 취하여 표준편차를 구한다. 이러한 데이터에 대해 엑셀 스프레드시트와 특정 공식을 이용하여 계산 과정을 나타낼 수 있다.

	A	B	C	D	E	F
1	모의시험 점수	평균으로부터의 거리	평균으로부터의 거리의 제곱값		평균으로부터의 거리의 제곱값의 합	20315.8336
2	40	-31.71	1005.5241		평균으로부터의 거리의 제곱값의 합/(96-1)	213.85088
3	40	-31.71	1005.5241		제곱근	14.6236411
4	76	4.29	18.4041			
5	96	24.29	590.0041			
6	75	3.29	10.8241			
7	75	3.29	10.8241			
8	61	-10.71	114.7041			
9	77	5.29	27.9841			
10	50	-21.71	471.3241			
11	78	6.29	39.5641			
12	84	12.29	151.0441			
13	72	0.29	0.0841			
14	68	-3.71	13.7641			
15	88	16.29	265.3641			
16	59	-12.71	161.5441			
17	54	-17.71	313.6441			
18	70	-1.71	2.9241			
19	56	-15.71	246.8041			
20	67	-4.71	22.1841			

이러한 데이터의 표준편차는 다음의 공식으로 나타낼 수 있다.

$$SD = \sqrt{\sum_{i=1}^{96} \frac{(X_i - \overline{X})^2}{96-1}}$$

표준편차는 데이터세트의 관측값의 개수보다 1 작은 값인 $n-1$로 나누는 것이 일반적으로 알려져 있다. 표본평균은 분포의 균형점인 평균에서 관측값의 거리를 찾는 데 사용된다. '(관측값)-(평균)'의 이러한 편차들은 단지 $n-1$개의 정보만 제공한다. 왜냐하면 마지막 편차는 편차들의 합이 0이 되도록 해야 하기 때문이다. 표준편차를 n으로 나누면 표본표준편차가 모표준편차를 과소 추정한다는 것을 수학적으로 설명할 수 있다. 이에 대한 자세한 내용은 영상[11]에서 확인할 수 있다.

셀 F3의 값은 표준편차가 14.62라는 것을 의미한다. 이 값은 평균절대편차 11.54와 비슷하지만 약간 더 크다. 절댓값을 취하는 대신 제곱할 때 표준편차는 평균에서 멀리 떨어진 값들의 영향을 더 받기 때문이다. 예를 들어, 셀 A2의 40점이라는 점수를 고려해보자. 이 값은 낮은 점수이고, 평균과는 매우 거리가 멀다. 40점에 대해 평균으로부터의 거리의 제곱은 1005.53으로 매우 크다. 동일한 점수에 대해 평균절대편차는 제곱된 거리 대신 평균으로부터의 거리의 절댓값인 31.71을 사용하고 있기 때문에 훨씬 더 작다.

평균절대편차와 표준편차가 평균으로부터 먼 값과 가까운 값을 어떻게 다루는지 비교하려면, 평균에 가까운 시험 점수인 셀 A4에 나타나 있는 값 76을 고려해보자. 평균절대편차는 평균으로부터의 거리의 절댓값으로 4.29를 사용하는 반면, 표준편차는 제곱된 거리로 18.4를 사용한다. 표준편차 값은 여전히 평균절대편차 값보다 크지만, 셀 A2에서 볼 수 있는 평균에서 멀리 떨어진 40점의 경우와는 달리 그리 크지는 않다. 평균절대편차는 관측값에서 평균까지의 거리를 1차인 절댓값으로 고려하는 반면, 표준편차는 2차인 제곱한 것으로 관측값과 평균 사이의 거리를 고려한다. 따라서 개개의 값이 평균에서 점점 멀어질수록 표준편차는 평균절대편차보다 더 빠르게 커진다.

두 변이성의 측도 모두 평균으로부터 데이터 값들의 전반적인 편차에 대한 통찰을 제공한다. 표준편차는 극값에 대한 가중치가 더 크기 때문에 항상 평균절대편차보다 크거나 같다. 일반적으로 평균절대편차는 중학교에서 수치형 변수에 대한 변이성의 측도로 도입되는데, 이는 평균절대편차의 계산이 표준편차보다 더 직관적이기 때문이다. 학생들은 표준편차에 대한 공식을 이해하는 것보다 평균으로부터 직접적인 평균 거리를 계산하는 것을 더 쉽게 이해한다. 평균절대편차 공식은 직접적이지만 표준편차에는 학생들이 이해하기 어려운 몇 가지 미묘한 차이가 숨겨져 있다. 그러나 표준편차는 평균으로부터의 거리들의 절댓값을 취하는 대신 평균으로부터의 거리들을 제곱하여 계산하기 때문에, 도함수와 적분을 사용해야 하는 심화된 상황에서는 다루기가 더 쉬워진다. 이러한 상황에서는 절댓값 대신 제곱을 다루는 것이 훨씬 더 좋다. 이러한 이유로 고등학교 정도에서부터 표준편차를 가르치며, 고등학교와 그 이후에는 표준편차를 변이성의 표준

11 https://www.khanacademy.org/math/ap-statistics/summarizing-quantitative-data-ap/more-standard-deviation/v/review-and-intuition-why-we-divide-by-n-1-for-the-unbiased-sample-variance

적인 측도로 사용한다.

요약하면, 탐구 질문에 대한 답은 가르시아가 지도하는 학생들의 평균 점수는 71.71점이다. 평균은 분포의 균형점으로 해석될 수 있다(이 아이디어를 구성한 예로 GAISE II 참고). 분포의 모양은 대략적으로 대칭이기 때문에 평균은 대푯값으로서 적절한 선택이다. 가르시아는 점수의 변이성이 크기 때문에 모의시험을 잘 준비하는 학생이 많지만 점수가 낮은 학생도 많음을 알 수 있다. 평균절대편차가 11.54이고 표준편차가 14.62라는 것을 통해 학생들의 성적이 전반적으로 평균에서 많이 벗어나 있음을 알 수 있다. 이상적으로, 표준화된 시험을 잘 치르기 위해, 가르시아의 학생들은 모의시험 점수의 평균을 높이고 변이성을 줄일 필요가 있다. 더 작은 변이성을 위해서는 모든 학생이 일반적인 시험 점수에 더 가까운 점수를 받을 필요가 있다.

요약

「탐구 1C.2: 모의시험 점수」에서 주요 개념은 다음과 같다.

1. 수치형 변수의 분포는 점그래프를 통해 표현되고 시각화될 수 있다.
2. 수치형 변수의 분포는 모양, 중심, 변이성으로 설명될 수 있다.
3. 수치형 변수의 평균으로부터의 변이성은 평균절대편차 또는 표준편차로 설명될 수 있다. 변이성의 측도에서 평균절대편차는 표준편차보다 더욱 직관적인 개념이다. 따라서 평균절대편차를 중학교에서 가르친 다음, 고등학교에서 표준편차를 가르친다.

탐구 1C.3: 미라비치에 있는 회사들

탐구 목표: 통계적 탐구 과정에 참여하여 수치형 변수에 대한 그래픽 표현으로 데이터를 시각화한다.

작은 해변 도시인 미라비치의 시장은 이 도시에 있는 회사들의 재정 수익을 이해하고 사람들이 미래에 성공적인 사업주들이 될 수 있는 잠재적 요인을 파악하는 데 관심이 있다. 조금 더 구체적으로 말하면, 시장은 두 가지 질문을 조사하는 데 관심이 있다.

- 미라비치의 회사들이 버는 주당 수익은 대략 얼마인가?
- 미라비치의 회사 대표들의 교육 수준은 대략 어느 정도인가?

이 작은 도시에는 총 98개의 회사가 있다. 상공회의소에 제출하는 연례 보고서에는 회사 CEO들의 인구통계학적 정보 및 배경 정보와 회사의 주당 평균 수익이 얼마인지를 보고해야 하는 부분이 있다. 미라비치의 시장은 이러한 연례 보고서에 접근할 수 있으며 앞서 언급한 탐구 질문에 대한 답을 원한다. 데이터는 AnnualReport.csv[12]에 포함되어 있다.

인구통계학적 데이터의 일부로서 CEO들은 그들의 교육 수준을 보고한다. 교육 수준은 다음과 같은 방식으로 보고된다.

1 = 고등학교

2 = 전문분야 학위(테크놀로지, 간호 등)

3 = 학사(문학사/이학사 등)

4 = 석사(경영전문석사, 이학석사, 문학석사, 예술학석사 등)

5 = 박사 혹은 그와 동등한 수준

첫 번째 단계로, 시장은 다음과 같은 질문에 대한 답을 탐구하는 것을 목표로 한다.

- 미라비치의 회사들이 버는 주당 수익은 대략 얼마인가?

대략적인 수익이 얼마인지 이해하는 데 관심이 있기 때문에, 다른 값들보다 더 자주 나타나는 주당 수익의 특정 값이 있는지 또는 수익이 특정 값을 중심으로 나타나는지 알아보기 위해 데이터의 분포를 시각화하고자 한다. 수익 변수는 수치형 변수이므로 점그래프, 히스토그램, 상자그림이 데이터를 시각화하는 데 적합한 그래픽이다. 먼저 수익에 대한 점그래프를 그리는 것으로 시작해보자.

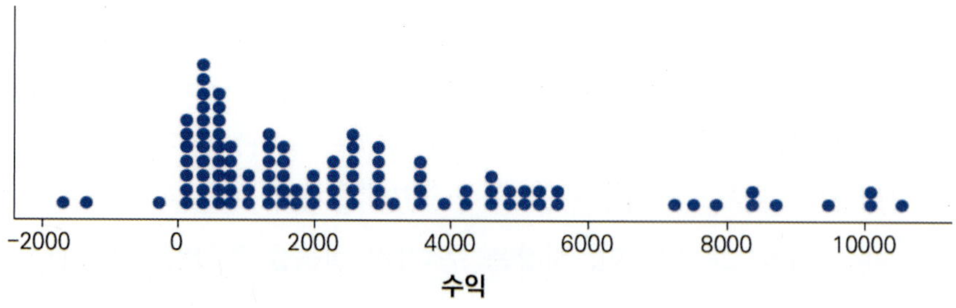

12 StatCrunch에서 이용할 수 있는 보험 수익 데이터세트를 각색해서 만든 데이터이다.

각 점들이 98개 회사 중 한 회사의 연간 평균 주당 수익을 나타내기 때문에 점그래프는 미라비치의 평균 주당 수익을 세부적으로 보여준다. 수치형 변수의 분포를 볼 때는 모양, 중심, 변이성을 기술함으로써 시작한다. **기운 분포**(skewed distribution)는 꼬리의 한쪽이 다른 쪽보다 긴 분포이다. 꼬리는 분포의 가로축에 있는 값들에서 한쪽 끝을 나타낸다. 이 분포는 꼬리가 오른쪽으로 늘어져 있는데, 이는 회사 주당 수익의 큰 군집(98개 중 85개)이 0달러에서 약 5500달러 사이이고, 극히 일부 회사들만 주당 수익이 6000달러 이상임을 보고했기 때문에 그래프 오른쪽 끝에 꼬리가 존재한다.

점그래프를 기반으로 그래프에 균형점을 나타내는 선을 그리다 보면, 미라비치에 있는 회사들의 대략적인 수익을 약 2000달러로 추정할 수 있다. 꼬리가 오른쪽으로 늘어진 분포의 특성으로 인해 긴 꼬리 방향으로 평균이 치우치기 때문에 수익의 중앙값이 수익의 평균보다 작을 것으로 예상할 수 있다. 이는 평균을 계산할 때 각 데이터 값을 사용하기 때문에 데이터에 더 큰 값이 있으면 더 커지는 특성 때문이다. 반면에 중앙값은 데이터의 중간점(50번째 백분위수)을 나타내며, 계산할 때 각 데이터 값을 사용하지 않으므로 변수의 극단적인 값에 민감하지 않다. 따라서 분포가 비대칭인 경우, 중앙값이 대푯값을 나타내는 데 더 적절한 측도가 된다.

98개 회사의 주당 수익은 −2000달러에서 10500달러까지 다양했다. 3개 회사는 손실을 보았고, 10개 회사는 약 7500달러를 초과하는 수익을 창출했다. 수익의 범위는 대략 12000달러이다. 소프트웨어를 이용하여 표준편차를 약 2683달러로 계산한다. 이 값은 미라비치에 있는 회사들의 평균 수익에 대한 대략적인 편차로 해석할 수 있다. 수익의 맥락에서 이 편차는 적당해 보인다.

수익을 나타내는 값들이 다양하기 때문에, 유사한 수익을 묶는 데이터의 수익 "칸(또는 구간)"을 만드는 것이 유용할 수 있다. 이러한 유형의 그래프를 **히스토그램**(histogram)이라고 한다. 다음은 주당 수익 데이터에 대한 히스토그램이다.

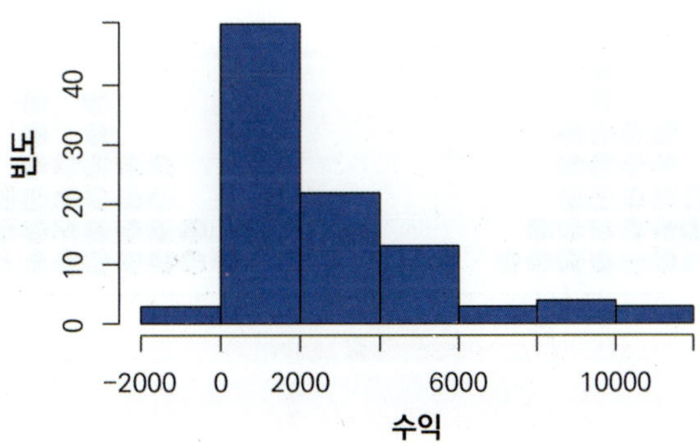

히스토그램을 보면 중심을 확인할 수 있다. 분포가 비대칭이기 때문에 평균보다 중앙값이 더 적절한 중심 측도이다. 중앙값을 정확하게 계산하지 않더라도 히스토그램을 보면 중앙값이 2000달러 정도가 됨을 알 수 있다. 전반적으로 분포가 기울어져 있을 때 시각화를 통해 분포의 중심 위치를 찾기는 어렵다.

학생들은 중심을 0~1000달러의 구간으로 나타내기를 원할 수도 있는데, 이 구간은 막대가 가장 높아 데이터가 가장 많기 때문이다. 이 추론에는 크게 두 가지 쟁점이 있다. 첫째, 수익은 수치형 변수이므로 중심으로 선호되는 측도는 평균 또는 중앙값이다(일반적으로 범주형 변수들은 최빈 범주를 사용한다). 둘째, 대푯값을 0~1000달러의 구간이라 보는 것은 분포의 모양이나 데이터에 존재하는 변이성을 고려하지 않는 것이다. 대푯값은 어떤 방식으로든 변수들의 값을 나타내어야 한다. 예를 들어, 0달러에서 1000달러 사이의 구간을 대푯값이라 하게 되면 더 큰 수익을 갖는 회사를 나타내지 않게 될 것이다. 따라서 값들의 중간쯤에 있는 것이 대푯값으로 더 적합하다.

앞에서 설명한 것처럼 중심은 데이터의 모양과 변이성에 따라 평균 또는 중앙값이 될 수 있다. 수익을 나타내는 값의 경우 분포가 기울어져 있으므로 중앙값이 데이터의 대푯값을 더 잘 나타낸다. 또한 수치형 변수의 분포에서 평균이나 중앙값이 가장 빈번하게 나타나는 값에 가깝지 않은 경우가 있을 수 있다. 예를 들어, 다음 그래프는 두 개의 군집 또는 두 개의 봉우리(쌍봉 분포)가 있는 대칭 분포로 볼 수 있다. 평균과 중앙값 모두 툭 솟아오른 두 지점의 중간에 위치하므로 대푯값을 나타내는 좋은 방법이라고는 할 수 없다. 중심 측도가 가장 흔하게 나타나는 값을 뜻하지는 않지만, 데이터의 균형점과 중간점을 나타낸다. 이러한 관점에서 평균 또는 중앙값은 여전히 대푯값을 나타내는 데 사용될 수 있다. 하지만 이와 같은 경우에는 각 군집의 빈도가 가장 높은 범주인 약 3과 약 19로 대푯값을 나타내는 것이 가장 좋다.

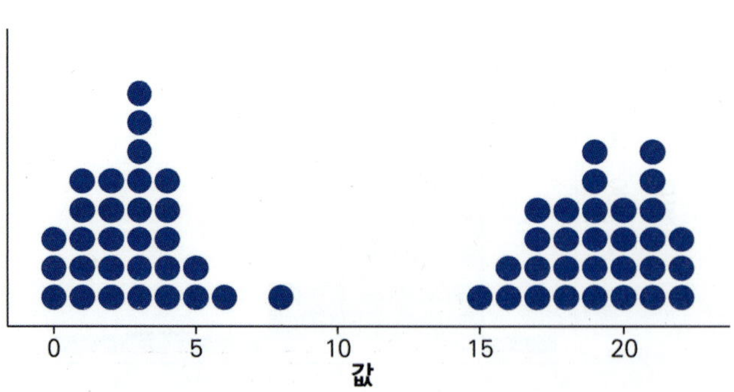

점그래프는 모든 회사의 수익을 보여주기 때문에 더 세밀한 패턴을 드러낼 수 있는 반면 히스토그램은 값들이 더 큰 구간 내에 포함되어 표시되기 때문에 큰 패턴을 드러낼 수 있다. 히스토그램을 보면 약 8000달러 이상의 큰 주당 수익을 올리는 회사가 여럿 있다는 것을 알 수 있다. 히스토그램을 보면 분포의 모양이 치우쳐져 있음을 명확히 알 수 있다. 전반적으로, 평균 수익은 이러한 큰 수익을 가진 회사들에 의해 커지는데, 이것을 특이점이라고 지칭할 수 있다(특이점의 개념은 다른 탐구에서 더 자세히 논의된다). 대푯값을 약 2000달러로 시각적으로 추정했음에도 불구하고, 평균은 분포 모양이 기우는 것에 영향을 받기 때문에 주당 평균 수익은 약 3000달러가 될 것으로 추측할 수 있다. 그러나 평균은 이러한 몇몇 큰 값에 영향을 쉽게 받기 때문에, 2000달러 정도로 보이는 중앙값이 분포의 중심을 더 잘 나타낸다고 볼 수 있다. 그래픽 표현들을 검토하고 평균과 중앙값이 어디에 있는지 시각적으로 살펴보고, 데이터에 존재하는 전체적인 모양과 변이성을 확인하는 것은 유용한 활동이다. 직관을 형성하기 위해 바로 계산을 하기보다는 그 전에 그래픽 표현을 검토하는 것이 중요하다. 시각적으로 해석한 후, 정확한 통계도 계산할 수 있다.

요약 통계량

변수	평균	중앙값
수익	2561.7	1644.5

계산해서 얻은 값들을 통해 앞서 그래픽 표현을 기반으로 한 추정치가 비교적 정확했음을 알 수 있다. 2561달러라는 평균은 균형점 또는 수익 분포를 “공정하게 배분하는” 점으로 해석할 수 있다.[13] 모든 회사로부터 수익을 모을 수 있고, 이 수익을 배분해서 미라비치에 있는 모든 회사가 같은 수익을 갖게 한다면, 모든 회사는 대략 2561달러의 수익을 얻게 될 것이다. 또한 중앙값은 Lesser, Wagler, & Abormegah(2014)가 제안한 균형점으로 해석할 수도 있다. 그들은 평균과 중앙값을 데이터의 균형점으로 개념화하는 데 도움이 되는 물리적 모델을 만드는 방법을 보여준다.[14]

이 시점에서 미라비치에 있는 회사 수익의 대푯값을 가장 잘 나타내는 값이 무엇인지 결정할 필요가 있다. 히스토그램을 통해 대푯값이 약 2000달러일 것이라고 관찰했다.

13 평균을 균형점으로 설명한 것을 보려면
https://www.statisticsteacher.org/2020/11/12/the-mean-and-variability/ 참고

14 http://jse.amstat.org/v22n3/lesser.pdf 참고

중앙값은 1645달러로 시각적 추정치에 가깝다. 일부 회사의 더 높은 수익으로 분포의 꼬리가 오른쪽으로 늘어졌기 때문에, 평균이 중앙값보다 더 크다. 중앙값은 이러한 높은 값들에 그다지 많은 영향을 받지 않으므로 낮은 값으로 유지된다. 비대칭 분포의 경우, 중앙값은 미라비치의 주당 수익의 대푯값을 더 잘 나타낸다.

요약

「탐구 1C.3: 미라비치에 있는 회사들」에서 주요 개념은 다음과 같다.

1. 점그래프와 히스토그램을 통해 수치형 변수의 분포를 시각화할 수 있다.
2. 수치형 변수의 분포는 모양, 중심, 변이성으로 설명될 수 있다.
3. 수치형 변수의 대푯값은 평균과 중앙값으로 요약될 수 있다.
   어떤 것이 변수를 더 나은 방식으로 나타내는지는 분포의 모양을 보고 선택한다.

Unit 1C에서는 범주형 및 수치형 변수의 분포를 시각화하기 위해 다양한 그래픽 표현 방법들을 도입했다. 이러한 각 그래픽 표현 방법들은 GAISE, SET 및 현행 주 규준에서 명시적으로 논의된다. 이것들은 모두 중요하지만, 각 그래프 특징의 정교함에 따라 학년 수준에 적합한 그래프의 유형이 정해진다.

초등학교 수준에서는 범주형 변수에 초점이 맞춰져 있다. 따라서 원그래프, 막대그래프, 빈도표가 해당 학교급에 적합하다고 볼 수 있다. 수치형 변수와 이를 나타낸 그래프는 더 복잡하다. 점그래프와 히스토그램, 상자그림은 중학교 수준에서 도입한다. 이러한 내용은 초등학교, 중학교, 고등학교와 대략 일치하는 GAISE의 A, B, C 수준과도 일치한다. 마찬가지로, 수치형 변수의 변이성을 나타내는 다른 방법들은 학생들의 다양한 수준에 따라 도입하는 것이 적절하다. 평균절대편차는 중학교에서 도입되고 표준편차는 고등학교에서 도입된다. 중심 측도의 경우, 최빈값은 범주형 요약 통계량이며 초등학생에게 권장되는 반면, 평균과 중앙값은 수치형 변수를 설명하는 것으로 초등학교 고학년 및 그 이상 수준에 적합하다. Unit 1C에는 모든 학년군의 교사들이 분포와 그 특징을 처음 도입할 때 필요한 내용이 제시되어 있다.

더 알아보기

1. 4학년 학생들이 현장 학습을 위해 동물원, 수족관, 워터파크를 방문하는 선호도와 관련하여 수업 시간에 다룰 수 있는 탐구 질문의 예를 제시하시오.

   한 학군의 4학년 학생들에게 수집한 선호도 관련 데이터는 데이터세트 EndofYear Party.csv에 있다. 적절한 그래픽 표현을 사용하여 위의 더 알아보기 1.에서 제시한 탐구 질문에 답하기 위해 주어진 데이터를 분석하고 해석하시오.

2. 탐구 1C.3에서 시장은 두 번째 탐구 질문을 제기했다. "미라비치에 있는 회사 대표들의 교육 수준은 대략 어느 정도인가?"

3. 5학년 때의 발 길이와 2학년 때의 발 길이를 비교하는 상황에서 학급 학생들에게 제시할 수 있는 통계적 질문의 예를 제시하시오.

   5학년 학급과 2학년 학급의 발 길이 데이터는 데이터세트 FootMeasure5&2.csv에 있다. 적절한 그래픽 표현을 사용하여 위의 더 알아보기 3.에서 제시한 탐구 질문에 답하기 위해 주어진 데이터를 분석하고 해석하시오.

4. 탐구 1C.1에는 엑셀 소프트웨어를 사용하여 평균절대편차를 계산하는 과정이 나타나 있다. 5학년과 2학년의 발 길이에 대한 평균절대편차를 각각 계산하시오.

참고 문헌

Bargagliotti, A., Franklin, C., Arnold, P., Gould, R., Johnson, S., Perez, L., & Spangler, D. (2020). *Pre-K-12 guidelines for assessment and instruction in statistics education II (GAISE II) report*. American Statistical Association and National Council of Teachers of Mathematics.

Franklin, C., Kader, G., Jacobbe, T., & Maddox, K. (2020). The mean and variability from the mean. *Statistics Teacher*. www.statisticsteacher.org/2020/11/12/the-mean-and-variability.

Friel, S. N., Curcio, F. R., & Bright, G. W. (2001). Making sense of graphs: Critical factors influencing comprehension and instructional implications. *Journal for Research in Mathematics Education, 32*(2), 124-158.

Kader, G. D. & Perry, M. (2007). Variability for categorical variables. *Journal of Statistics Education, 15*(2).

Unit 1D

분포 비교하기

Unit 1C에서는 분포를 소개하고 탐구 질문에 답하기 위해 분포가 얼마나 중요한 것인지를 탐구했다. 이를 통해 변수의 분포를 시각화하면 통계적 탐구에서 분석을 할 때 도움이 된다는 사실을 알게 되었다. 분석은 대푯값이 무엇인지, 즉 댄스 페스티벌에서 학교 학생들이 선호하는 음악이 무엇인지와 같은 질문에 대답하는 데 도움을 줄 수 있다. 수치형 변수에 대한 분포는 모양, 중심, 변이성으로 요약되고 설명될 수 있다. 범주형 변수의 분포는 최빈 범주, 빈도, 상대빈도, 그리고 범주형 변수의 분포에 나타난 변이성을 수량화하기 위해 범주들 사이의 일치와 불일치를 나타내는 전반적인 수량으로 요약할 수 있다. Unit 1D에서는 분포를 이용하여 집단을 비교하는 데 중점을 둔다.

탐구 1D.1 : 고등학생의 수면 패턴

탐구 목표: 통계적 탐구 과정에 참여하여 수치형 데이터의 분포를 비교한다.

인간이 정상적으로 삶을 살아가기 위해서는 잠이 필요하다. 미국 국립보건원(National Institutes of Health, 이하 NIH)에서는 "잠은 평생 동안 건강과 웰빙에 중요한 역할을 한다. 적절한 시간에 충분한 수면을 취하는 것은 정신 건강, 신체 건강, 삶의 질, 안전에 도움이 될 수 있다."고 말한다. 수면이 수행 능력에 미치는 영향에 대한 주제는 의학 연구, 인지 연구, 교육 연구, 스포츠 연구에서 광범위하게 논의된다. 다양한 연령대 사람

연령대	권장 수면량
신생아	하루에 16~18시간
미취학 아동	하루에 11~12시간
취학 아동	하루에 최소 10시간
10대	하루에 9~10시간
성인(노인 포함)	하루에 7~8시간

https://www.nhlbi.nih.gov/health/sleep-deprivation/how-much-sleep

들의 수면량에 대한 NIH의 권장 사항이 표에 제시되어 있다.

표에서 볼 수 있듯이, 중학생과 고등학생들은 하루에 약 10시간의 수면이 필요하다. 지금까지 학생들이 숙제와 방과 후 활동을 하면서 많은 시간을 보내는 것에 대해 지속적으로 논의해왔다. 이러한 활동이 청소년들의 수면 습관에 악영향을 주고 잠재적으로 건강에 부정적인 영향을 미칠 것이라는 우려가 있다. 학생들이 오랜 시간 숙제와 방과 후 활동을 하게 되면 몸을 쉴 수가 없어서 건강한 뇌 기능, 신체 건강, 낮 동안의 기능에 대한 능력에 문제가 생길 수 있다. 이번 탐구에서는 학생들의 수면 패턴을 살펴봄으로써 이러한 생각에 대해 숙고해보고자 한다.

어느 지역의 고등학교 교장은 학년이 다른 고등학생들의 수면 패턴을 비교하는 데 관심이 있다. 교장은 학생들이 고등학교 과정을 거치면서 숙제에 대한 스트레스가 증가하는 것을 관찰했고, 이러한 과정이 학생들의 수면 패턴에 영향을 미치는지 이해하려고 한다. 교장은 특히 10, 11, 12학년[15] 학생들에게 관심이 많은데, 그 이유는 일반적으로 이 시기에 있는 학생들의 학업 스트레스가 높다고 알려져 있기 때문이다.

교장은 10, 11, 12학년의 1교시 수업에서 각각 180명의 학생들을 선정하여 지난 수요일 밤에 잠을 잔 시간을 기록하도록 했다. 다음 날 1교시에 공유된 구글 문서에 학생들의 수면시간을 보고하게 하였다. 구체적으로 "어젯밤 몇 시에 잠자리에 들었고, 오늘 아침 몇 시에 일어났습니까?"라는 질문을 제시하였다.

교장은 학생들의 응답을 받은 후 그 차이가 $\frac{1}{10}$에 가깝게 반올림되었다는 것을 발견했다. 그 후 각 학생이 전날 밤에 잠을 잔 시간을 StudentSleep.csv 파일명으로 저장하였다.

StudentSleep.csv의 데이터를 이용하여 다음 탐구 질문에 답해보자.

서로 다른 학년 학생들의 수면 패턴을 어떻게 비교할까?

이 탐구 질문에 답하기 위해, 먼저 세 학년 학생들의 수면 패턴 분포를 그래픽 표현으로 나타내어보자. 학생들의 수면시간은 수치형 변수이므로 데이터의 분포를 시각화하는 데 적합한 세 가지 그래픽 표현은 점그래프, 히스토그램, 상자그림이다. 다른 유형의 그래픽 표현을 사용하면 각 학년 수준 간의 차이점과 비슷한 점을 강조할 수 있다.

세 학년 학생들의 수면 패턴에 대한 점그래프를 비교하는 것으로 시작해보자.

---

15 (역주) 미국의 4년제 고등학교에서는 9학년을 freshman, 10학년을 sophomore, 11학년을 junior, 12학년을 senior라 부르기도 한다.

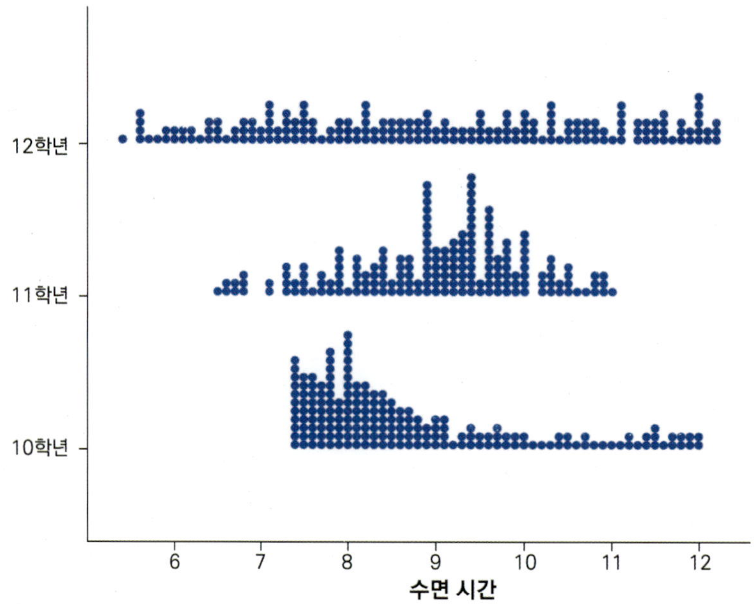

12학년 중 약 36%, 11학년 중 약 17%, 10학년 중 약 18%의 학생들이 10시간 이상 수면을 취했다. 12학년 학생들의 수면시간에 대한 **점그래프**에는 5.5시간에서 12.2시간 사이에 점들이 편평하게 분포되어 있는 것으로 보인다. 즉, 5.5와 12.2 사이에 기록된 매 시간에 해당하는 값에 대해 주어진 시간 동안 잠을 자는 12학년 수는 거의 같다. 이러한 성질을 가진 분포를 **균등**(uniform)하다고 한다. 또한 이 분포는 8시간에서 9시간 사이에 중심값이 있으며, 꽤 대칭적이다.

11학년 대부분은 지난 수요일 밤에 9.5시간 정도 잠을 자는 봉우리 모양의 수면 패턴을 보인다. 값 9.5에서 양방향으로 멀어질수록 값이 발생하는 빈도는 줄어든다. 이 분포는 봉우리 모양이고 약간 대칭적이다. 그래서 11학년의 수면 패턴 표본분포는 근사적으로 종 모양이라고 말한다.

10학년의 분포를 보면, 지난 수요일 밤에 7.3시간보다 적게 잔 학생이 없다는 것을 알 수 있다. 대부분의 10학년 학생들은 7~9시간 잤고, 9시간 이상 수면을 취하는 학생은 거의 없었다. 수면시간이 길수록 학생 수도 줄어든다. 이를 통해 수면시간이 증가함에 따라 더 많은 시간을 자는 학생 수가 감소한다는 것을 알 수 있다. 잠을 적게 자는 학생들에 비해 많이 자는 학생이 적다. **분포의 꼬리가 오른쪽으로 늘어져** 있다.

분포의 **히스토그램**은 점그래프에서 나타난 것과 유사한 정보를 보여준다. 점그래프에서는 개인에 해당하는 데이터가 점으로 표시되지만 히스토그램에서는 데이터가 구간으로 그룹화된다. 다음 히스토그램에서 수면시간은 0.5시간 너비의 구간으로 그룹화된다(너비는 원하는 대로 조정할 수 있다). 히스토그램에 의해 10, 11, 12학년의 수면시간 분포가 각각 비대칭 모양, 봉우리 모양, 균등한 모양으로 나타난다. 히스토그램은 데이터를 그룹화하기 때문에 분포의 전체적인 모양을 보다 쉽게 볼 수 있지만, 점그래프에서 볼 수 있는 개별 관측값은 나타나지 않는다. 예를 들어, 점그래프에서도 11학년은 단봉 모양이 확실히 나타나기는 하지만 히스토그램에서는 이 모양을 더 쉽게 확인할 수 있다.

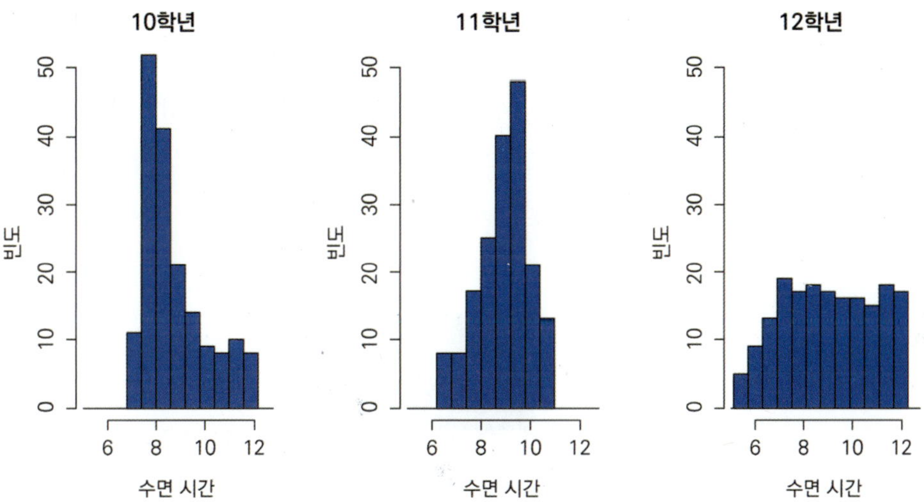

분포를 비교하는 데 사용할 수 있는 또 다른 유용한 시각화 방법은 **상자그림**(boxplot)[16]을 사용하는 것이다. 상자그림은 데이터의 위치를 측도로 나타내어 시각화한다. 상자그림은 데이터의 여러 사분위수를 비교하거나 중앙값들을 비교하여 확인되는 간단한 패턴을 통해 분포를 볼 수 있는 또 다른 방법을 보여준다. 상자그림은 최솟값, 제1사분위수(Q1 또는 25번째 백분위수), 중앙값(Q2 또는 50번째 백분위수), 제3사분위수(Q3 또는 75번째 백분위수), 최댓값으로 구성된 분포의 다섯숫자요약(five-number summary)을 시각화한 것이다. 즉, 각 다섯숫자요약은 데이터를 4개의 구간으로 나누고(각 구간은 데이터의 약 25%를 포함함) 이 값을 사용하여 상자그림을 그리는 것이다. 다음 그림을 참고해보자.

16 상자-수염 그림(box-and-whisker plot)이라고도 한다.

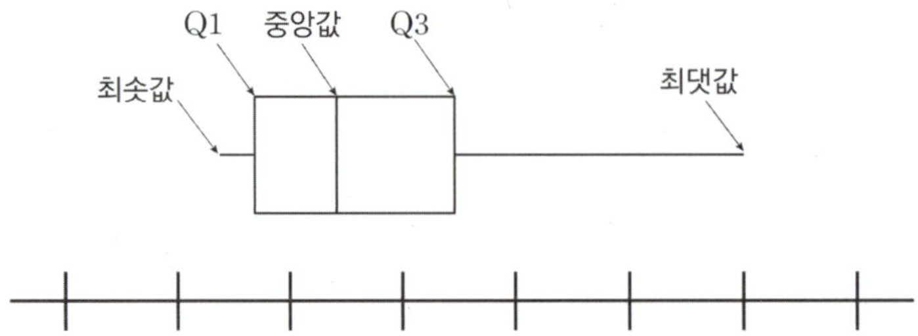

사분위수를 찾기 위해 데이터를 정렬하고, 정렬한 데이터를 각 그룹에 거의 동일한 수의 데이터 점이 포함되도록 네 부분으로 나눈다. 사분위수는 이러한 구분에 기초하여 데이터를 분리하기 위한 경계(cutoff)이다. 즉, 제1사분위수(Q1)는 데이터의 약 25%가 아래에 있는 값을 나타내고, 제2사분위수(중앙값)는 데이터의 약 50%가 아래에 있는 값을 나타내며, 제3사분위수(Q3)는 데이터의 약 75%가 아래에 있는 값을 나타낸다.

다음 세 개의 상자그림은 세 개 학년 표본에 대한 상자그림을 시각화한 것이다.

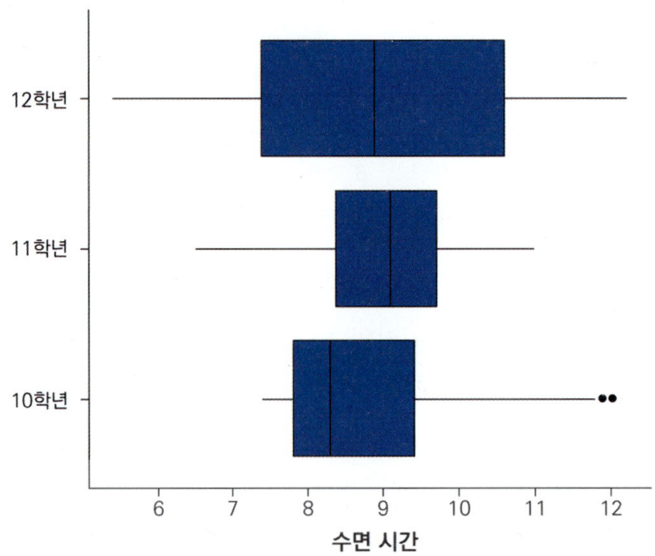

상자 가운데에 있는 수직선은 표본 값들에 대한 중앙값을 나타내고, 상자의 양쪽 모서리는 제1사분위수와 제3사분위수이며, 상자에서 나오는 "수염"은 최솟값과 최댓값을 나타낸다. 데이터에 **특이점**(outlier)이라고 하는 극단값이 포함되어 있으면, 특이점이 아닌 가장 큰 데이터 값 또는 가장 작은 데이터 값까지만 수염이 그려진다. **특이점**은 비정상적인 극단값으로 정의된다. 데이터의 맥락을 통해 비정상적으로 극단적인 값이라는 것을 알 수 있지만, 실제로 사용되는 표준적인 결정 요인은 점이 제1사분위수 또는 제3사분위수에서 사분위수범위의 1.5배 이상 떨어져 있는지 여부이다. **사분위수범위**(interquartile range, IQR)는 상자그림에서 상자의 길이에 대한 측도이며, 제1사분위수와 제3사분위수의 차를 이용하여 계산할 수 있다. 이 값은 데이터의 중간 50% 범위를 나타낸다. 예를 들어, 2학년의 수면시간 데이터를 설명하는 상자그림은 다음과 같은 다섯 숫자요약으로 만들어진다.

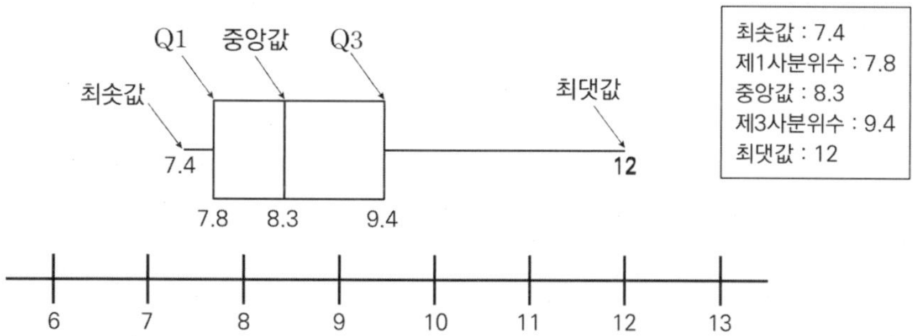

이 예제에서 사분위수범위는 9.4−7.8 = 1.6이다. 위쪽에 있는 특이점은 (1.5)×(1.6)+9.4 = 11.8보다 큰 값이다. 이를 통해 10학년 데이터에 4개의 특이섬이 있음을 알 수 있다. 이러한 특이점은 상자그림에서 수염의 오른쪽 끝을 넘어서는 점이나 점그래프에서 볼 수 있다. 점그래프를 보면 이러한 수면시간이 네 번 있음을 알 수 있다.

상자그림을 비교할 때 다른 학년의 수면시간 데이터 사이에 "겹치는 부분"과 "분리되는 부분"을 살펴보려고 한다. 상자 간 겹치는 부분이 많다면 각 학년의 수면시간 패턴 사이에 별 차이가 없다. 반면에 두 상자 간 겹치는 부분이 아예 없는 경우처럼 상자들이 명확하게 분리되어 있으면 수면시간 패턴은 다르다고 볼 수 있다. 이 예제에서는 상자그림에서 "상자" 사이에 겹치는 부분이 많으므로 10, 11, 12학년 학생들의 수면시간 패턴에는 뚜렷한 차이가 없음을 알 수 있다.

학년 수준의 변이성을 비교하기 위해, 데이터의 중간 범위라고 하는 상자의 길이를 살펴보면 11학년이 수면시간에 가장 작은 차이를 보이고, 12학년이 가장 큰 차이를 보이는 것을 관찰할 수 있다. 10학년은 IQR = 9.4−7.4 = 2, 11학년은 IQR = 1.35, 12학년은 IQR = 3.2이다. 12학년의 IQR이 가장 크다는 것은 12학년의 상자가 가장 길다는 것을 통해 시각적으로도 알 수 있다. 또한 12학년의 수면시간 범위가 가장 크고, 다른 학년에 비해 최솟값이 훨씬 작다는 것도 알 수 있다. 하지만 세 학년의 수면 시간의 중앙값은 매우 비슷하다. 중앙값을 나타내는 선은 모든 학년에서 8~9시간 근처에 있다. 사분위수범위는 중앙값을 중심 측도로 선택할 때 사용하는, 자연스러운 변이성 측도이다.

점그래프, 히스토그램, 상자그림은 모두 10, 11, 12학년 학생들을 위한 수면시간 패턴의 분포를 그래픽으로 시각화한다. 이러한 시각화는 다른 반 학생들의 수면시간 패턴을 알아보고 비교하는 데 도움이 된다. 또한 우리가 '다른 학년 학생들의 수면시간 패턴을 어떻게 비교하는가?'라는 탐구 질문에 답하는 데에도 도움을 준다.

세 학년 학생들의 수면 패턴에 대한 분포를 비교하면 분포의 모양이 크게 다르다는 것을 알 수 있다. 12학년의 수면시간은 거의 균등한 분포를 보이는 반면, 11학년의 수면시간 패턴은 봉우리 모양의 대칭 분포를 이루고, 10학년의 수면시간 패턴은 비대칭 분포이다. 12학년은 수면시간별 빈도가 거의 비슷하고 범위가 가장 크기 때문에 수면시간의 변이성이 가장 크다. 하지만 10학년 학생들은 일반적으로 수면량이 8시간 정도이고 7시간보다 적게 자는 학생은 없다. 11학년의 경우 9시간에 집중되어 있어 변이성이 가장 작고, 9시간 이상 또는 그 이하로 자는 학생들은 점점 줄어든다. 각 학년의 표본에 대한 값의 변이성에 차이가 있는 것으로 보이지만, 세 그래프 모두에서 중심이 되는 값이 비슷하게 시각화된다는 점을 고려하면 일반적인 수면시간은 모든 학년이 유사한 것으로 보인다. 점그래프와 히스토그램을 보면, 11학년과 12학년은 약 9시간, 10학년은 약 8.5시간 정도의 수면을 취하는 것으로 보인다. 상자그림을 보면 중앙값도 8 또는 9에 가깝다는 것을 알 수 있다.

이 시점에서 이루어진 분포 간의 비교는 모두 분포를 시각화한 뒤 그 주된 특징을 탐색함으로써 이루어졌다는 점에 주목해야 한다. 분포를 시각화하면 데이터에 대한 직관적인 느낌을 가질 수 있기 때문에 전체 패턴을 보고 결론을 도출하는 도구로 시각화를 사용할 수도 있다.

시각화를 기반으로 한 해석을 좀 더 확인해보기 위해, 다양한 요약 통계량을 비교할 것이다. 다음은 각 학년 수준에 대한 평균, 중앙값, 표준편차, 범위, 최솟값, 최댓값, 제1사분위수, 제3사분위수를 나타낸 표이다.

요약 통계량

열	n	평균	표준편차	중앙값	범위	최솟값	최댓값	Q1	Q3
10학년	180	8.8	1.3	8.3	4.6	7.4	12	7.8	9.4
11학년	180	8.9	1.0	9.1	4.5	6.5	11	8.35	9.7
12학년	180	9.0	1.9	8.9	6.8	5.4	12.2	7.4	10.6

표에서 볼 수 있는 바와 같이, 시각화에 기반을 둔 분포 비교로부터 알아낸 사실들이 모두 확인되었다. 집단 간의 의미 있는 비교를 하기 위해서는 모든 요약 통계량을 고려

해야 한다. 예를 들어, 다음 히스토그램은 평균과 중앙값(빨간색 및 초록색 선으로 표시)이 모두 동일하지만 변이성은 크게 다르다. 한 분포는 매우 넓게 퍼져 있고, 다른 분포는 평균과 중앙값 주변에 매우 집중되어 있다.

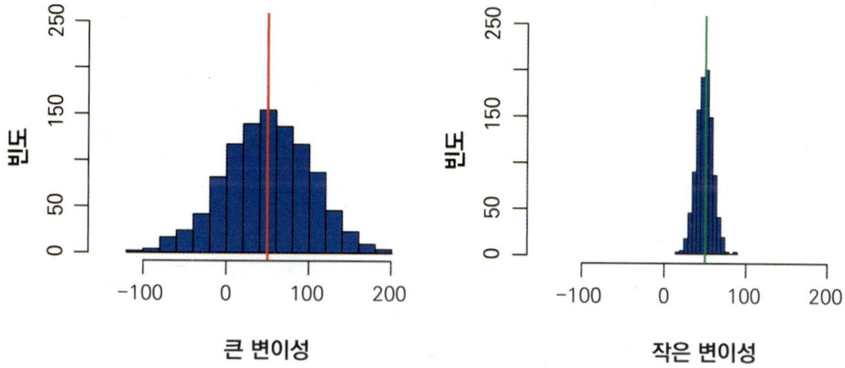

요약 통계량에만 의존하지 말고 학생들이 분포를 시각화하도록 유도해야 한다. 이렇게 하면 데이터의 전반적인 패턴뿐만 아니라 수치적 요약도 보다 명확하게 볼 수 있다. 또한 시각화는 데이터에 대한 중심 측도, 변이성 측도, 모양 사이의 상호 작용을 이해하는 데 도움이 될 수 있다.

이제 이전에 도출한 해석들을 다시 되돌아보자. 선행연구와 문헌에 따르면 적절한 양의 수면을 취하는 학생들이 더 건강하고, 따라서 암묵적으로 더 높은 수행 능력을 보일 수 있다는 점을 암시하고 있다. 데이터의 한계를 유념하는 것이 중요하다. 이 데이터는 하룻밤의 수면시간을 수집한 것이므로, 모든 결과는 오로지 지난 수요일 밤에 대한 결과이다. 수요일 밤 이외 다른 날의 수면시간에 대해 적절히 추론하거나 일반화할 수 없다. 그것이 본 연구의 한계이기는 하지만, 여전히 일반적인 수요일 밤에 고등학생들의 수면시간을 비교해보는 것은 가치가 있다.

권고에 따라 충분한 수면을 취하고 있는 학생들의 수만 보고 학년별 표본들을 비교해 보면, 12학년의 약 절반이 다른 학년에 비해 권장 수면을 취하고 있는 것으로 나타난다. 상자그림에서 상자의 위쪽 절반에 초점을 맞추면 이를 알 수 있다. 12학년 상자그림의 상위 절반은 약 9시간에서 11시간이고, 11학년 상자그림의 상위 절반은 8.5시간에서 9.5시간이다. 조사한 모든 학년 중에서 11학년 학생들이 최소 수면시간을 기록했다.

수면시간이 짧은 쪽에서 보면, 7.4시간 미만의 수면을 취한 10학년 학생은 한 명도 없었다. 이것은 11학년의 최솟값인 6.5시간과 12학년의 최솟값인 5.5시간과 비교하면 흥미롭다. 10학년 학생들이 기록한 수면시간의 변화가 11학년보다 약간 더 크기는 하지만, 10학년 학생들의 일반적인 수요일 밤 수면시간이 7.4시간 이하로 내려가지 않았다는 사실은 고무적이다. 왜냐하면 NIH의 권고는 이 연령대의 학생들이 매일 9~10시간의 수면시간이 필요하다고 명시하고 있기 때문이다.

NIH가 이 연령대의 학생들에게 권장하는 시간으로 9~10시간을 제시한다는 점을 고려하면, 대다수의 학생들은 일반적으로 그 목표를 달성하지 못하고 있다. 하지만, 12학년의 제3사분위수는 10시간 이상의 값으로, 표본에 속하는 12학년의 최소 25%가 권장하는 수면시간을 초과하는 것으로 나타났다.

수면의 맥락에서, 그리고 일반적인 수면량은 학년별로 비슷하기 때문에(세 학년의 평균과 중앙값은 모두 매우 비슷하기 때문에) 결론을 도출할 때 자룟값의 변이성에 더 많은 비중을 두는 것은 적절하다. 이러한 흐름에 따르면, 11학년 수면시간의 변이성이 가장 작다. 하지만 11학년 중 일부는 10학년보다 잠을 덜 잔다. 학생들은 세 집단 사이의 변이성을 무엇으로 설명할 수 있을지 궁금해하며 브레인스토밍을 해볼 수 있다. 이상을 정리하면, 다음과 같은 방법으로 비교하여 요약할 수 있다.

12학년: 10시간의 수면 조건을 만족하는 학생은 12학년이 가장 많다. 또한 12학년은 9~10시간의 권장 범위에 가장 많은 학생들이 있다. 제3사분위수가 10을 초과하는데, 이는 12학년 중 최소 25%의 학생들이 10시간 이상 자는 것을 나타낸다.

11학년: 11학년은 자룟값의 변이성이 가장 작다. 표준편차와 범위가 가장 작으며, 이는 11학년 학생들이 지난 수요일 밤에 가장 일관된 수면시간을 보인다는 것을 나타낸다.

10학년: 10학년은 최솟값이 다른 학년보다 큰데, 이는 표본에서 성인의 최소 요구 조건을 충족하는 7.4시간 미만의 수면을 취한 10학년 학생이 없음을 나타낸다. 또한 10학년 학생들은 최댓값이 큰데, 이것은 몇몇 학생들이 권장된 수면량보다 더 많은 잠을 잔다는 것을 나타낸다. 이것은 아마도 그들이 지난 밤 동안 얼마의 수면을 취했는지에 따라 밀린 잠을 보충했기 때문일 수 있다. 또한 10학년은 세 학년 중 변이성이 가장 크지는 않지만, 범위가 약 4시간이고 표준편차가 1.2시간이라는 점은 둘 다 변이성이 제법 크다는 점을 나타낸다.

요약

「탐구 1D.1: 고등학생의 수면 패턴」에서 주요 개념은 다음과 같다.

1. 점그래프, 히스토그램, 상자그림을 통해 수치형 변수의 분포를 시각화할 수 있다. 이러한 각각의 그래픽 표현은 분포에서 서로 다른 패턴을 강조하므로, 적절한 결론을 내리기 위해서는 모든 패턴을 살펴보는 것이 중요하다.
2. 분포는 모양이 다르다. 분포는 균등한 모양, 봉우리 모양과 같이 대칭일 수도 있고 꼬리가 왼쪽이나 오른쪽으로 늘어진 비대칭일 수도 있다.
3. 수치형 변수의 분포에서 중심을 나타내는 측도는 평균과 중앙값이다. 수치형 변수의 분포에서 변이성을 나타내는 측도는 표준편차, 평균절대편차, 사분위수범위, 범위이다.
4. 분포의 모양, 중심 측도, 변이성 측도, 최댓값과 최솟값, 사분위수, 특이점, 문제의 맥락을 이용하여 데이터에서 패턴을 추출하고 유의미한 결론을 도출할 수 있다.

더 알아보기

1. 변수의 분포에 대한 설명 또는 정의를 제시하시오.

2. 평균이 중앙값보다 더 큰 분포의 개형을 그리시오.

3. 평균이 중앙값과 동일한 분포의 개형을 그리시오.

4. 평균이 중앙값보다 더 작은 분포의 개형을 그리시오.

5. 학생들이 동일한 데이터에 대해 그 분포의 다양한 그래픽 표현을 보고 얻는 것은 무엇인가? 상자그림, 히스토그램, 점그래프로 쉽게 비교할 수 있는 구체적인 특징은 무엇인가?

탐구 1D.2 : 피로도

탐구 목표: 통계적 탐구 과정에 참여하여 범주형 데이터의 분포를 비교한다.

탐구 1D.1에서 언급한 바와 같이, NIH는 다양한 연령대의 사람들에게 다음과 같은 일반적인 수면량을 권장한다.

연령대	권장 수면량
신생아	하루에 16~18시간
미취학 아동	하루에 11~12시간
취학 아동	하루에 최소 10시간
10대	하루에 9~10시간
성인(노인 포함)	하루에 7~8시간

https://www.nhlbi.nih.gov/health/sleep-deprivation/how-much-sleep

권고안이 구체적이기는 하지만, 실제로 사람들이 자는 수면의 양과는 많은 차이가 있다. 어떤 사람들은 다른 사람들보다 수면이 덜 필요하다고 주장하는 반면, 다른 사람들은 훨씬 더 많은 시간이 필요하다고 주장한다. 어떤 의미에서 사람들은 각자 상쾌함을 느끼기 위해 그들이 필요하다고 생각하는 기본 수면량이 있다. 학군 내의 학생들이 학교에 왔을 때 어떤 감정을 느끼는지 더 잘 이해하기 위한 노력으로, 중학교와 고등학교 교사들은 7학년과 11학년 학생들의 수면 패턴을 조사하기 위해 소규모로 연구를 수행하기로 결정했다. 중학교와 고등학교 교장들은 7학년과 11학년 학생 180명을 선발하여 학교에 오는 일반적인 수요일 아침의 기분을 기록하도록 했다. 학생들은 상쾌함, 조금 상쾌함, 조금 피곤함, 피곤함 중 하나를 선택하였다.

데이터는 데이터세트 StudentRest.csv에 기록된다. StudentRest.csv의 데이터를 사용하여 다음 탐구 질문에 답해보자.

서로 다른 학년 학생들의 피로도를 어떻게 비교하는가?

질문에 답하기 위해서는 두 학년 표본에 대한 피로도 분포의 시각화가 필요하다. 학생들이 상쾌함, 조금 상쾌함, 조금 피곤함, 피곤함 중에서 하나를 선택하여 기록했기 때문에 각 학생은 피로도의 범주로 동일시하여 다룰 수 있다. 그러므로 학생의 피로도 데이터는 범주형 변수이다. 범주형 변수의 분포를 시각화하기 위한 적절한 그래픽 표현에는 원그래프, 막대그래프가 있다. 점그래프나 히스토그램과 같은 수치형 변수에 대한 그래프는 범주형 변수에 적합하지 않다. 이러한 시각화는 연속형 수치 관계를 나타내지만 범주형 변수는 범주들 사이가 연속적이지 않기 때문이다. 원그래프와 막대그래프는 동일한 데이터를 시각화하지만 데이터의 다른 측면을 강조하여 나타낼 수 있다.

원그래프를 이용하여 두 학년 표본의 피로도 분포를 살펴보는 것으로 시작해보자.

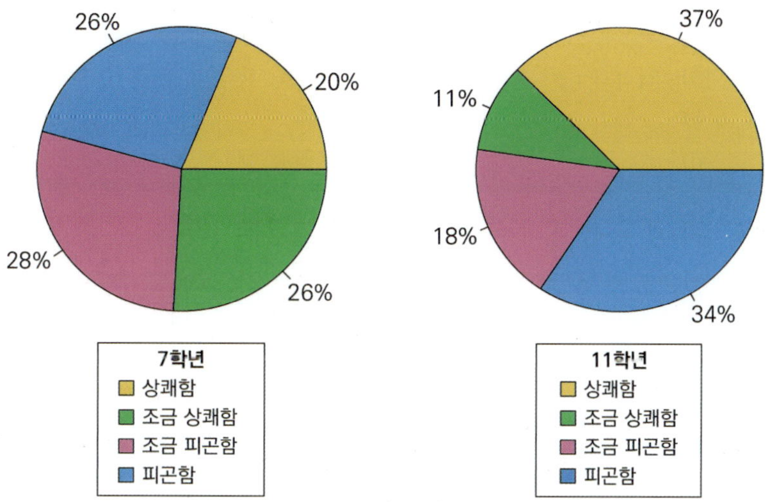

원그래프를 보면 7학년은 범주별로 학생의 비율이 비슷하지만(변이성이 큼), 11학년은 상쾌함과 피곤함 범주에 더 집중되어 있어 11학년은 변이성이 더 작다는 것을 알 수 있다. 또한 막대그래프는 두 학년에 걸친 범주 사이의 차이를 시각적으로 비교하는 데 도움을 줄 수 있다.

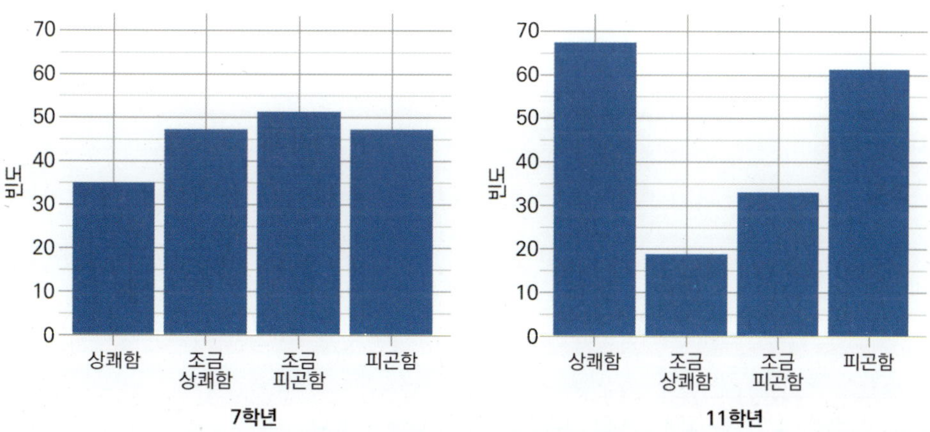

막대그래프를 살펴보면, 7학년은 범주별로 비슷한 수의 응답을 보이는 반면, 11학년은 두 가지 특정한 응답을 선호하고 있다. 다시 말해 11학년 학생들은 두 가지 범주에 더 집중되어 있다. 그러므로 11학년 표본은 7학년 표본에 비해 변이성이 작다. 막대그래프에서 7학년의 빈도가 가장 높은 범주는 세 번째 범주(조금 피곤함)이고, 11학년의 빈도가 가장 높은 범주는 첫 번째 범주(상쾌함)라는 것도 알 수 있다.

학생들의 피로도에 대한 표본을 더 자세히 비교하고 각 범주의 정확한 수치를 보기 위해 표로 데이터를 시각화한 다음 각 학년에서 범주별로 데이터의 빈도와 비율을 조사할 수 있다.

11학년 결과에 대한 빈도표

11학년	빈도	비율
상쾌함	67	37%
조금 상쾌함	19	11%
조금 피곤함	33	18%
피곤함	61	34%

7학년 결과에 대한 빈도표

7학년	빈도	비율
상쾌함	35	20%
조금 상쾌함	47	26%
조금 피곤함	51	28%
피곤함	47	26%

표에는 각 학년에 해당하는 범주별 응답 비율이 나타나 있다. 7학년과 11학년은 피로도에 대해 서로 다른 패턴을 보인다는 것을 알 수 있다. 7학년과 비교했을 때, 11학년은 양쪽 끝의 두 범주에 해당하는 학생의 비율이 높다. 7학년과 11학년은 '상쾌함' 범주에서 17% 차이가 나며, '피곤함' 범주에서는 8% 차이가 난다. 전반적으로 7학년의 피로도 수준은 변이성이 더 크기 때문에, 7학년 학생들의 피로도를 예상하는 것은 더 어렵다. 11학년은 아침에 상쾌함 또는 피곤함으로 느낄 가능성이 높기 때문에 더 예측하기 쉽다. 표에는 각 학년에 해당하는 범주별 응답 비율이 나와 있다.[17]

17 표에는 반올림된 값이 제시되어 있지만 그래프는 그렇지 않을 수 있다.

요약

「탐구 1D.2: 피로도」에서 주요 개념은 다음과 같다.

1. 원그래프, 막대그래프 또는 표를 통해 범주형 변수의 분포를 시각화할 수 있다. 이러한 각 표현은 데이터에 숨겨진 다른 패턴을 강조하기 때문에 모든 표현을 살펴보는 것이 중요하다.
2. 데이터에서 패턴을 추출하고 유의미한 결론을 도출하기 위해 빈도가 가장 높은 범주, 각 범주의 상대빈도 및 그래픽 표현을 사용할 수 있다.
3. 범주형 변수의 변이성은 범주 사이의 변화 또는 차이의 양으로 나타낼 수 있다. 범주들이 더 균등할수록 변이성은 더 커진다.

더 알아보기

1. 그래픽 표현은 학생들이 범주형 변수의 분포를 시각화하는 데 어떻게 도움을 줄 수 있는가? 표보다 그래프가 더 명확하게 제시해주는 것은 무엇인가?
2. 봉우리가 두 개인(즉, 최빈값이 두 개인) 범주형 변수의 분포의 개형을 그리시오.
3. 봉우리가 한 개인(즉, 최빈값이 한 개인) 범주형 변수의 분포의 개형을 그리시오.

Unit 1E
변수 사이의 관계 탐색하기

변수 사이의 관계에 관심을 두게 되는 경우가 자주 있다. 예를 들어 학생들의 학점(GPA)이 대학수학능력시험(SAT) 성적과 관련이 있는지, 아침 식사를 하는 학생이 시험을 더 잘 보는지, 또는 스포츠 관람을 좋아하는 것과 스포츠 활동을 잘하는 것 사이에 어떤 연관성이 있는지가 궁금할 때가 있다. 이것은 모두 관심사인 변수가 두 가지이며, 이때 두 변수가 어떻게 연관되어 있는지를 탐색해야 한다.

앞서 다루었듯이 변수는 범주형 변수와 수치형 변수의 두 가지 유형이 있다. 따라서 변수 사이의 연관성을 조사할 때 다음과 같이 세 가지 상황을 고려할 수 있다.

- 범주형 변수와 수치형 변수
- 범주형 변수와 범주형 변수
- 수치형 변수와 수치형 변수

한 변수가 변함에 따라 다른 변수가 체계성을 띠며 같이 바뀔 때 **연관성**(association)이 존재한다고 한다. 이 장은 **연관성과 관계**라는 용어를 같은 의미로 사용한다. 연관성과 관계를 탐구할 때는 적어도 두 개의 변수가 있어야 한다. 연관성과 관계를 탐구하기 위해서는 변수의 유형을 파악하고 어떤 변수가 탐구 질문의 **반응변수**(response variable)이고 어떤 변수가 **설명변수**(explanatory variable)인지 이해해야 한다.[18] 반응변수는 비교하는 변수이다. 설명변수는 반응변수의 결과를 설명하기 위해 가정하는 변수이다. 반응변수와 설명변수는 범주형 변수이거나 수치형 변수이다. 예를 들어 한 사람이 하루에 마시는 탄산음료의 캔의 개수와 당 수치 사이의 연관성을 생각해보면 다음과 같은 탐구 질문을 생각할 수 있다. "사람들의 탄산음료 소비와 당 수치 사이에 연관성이 있는가?" 이런 경우에 우리는 탄산음료를 많이 마실수록 당 수치가 높아진다는 가설을 세울 수 있다. 따라서 탄산음료 캔 개수는 설명변수이고 당 수치는 반응변수이다. 이때 두 변수는 모두 수치형 변수이다.

---

18 설명변수와 반응변수는 가끔 임의로 선택될 때가 있다. 변수의 선택과 분석에 미치는 영향에 대한 자세한 내용은 https://openintro-ims.netlify.app/을 참고할 수 있다.

만약 아침 식사를 하는 것과 시험을 잘 보는 것 사이에 어떤 관계가 있는지 관심이 있다고 하자. 이 경우 우리는 아침 식사를 하는 것과 학생의 시험 점수 사이의 연관성에 대해 생각할 수 있다. 이는 다음과 같은 탐구 질문을 통해 비교 질문으로 표현할 수 있다. "아침 식사를 하는 학생들의 시험 점수는 그렇지 않은 학생들의 시험 점수와 비교했을 때 어떠한가?" 이 탐구에서는 연관성에 대한 질문을 이용할 것이다.

아침 식사 여부는 범주형 변수이다. 학생의 시험 점수는 수치형 변수이다. 이 경우 아침 식사를 할 때, 시험에서 더 좋은 점수를 받는다고 가정할 수 있다. 여기서 아침 식사를 하는 것이 설명변수이고 시험 점수가 반응변수이다 비슷하게 학생들의 성적과 아침에 학교에서 휴식을 취하는 것 사이의 관련성을 조사할 수 있다. 이 경우 성적과 휴식 유무는 모두 범주형 변수이다.

한 변수의 값이 다른 변수의 특정한 값에서 나타날 가능성이 높은지를 조사하기 위해 반응변수와 설명변수를 잘 설명하는 적절한 그래프를 선택하는 것부터 시작해야 한다.

다음 세 가지 탐구는 앞에서 언급한 범주형 변수와 수치형 변수의 서로 다른 조합에 대해 관계를 조사한다. 탐구를 진행하는 과정에서 관계를 시각화하기 위해 적절한 그래프를 고려하는 것은 중요하다. 실생활 상황에서 변수를 연결하거나 변수 간의 관계를 묻는 탐구 질문은 항상 나타난다. 예를 들어, 다이어트 방법에 따른 체중의 증감, 특정 치료가 암을 완화하는 데 미치는 영향, 부와 행복 사이의 관계, 성별과 연봉의 관계, 교육 수준과 부의 관계 등에 관심이 있을 수 있다. 이러한 것들은 더 많다. 이 변수들이 어떤 연관성이 있는지 관심이 있기 때문에 데이터를 통해 관계를 조사하는 것이 중요하다. Unit 1E는 인과관계가 아닌 것에 초점을 맞춘다. UNIT 2, 3에서는 변수 사이의 연관성이 어떻게 인과관계가 되는지(설명변수가 반응변수의 결과를 어떻게 이끌어내는지)에 대해 다룰 것이다.

탐구 1E.1 : 질문 제기 전략과 시험 점수

탐구 목표: 범주형 변수와 수치형 변수 사이의 관계를 시각화하는 방법을 설명한다.

어느 학군은 교사들의 전문성을 신장하는 데 시간과 재정을 투입하고 있다. 전문성 신장을 위해 교사들은 교실에서 실행할 수 있는 교수 전략에 대한 목표를 설정해야 했다. 이 학군의 중학교 교사인 마리아는 학생들이 질문을 하는 것이 성취도를 높이는 데 어떻게 도움이 될 수 있는지에 관심이 있었다. 마리아는 학생들에게 수학적 문제해결을 지도하기 위해 질문을 하는 방법을 가르치는 것이 목표였다. 과제나 시험을 낼 때마다 학생들이 문제를 풀면서 떠오른 질문을 직접 메모할 수 있는 'Guiding Questions' 공간을 제공했다. 마리아는 질문 전략을 사용하는 학생들이 문제를 더 잘 해결할 것이라고 믿었다.

마리아의 탐구 질문은 다음과 같다.

질문을 제기하는 것과 성취도 사이에 연관성이 있을까?
질문을 한 학생들의 성취도는 질문을 하지 않은 학생들의 성취도와 비교하면 어떻게 다를까?

이 탐구 질문에 답을 하기 위해 마리아는 수업 시간에 데이터를 수집했다. 마리아는 전국연합학력평가(SBAC) 모의시험을 실시했으며, 'Guiding Questions'에 대한 공간을 추가로 제시하였다. 마리아는 학생들에게 문제를 풀 때 떠오르는 질문을 메모하는 공간을 사용하도록 지도했다. 시험을 치르는 동안 마리아는 학생들의 시험지를 모아서 학생들의 시험 점수와 그들이 어떤 질문을 적었는지를 기록했다. 데이터는 MariaTestData.csv에 기록했으며, 데이터에는 여러 변수가 포함되어 있다.

마리아의 연구에서 관찰 단위는 학생이다. 그리고 두 가지 변수, 즉 (1) 학생이 SBAC 모의시험에서 질문을 제기했는지 여부와 (2) 학생의 SBAC 모의시험 점수에 관심이 있었다. 이때 학생이 질문을 제기했는지 여부는 두 가지 범주(예 또는 아니오)가 있는 범주형 변수이며, 학생의 시험 점수는 수치형 변수이다.

데이터를 분석할 때 마리아는 얼마나 많은 학생들이 질문을 했는지 확인했다. 35명의 학생 중 23명이 질문을 했으므로, 학생의 약 66%가 시험을 치르는 동안 질문을 했다는 것을 관찰할 수 있었다.

질문 제기 여부	빈도	상대빈도
아니오	12	0.34285714
예	23	0.65714286

또 SBAC 모의시험 3000점 중 학생들이 얻은 점수의 중앙값은 2691점이고 평균은 2698점으로 나타났다. 시험 점수의 분포는 다음 점그래프와 같다.

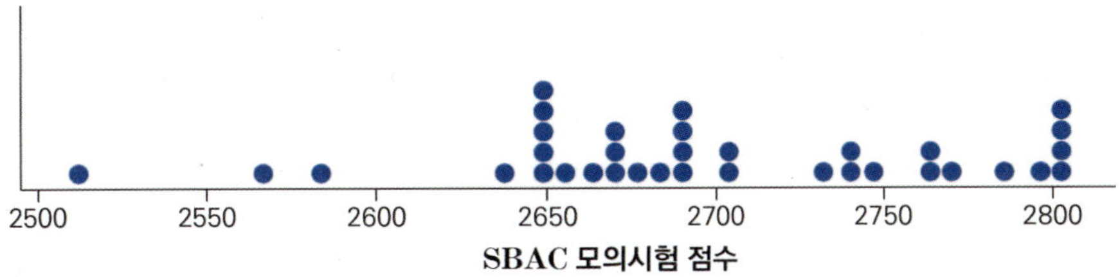

학생들은 3000점 중에서 가장 낮게 나온 점수가 2500점 정도로 매우 높은 점수를 받았다.

위의 점그래프는 학생들의 시험 점수에 대한 데이터를 나타내지만, 마리아의 탐구 질문, 즉 질문을 제기하는 전략과 시험 점수 사이의 연관성을 파악하는 데는 도움이 되지 않았다. 이들의 연관성을 조사하기 위해 마리아는 학생들이 질문을 했는지에 따라 시험 점수를 구분하여 분포를 볼 필요가 있다. 만약 질문을 한 학생들이 질문을 하지 않은 학생들보다 더 높은 점수를 받은 경향이 파악되면 질문을 하는 것과 시험 점수 사이에 연관성이 있다고 말할 수 있다. 만약 질문을 한 학생과 그렇지 않은 학생들의 점수가 비슷한 분포를 보인다면 두 변수 사이에는 연관성이 없다고 말할 수 있을 것이다.

이를 위해 마리아는 두 가지 히스토그램을 만들었다. 하나는 질문을 한 학생의 시험 점수를 나타내는 히스토그램이고, 다른 하나는 질문을 하지 않은 학생들의 점수 히스토그램이다. 시험 점수와 질문 제기 전략 사이의 연관성이 있는 경우 질문을 한 그룹의 히스토그램은 그렇지 않은 그룹(낮은 값)보다 더 오른쪽(높은 값)으로 이동한다. 반대의 경우도 나타날 수 있다. 질문을 하는 것이 낮은 시험 점수와 관계가 있을 수도 있다. 두 그래프를 쉽게 비교하기 위해 동일한 척도로 히스토그램을 그렸다. 다음은 두 가지 히스토그램이다.

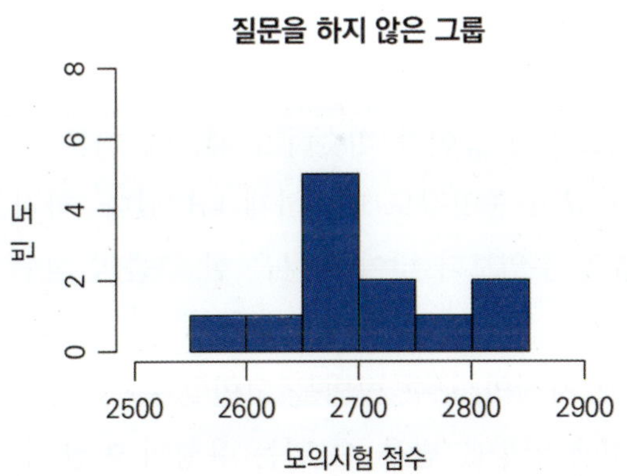

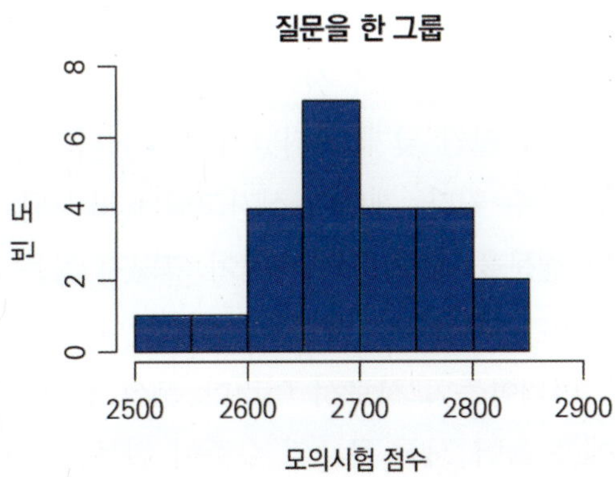

Unit 1D에서 사용한 방법을 적용하면 분포의 중심은 질문을 하지 않은 그룹과 질문을 한 그룹이 모두 2700점 근처로 비슷하다는 것을 알 수 있다. 질문을 제기한 그룹에 있는 점수들이 그렇지 않은 그룹보다 변이성이 더 크다. 또 각 그룹(질문을 하지 않은 그룹 12명, 질문을 한 그룹 23명)의 학생 수에서 차이가 나기 때문에 상대빈도 히스토그램을 사용하는 것이 적절하다. Unit 1D에서 언급했다시피 히스토그램은 각각을 비교하고 연관성을 보는 데 도움이 되고 상자그림은 분포를 비교하는 데 좋은 시각 정보를 제공한다. 서로 다른 그래프는 결론을 도출하는 데 도움을 주는 여러 시각 정보를 보여주기 때문에 데이터를 분석할 때 한 가지 유형의 그래프만 사용할 필요는 없다.

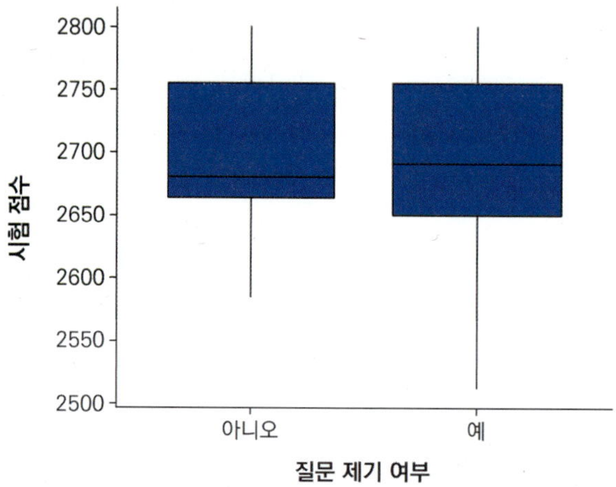

상자그림은 두 그룹의 시험 점수 사이에 겹치는 부분이 많고 차이가 나는 부분이 거의 없다는 것을 보여준다. 데이터는 질문을 제기하는 것과 시험 점수 사이에 관련성이 없는 것처럼 보인다. 질문을 한 그룹과 그렇지 않은 그룹에서 시험 점수의 사분위수범위가 유사하게 나타났다. 분포의 중간 50%에 해당하는 부분도 높은 점수를 나타내는 사분위수의 네 번째 영역과 마찬가지로 유사한 점수 범위를 보이고 있다. 두 분포가 크게 차이 나는 것은 사분위수의 첫 번째 영역으로 질문을 한 학생이 하지 않은 학생보다 점수가 훨씬 낮게 나타났기 때문이다. 두 상자그림의 높이가 비슷하기 때문에 이를 확인할 수 있다. 게다가 상자그림에 표시된 것과 같이 중앙값도 비슷하게 나타났다. 하지만 질문을 한 그룹의 수염이 그렇지 않은 그룹의 수염보다 낮아 질문을 한 그룹의 점수 범위가 더 넓다는 것을 알 수 있다.

마리아는 교사로서 이러한 분석 결과를 통해 자신의 교수 방법을 고민할 수 있었다. 예를 들어 시험 문제의 수준이 질문을 하는 것에 영향을 받을 수 있는 유형이 아닐 수 있다. 쉬운 시험 문항의 정답을 맞추는 것은 질문 제기 전략의 영향을 받지 않을 수 있다. 반면에 복잡하고 여러 단계가 필요하며, 문제해결 중심의 문항들은 질문 제기 전략이 도움이 될 수 있다. 이러한 생각으로 마리아는 시험 문제의 난도에 따라 차이가 있는지 알아볼 필요가 있다는 것을 느꼈다. 게다가 마리아의 학생들은 모의시험에서 매우 높은 점수를 받았기 때문에 학생들이 이 문제들을 쉽게 해결했다고 볼 수 있다. 따라서 마리아는 항목별로 시험 점수를 조사하는 더 정교한 탐구를 수행할 수 있을 것이다. 이 연구를 통해 마리아는 질문 제기 전략을 사용하여 어떤 종류의 문항이 시험 점수에 도움이 되었는지를 밝혀낼 수 있다.

요약

「탐구 1E.1: 질문 제기 전략과 시험 점수」에서 주요 개념은 다음과 같다.

1. 범주형 변수와 수치형 변수 사이의 연관성을 시각화하기 위해 범주형 변수의 각 범주별로 구분하여 수치형 변수를 그래프로 표현하는 방법을 사용할 수 있다. 이때 수치형 변수가 주어지면 점그래프, 히스토그램, 상자그림을 통해 범주별로 데이터를 비교할 수 있다.
2. 상자그림은 범주별로 수치형 변수가 겹치는 부분과 차이가 나는 부분을 쉽게 나타낼 수 있다.

더 알아보기

1. 아침에 스도쿠 퍼즐을 완성하는 데 걸리는 시간과 깨어났을 때 느끼는 피로감 사이에 연관성이 있는가? SudokuSleep.csv의 데이터를 사용하여 탐구하시오.

2. LOCUS(Levels of Conceptual Understanding in Statistics) 시험의 성취도와 시험 당일 아침 식사 여부 사이에 연관성이 있는가? LOCUS.csv 데이터를 사용하여 탐구하시오.

탐구 1E.2 : 영화 제작비와 흥행 수익

탐구 목표: 두 수치형 변수 사이의 연관성을 시각화하는 방법을 설명할 수 있다.

사람들은 대형 블록버스터 영화를 만드는 데 많은 돈이 든다는 이야기를 자주 듣곤 한다. 하지만 이렇게 많은 예산을 들인 영화들이 흥행에도 성공할까? 우리는 다음과 같은 탐구 질문에 관심이 있다.

영화 제작비와 전 세계 흥행 수익 사이에 연관성이 있는가?

이 질문을 탐구하기 위해 1999년과 2018년 사이에 제작된 대형 블록버스터 영화에 대한 데이터세트를 구성하였다. 데이터세트는 총 5222편의 영화가 포함되어 있다. 데이터는 Movies.csv[19]에서 확인할 수 있다.

이때, 데이터의 관찰 단위는 영화이다. 영화마다 두 가지 수치형 변수 (1) 제작비와 (2) 전 세계 흥행 수익을 수집하였다. 여기서 제작비가 높아질수록 흥행 수익이 증가한다는 가설을 설정했다. 이러한 관점에서 제작비는 설명변수이고 흥행 수익은 반응변수이다. 설명변수는 수치형 변수이므로 반응변수의 변화와 비교하여 설명변수의 변화를 정의한다. 예를 들어 제작비가 많으면 흥행 수익도 증가하는 경향이 있다. 다음 산점도(scatterplot)를 보면 이러한 관계를 시각적으로 확인할 수 있다. 산점도는 2차원의 점그래프이다. Unit 1C에서 점그래프를 이용하여 한 개의 수치형 변수를 시각화한 적이 있지만, 이번 경우는 두 개의 수치형 변수가 존재한다. 두 수치형 변수를 시각화할 때 산점도는 적절한 그래프이다.[20] 두 값을 나타내는 좌표평면에서 데이터를 나타내는 점을 찍어 설명변수(x좌표로 표현)와 반응변수(y좌표로 표현)의 값을 동시에 보여줄 수 있다. 기본적으로 데이터를 순서쌍으로 사용하고 x축과 y축을 기준으로 점을 표시한다.

---

19 이 데이터세트는 StatCrunch의 데이터에서 가져온 것이다.

20 선그래프(line graph)는 시간에 따른 수치형 변수의 변화를 시각화하는 데 사용할 수 있으며, 여기서 시간은 수치형 변수로 간주된다. 선그래프는 시간의 흐름에 따라 수치형 변수의 반복된 측정값(시계열 데이터라고 함)을 시각화하는 데 적합하다. 그러나 일반적으로 산점도는 두 개의 개별적인 수치형 변수를 시각화할 때 적절한 그래픽 표현이다.

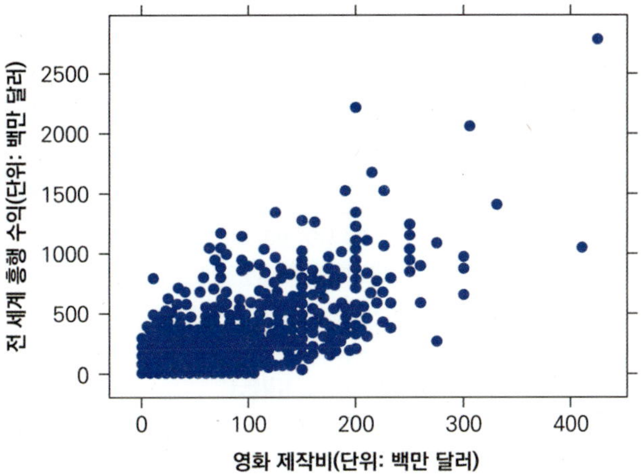

산점도를 보면 제작비가 높을수록 전 세계 흥행 수익이 증가하는 형태로 그래프가 우상향하는 경향이 있음을 알 수 있다. 산점도에서 눈에 띄는 영화가 몇 편이 있다. Movies.csv의 데이터세트를 보면 특정한 점에 해당하는 영화를 찾을 수 있다. 예를 들어 「아바타」는 산점도의 오른쪽 끝에 있는 영화이다. 이 영화는 가장 높은 제작비와 흥행 수익을 기록하고 있다. 반면에 「타이타닉」은 「아바타」보다 제작비는 대략 절반 정도로 훨씬 적었는데, 전 세계에서 두 번째로 높은 흥행 수익을 올린 영화였다. 「캐리비안의 해적」은 「아바타」 정도의 제작 예산이 들었지만 흥행 수익은 약 1000(백만 달러)에 불과했다. 산점도는 그래프에 점이 너무 많이 있어 전체적인 추세를 보기 어려운 경우가 가끔 있다. 하지만 이 산점도의 경우 상승 경향성이 뚜렷하게 드러나 제작 예산과 수익이 양의 상관관계가 성립한다는 것을 알 수 있다.

연관성을 좀 더 구체적으로 설명하기 위해 방정식을 사용하여 모델링할 수 있다. 앞에서 경향성은 양의 기울기(양의 상관관계)로 나타났다. 이는 대략 선형적인 경향성으로 보인다. 이를 육안으로 확인하는 명확한 방법은 없지만, 점들 주위에 테두리를 둘러 대부분이 좁은 타원형 모양 안에 포함된다는 사실을 확인하는 것이 한 가지 방법이 될 수는 있다. 즉, 점들이 선형 패턴을 따르는 것이다. 그 외에도 점들이 U자형 패턴(포물선 등 이차곡선 형태를 띠는 경우)을 보일 수도 있고, 전혀 패턴이 없을 수도 있으며(점들이 무질서하게 사방에 흩어져 있는 경우), 지수함수 형태의 패턴(한 방향은 기하급수적으로 증가하고 다른 방향으로는 x축에 근접하는 것처럼 보이는 경우)을 보일 수도 있다. 현재 점들은 선형적으로 보이기 때문에 제작비와 흥행 수익 사이의 관계는 선형함수(일차함수)를 사용하여 모델링할 것이다.

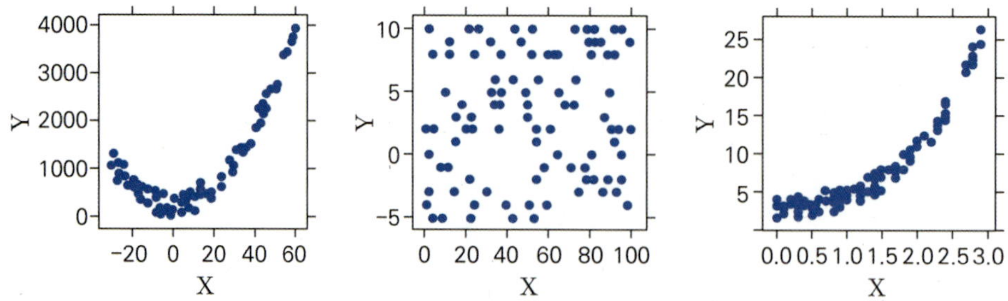

이차함수 패턴, 무작위 패턴, 지수함수 패턴

선형 모델로 구체화한다는 것은 변수 간의 관계를 가장 잘 요약하는 직선의 방정식을 찾는 것을 의미한다. 직선의 방정식을 찾기 위해서 기울기와 y절편이라는 두 가지 정보를 알아야 한다. 산점도에 적합한 기울기와 y절편이 무엇인지 추정하려면 산점도에 직선을 비형식적으로 나타내볼 수 있다. 이 방법은 산점도의 경향을 가장 잘 나타낼 수 있는 방법으로 스파게티 면이나 끈으로 활동해볼 수도 있다.

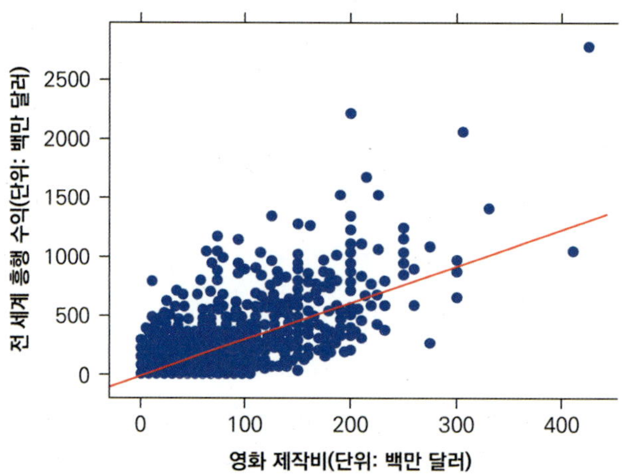

최적합선을 비형식적으로 그리는 방법은 여러 가지가 있다. 하나는 점과 직선 사이의 전체 거리를 최소화하는 방식으로 직선을 그리는 것이다. 이것은 불가능하지는 않지만 매우 어려운 일이다. 그러나 비슷하게 할 수는 있다. 최적의 직선을 찾을 때 학생들은 가장 왼쪽의 점과 가장 오른쪽의 점을 연결하거나, 점들을 반으로 나눌 수 있는 직선을 찾거나, 원점에서 직선을 그어보는 등 여러 가지를 시도할 수 있다(Nagle, Casey, & Moore-Russo, 2017; Casey & Nagle, 2016; Casey, 2016 참고). 직선에 가장 가까이 있는 점 중 두 점 (300, 800), (190, 600)을 이용하여 직선의 기울기를 추정할 수 있다. 두 점의 좌표와 기울기 공식 $\frac{(y\text{의 변화량})}{(x\text{의 변화량})} = \frac{y_2 - y_1}{x_2 - x_1} = \frac{\Delta y}{\Delta x}$을 이용하여 기울기를 약 $\frac{200}{110} = 1.8$로 추정할 수 있다. 그리고 y축과 만날 때까지 직선을 계속 그으면 y절편이 대략 0인 것을 추정할 수 있다. 따라서 이 직선을 이용하면 영화 제작비에 대한 흥행 수익의 함수는 다음과 같이 모델링할 수 있다.

$$\text{전 세계 흥행 수익} = 1.8 \times (\text{영화 제작비}) + 0$$

여기서 1.8은 기울기이고 0은 y절편을 나타낸다. 통계학자들은 일반적으로 y절편을 표현하는 데 문자 a를 사용하고 기울기를 나타내는 데 문자 b를 사용한다. 여기서 기울기는 설명변수의 1단위 변화에 대한 반응변수의 평균적인 변화 예측량으로 해석할 수 있다. '**여기서는 영화 제작비가 1백만 달러('백만 달러'가 설명변수의 1단위) 늘어날수록 전 세계 흥행 수익은 평균적으로 1.8백만 달러 증가한다는 의미로 해석할 수 있다.**' 방정식이 정확하지 않기 때문에 해석에서 '**평균적(on average)**'이라는 단어를 사용하며, 이것을 직선 주변의 데이터의 변이성을 고려한 예측 방정식이라 한다. 이러한 의미에서 기울기는 설명변수와 반응변수 사이의 연관성을 나타낸다.

이 연관성은 예측을 할 수는 있지만 이것이 인과관계를 의미하지는 않는다. 다시 말해 제작비가 흥행 수익을 증가시키거나 감소시키는 원인이 된다고 말할 수는 없다. 기울기를 해석하고 예측을 하면서 영화 제작비가 전 세계 흥행 수익을 설명할 수 있는 유일한 변수를 의미하는 것이 아님을 이해하는 것도 중요하다.

요약

「탐구 1E.2: 영화 제작비와 흥행 수익」에서 주요 개념은 다음과 같다.

1. 두 수치형 변수 간의 연관성을 시각화하기 위해 산점도를 사용할 수 있다.
2. 산점도에서 변수 간 존재할 수 있는 연관성의 유형을 시각화하고 방정식을 추정하여 관계를 모델링할 수 있다.
3. 두 수치형 변수 간의 연관성이 선형으로 나타날 경우 데이터세트를 가장 잘 나타내는 직선의 방정식을 찾아 모델링할 수 있다.
4. 직선의 방정식의 기울기는 설명변수가 한 단위 변할 때 반응변수의 변화를 예측하는 방법을 나타낸다.

더 알아보기

1. 학생의 SAT 점수와 대학 학점(GPA) 사이에 연관성이 있는가? GPADataSet_1000.csv를 이용하여 탐구하시오.

탐구 1E.3 : 신체에 대한 이미지

탐구 목표: 두 범주형 변수 사이의 연관성을 시각화하는 방법을 설명한다.

많은 미국인들이 체중을 줄이기 위해 노력한다. 미국 질병통제센터(CDC)에 따르면 미국인의 3분의 1 이상이 비만이라고 한다.[21] 많은 사람들이 체중을 줄이기 위해 노력하면서도 완벽한 몸에 대해 항상 압박감을 느끼고 있다. 미디어에서 연예인들이 출산을 한 후 빠르게 회복하는 사진이나 잡지 표지에 실린 모델들의 사진이 넘쳐나면서 여성들은 압박감을 받고 있다. 여성의 외모는 여성의 사회적 성취나 성공보다 더 많이 언급되고 있다. 남성 역시 신체 이미지에 대한 압박감을 가지고 있다. 남성들은 더 많은 근육이 생기기를 바라고 날씬해지기 위해 고민한다.[22] 이러한 사회적 규범을 고려할 때, 고등학교의 건강과 관련된 수업에서는 남성과 여성이 자신의 신체 이미지에 대해 어떻게 다르게 생각하는지에 관심을 두고 조사할 수 있다. 이러한 관점에서 다음과 같은 탐구 질문을 제시할 수 있다.

성별과 자신의 체중에 대한 생각 사이에 연관성이 있는가?

보건 수업에서 이 탐구 질문을 조사하기 위해 주요 대학의 학부생 236명을 대상으로 한 설문조사 데이터세트[23]를 활용했다. 데이터세트는 학부생들의 성별과 자신의 체중에 대해 어떻게 생각하는지에 대한 설문조사 결과가 담겨 있다. 체중에 대한 자신의 생각

21 www.cdc.gov/obesity/data/adult.html

22 예를 들어, www.theatlantic.com/health/archive/2014/03/body-image-pressure-increasingly-affects-boys/283897/

23 이 데이터세트는 다른 사람들이 사용할 수 있도록 하기 위해 수집해서 StatCrunch에 게시된 실제 데이터세트이다.

은 "당신은 체중이 적게 나간다고 생각하나요? 적당하다고 생각하나요? 아니면 과체중이라고 생각하나요?"로 질문하였다. 데이터는 BodyImage.csv에서 확인할 수 있다. 236명의 학생 중 총 229명이 성별과 체중에 대한 생각을 응답했다. 다음 분할표는 학생들의 성별에 따른 체중에 대한 생각을 분류한 것이다. **이원배치표**(분할표라고도 함)는 세로에 제시된 범주형 변수와 가로에 있는 범주형 변수의 분포를 표시하는 표이다. 분할표의 각 셀에는 가로와 세로의 각 범주에 속하는 사람 수를 표시한다.

	적정 체중	과체중	저체중	계
여성	107	32	6	145
남성	56	15	13	84
계	163	47	19	229

표의 각 범주에 **결합 상대빈도**를 포함할 수도 있다. 자신이 적정 체중이라고 생각하는 여성은 전체 응답자 중 47%이고, 과체중이라고 생각하는 여성은 14%, 저체중이라고 생각하는 여성은 3%에 불과했다. 남성의 결합 상대빈도도 찾을 수 있다. 여기서는 성별은 실명변수, 체중에 대한 생각을 반응변수로 간주한다.

이 데이터로 **주변 상대빈도**를 구할 수도 있다. 그 값들은 합계를 나타내는 가장 아래 행에서 볼 수 있다. 적정 체중의 주변 상대빈도는 전체 응답자의 71%이며, 과체중은 21%, 저체중은 8%로 나타났다. 주변 상대빈도는 남자가 37%, 여자는 63%가 조사에 응답한 것을 보여주기도 한다.

	적정 체중	과체중	저체중	계
여성	47%	14%	3%	63%
남성	24%	6%	6%	37%
계	71%	21%	8%	100%

성별의 전체 인원이 같지 않기 때문에 성별에 따른 체중에 대한 생각에서 상대빈도를 살펴보는 것은 중요하다. 따라서 **조건부 상대빈도**를 조사해야 한다. 예를 들어, 어떤 사람이 여성일 경우 적정 체중이라고 생각을 하는 사람의 조건부 상대빈도는 $\frac{107}{145}=0.73$이고, 여성 중에서 과체중이라고 생각하는 사람의 조건부 상대빈도는 $\frac{32}{145}=0.22$이다.

성별에 따라 체중에 대한 생각이 어떻게 다른지를 비교하는 데 관심이 있으므로 성별에 따른 조건부를 조사해야 한다. 즉, 성별에서 상대적인 빈도를 찾아야 한다. 예를 들어, 여성만 살펴보면 145명의 여성 중 대부분이 자신은 적정 체중이라고 생각하고 일부는 과체중, 일부는 저체중이라고 생각한다는 것을 알 수 있다. 남성의 경우 비슷한 패턴을 보이기는 하지만 과체중과 저체중이라고 생각하는 남성의 수는 각각 15명, 13명으로 비슷한 반면, 같은 범주의 여성은 32명과 6명으로 차이가 큰 편이다. 앞에서 언급했듯이 남성과 여성의 수가 다르기 때문에 성별의 빈도를 그냥 비교해서는 안 된다. 대신 각 범주의 조건부 상대빈도를 비교해야 하는데 이것은 성별에 따른 체중에 대한 생각의 차이를 더 잘 보여줄 것이다.

	적정 체중	과체중	저체중	계
여성	107 (73.79%)	32 (22.07%)	6 (4.14%)	145 (100%)
남성	56 (66.67%)	15 (17.86%)	13 (15.48%)	84 (100%)
계	163 (71.18%)	47 (20.52%)	19 (8.30%)	229 (100%)

표에서 괄호 안의 조건부 상대빈도는 하나의 행에서 각 범주가 차지하는 백분율을 나타낸다. 예를 들어 여성의 약 74%와 남성의 약 67%가 자신이 적정 체중이라고 생각한다는 것을 알 수 있다. 여성의 약 22%와 남성의 약 18%는 자신이 과체중이라고 생각한다. 조건부 상대빈도를 살펴보면 저체중 범주에서 남성과 여성의 차이가 크다는 것을 알 수 있다. 남성 중 약 15%가 자신이 저체중이라고 생각한 반면, 여성은 4%에 불과했다.

이원배치표 외에도 원그래프와 막대그래프를 이용하여 성별에 따른 체중에 대한 생각을 시각화할 수 있다. Unit 1C에서 설명했다시피, 원그래프와 막대그래프는 범주형 변수를 시각화하는 데 가장 많이 사용된다. 이 경우 범주형 변수가 두 개이므로 두 개의 원 그래프 또는 두 개의 막대그래프를 그려야 한다. 하나는 남성, 하나는 여성을 나타내는 그래프이다. 그 다음 체중에 대한 생각의 분포를 비교해야 한다.

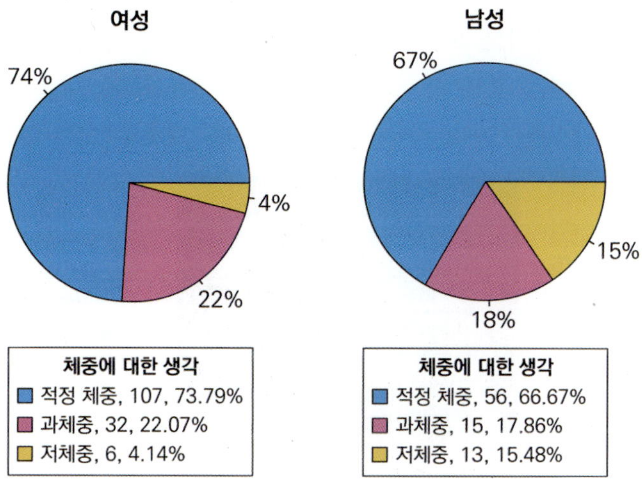

원그래프는 적정 체중이라고 생각하는 사람이 두 성별 모두에서 가장 많다는 것을 보여준다. 또한 남성과 여성이 저체중이라고 생각하는 사람들의 범주에서 차이가 있다는 것도 볼 수 있다. 조사에 참여한 229명 중에서는 남성이 여성보다 체중이 덜 나간다는 생각을 더 많이 한다. 체중이 많이 나간다고 생각하는 사람들은 여성과 남성 모두 비슷한 비율을 보이므로 시각적으로 비교하기 어렵다. 이런 경우, 세로축이 상대빈도인 막대그래프를 이용하여 보다 명확한 시각화를 표현할 수 있다. 상대빈도는 다른 크기의 그룹을 비교할 수 있기 때문에 여기서는 빈도보다 상대빈도를 사용하는 것이 적절하다. 이 데이터는 여성이 더 많기 때문에 상대빈도를 이용하여 분포를 비교해야 한다.

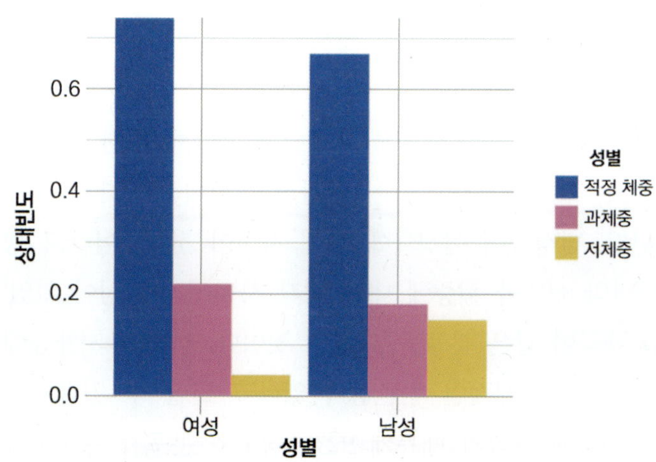

막대그래프는 성별에 따른 체중에 대한 생각을 나타내며 원그래프보다 더 구체적으로 체중에 대한 생각의 차이를 보여준다. 이는 두 범주에서 색상별로 막대의 높이를 비교하는 것이 더 쉽기 때문이다.

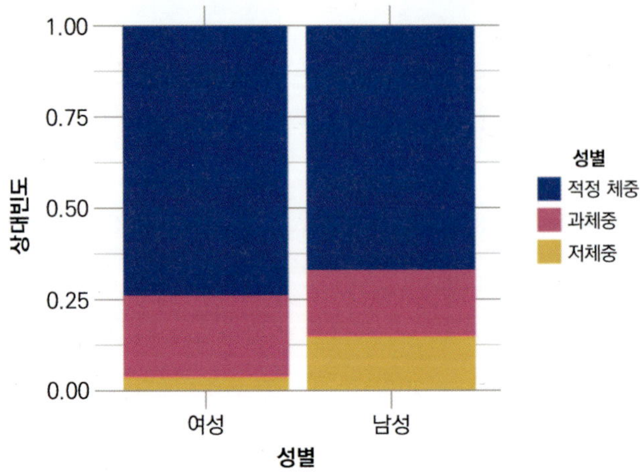

덧붙여 체중에 대한 질문에 남성과 여성이 어떻게 대답했는지를 더 쉽게 비교할 수 있는 누적 막대그래프를 추가할 수 있다. 여기서 저체중(노란색)이라고 대답한 남성의 상대빈도가 여성보다 크다는 것을 알 수 있다. 또 남성보다 여성이 적정 체중(파란색)에 상대적으로 더 많이 응답했다는 것을 확인할 수 있다. 과체중에 대한 상대빈도는 여성과 남성이 거의 비슷하게 나타났다. 누적 막대그래프는 조건이 되는 범주(여기서 성별)를 기준으로 여러 범주의 상대빈도들을 비교하는 데 도움이 된다.

누적 막대그래프에서 범주별로 남성과 여성 사이에 차이가 존재하지만, 적정 체중과 과체중에서는 상대빈도 차이가 미미한 것을 알 수 있다. 반면에 저체중의 경우에는 상대빈도의 차이가 크게 난다.

대학생 229명으로 이루어진 집단에서 성별과 체중에 대한 생각 사이에 잠재적으로 약한 연관성이 있는 것으로 보인다. 이 연관성은 저체중에 대한 생각의 차이에서 가장 뚜렷하게 나타난다. 남성들이 여성들에 비해 자신이 저체중이라고 생각하는 경향이 더 많이 나타난다. 만약 성별과 체중에 대한 생각 사이에 연관성이 없었다면, 남성과 여성의 체중에 대한 생각이 같은 분포를 보였을 것이다. 하지만 저체중에서 차이가 나타났기 때문에 전체적으로 잠재적인 연관성이 있다고 말할 수 있다. 그러나 전체 표본의 8%만이 저체중 범주에 속하기 때문에 92% 정도는 분포가 유사하게 나타나서 연관성이 없다고 주장할 수 있다. 이것 역시 타당한 결론이다. 이 시점에서 연관성을 밝힐 수 있는 형식적인 통계적 검정을 도입하는 것이 적절할 것이다. 독립성에 대한 카이제곱 검정이라 불리는 통계적 검정은 추론 맥락에서 다루어진다. 이 탐구에서는 어떤 식으로든 데이터로 뒷받침되는 비형식적 결론이 모두 받아들여질 수 있다.

요약

「탐구 1E.3: 신체에 대한 이미지」에서 주요 개념은 다음과 같다.

1. 두 범주형 변수 간의 연관성을 시각화하기 위해 분할표, 원그래프, 막대그래프를 사용할 수 있다.
2. 두 범주형 변수 간의 연관성을 조사하기 위해서는 비교하는 범주에서 표본 추출된 관찰 단위의 수가 같지 않을 수 있기 때문에 상대 백분율을 사용해야 한다.

더 알아보기

1. 대학에서 스포츠의 중요성을 강조하는지에 대한 생각과 대학 스포츠가 학업에 영향을 미치는지에 대한 생각 사이에 연관성이 있는가? 이를 알아보기 위해 2918명의 사람들을 대상으로 대학이 스포츠의 중요성을 많이 강조하고 있다고 생각하는지, 그리고 대학에서 스포츠를 하는 것이 학업에 부정적인 영향을 준다고 생각하는지에 대한 설문조사를 실시하였다. 그 결과는 ResponsestoCollegeSportsSurvey.csv에 제시되어 있다.

참고 문헌

Casey, S. (2016). Finding what fits. *Mathematics Teaching in the Middle School 21*(8). www.nctm.org/Publications/Mathematics-Teaching-in-Middle-School/2016/Vol21/Issue8/Finding-What-Fits.

Casey, S. & Nagle, C. (2016). Students' use of slope conceptualizations when reasoning about the line of best fit. *Educational Studies in Mathematics, 92*, 163-177. https://link.springer.com/article/10.1007/s10649-015-9679-y.

Nagle, C., Casey, S., & Moore-Russell, D. (2017). Slope and line of best fit: A transfer of knowledge case study. *School Science and Mathematics, 117*(1-2), 13-26. https://doi.org/10.1111/ssm.12203.

UNIT 02

데이터과학의 세계로

Unit 2A

일상생활의 데이터

요즘 그 어느 때보다도 데이터는 우리 일상생활의 일부가 되었다. 우리는 데이터를 수집하고 있고 데이터가 주변에 넘쳐나며, 데이터로 표현된 것을 해석해서 의사결정에 사용하고 있다. 학생들은 소셜 미디어와 다양한 기기를 통해 문자 메시지, 사진, 소리, 트윗 형태의 데이터를 접하고 있다. 또 생활 속에서 매일 자동으로 수집되는 많은 양의 데이터가 있다. 예를 들어, 운동 추적 장치로 수집되는 데이터나 아마존의 구매 내역 데이터 등은 일상생활에서 반복적으로 수집되고 있다. 데이터는 소셜 네트워크(예를 들어, 트위터, 페이스북, 링크드인)나 게임 장치, 스마트폰을 통해 생성될 수 있고 기후 데이터를 수집하는 위성에서 스트리밍될 수 있다. 이러한 데이터는 모두 "빅데이터"에 속한다. 빅데이터는 원래 규모가 크고 변수가 다양하며 빠른 속도와 정확성(veracity)을 가진 큰 크기의 데이터세트를 의미했지만(Diaz, 2020), 시간이 지나면서 크기가 클 가능성이 있는 데이터로 의미가 확장되었다. 빅데이터에는 이미지, 장소, 날짜도 포함될 수 있다. 이러한 데이터는 양이 많으면서도 분석할 가치가 있다. 이런 유형의 데이터를 "비전통적인 데이터"라고 부를 것이다.

UNIT 2는 비전통적인 데이터를 초, 중, 고등학교 수준에서 수집, 접근, 분석하는 방법을 설명하는 데 초점이 있다. 통계교육의 목표가 학생들이 통계를 활용하여 읽고 쓸 수 있도록 하는 것이라면 비전통적인 데이터를 관리하고 분석하는 방법을 다루는 내용도 교육과정에 통합되어야 한다.

UNIT 2에서는 다양한 유형의 비전통적인 데이터에 대한 몇 가지 탐구를 소개한다. 탐구의 정교함과 복잡함은 Unit이 A수준에서 B, C수준으로 옮겨가면서 높아진다. UNIT 2에서 소개하는 탐구가 학교 교육과정에 사용할 수 있는 비전통적인 데이터 유형 전부를 다양한 수준에서 조사할 수 있는 모든 방법은 아니라는 것을 밝힌다. 여기서는 비전통적인 데이터를 도입하고 분석할 수 있는 흥미로운 조사 방법의 예시를 제공한다. UNIT 1에서는 통계적 문제해결 과정을 수행할 때 탐구 질문의 중요성을 논의했다. 탐구 질문을 제기하면 데이터 탐색과 데이터 내 패턴을 발견하는 단계로 이어질 수 있다. 비전통적인 데이터를 다룰 때 탐구 질문은 가치 있는 분석을 수행하고 적절한 결론을 도출하는 데 중요하다.

사례연구 3 그래픽 표현

그래픽 표현은 데이터의 패턴을 발견할 수 있는 강력한 시각 정보를 제공하며 데이터 분포의 특성을 밝히는 데 도움을 준다. 시각화는 오늘날 데이터 분석의 필수 요소이다. 일반적인 그래픽 표현에는 범주형 변수의 분포를 나타내는 막대그래프, 원그래프, 빈도표와 분할표[1]가 있다. 점그래프, 산점도, 히스토그램, 상자그림은 수치형 변수의 분포를 나타낼 수 있다. 하지만 데이터가 분포된 방식의 중요한 특징에 대한 시각적 정보를 제공할 수 있는 그림은 **어떤 것이든** 그래픽 표현이 될 수 있다. 일반적으로 유치원부터 고등학교까지는 하나 또는 두 개의 변수에 대한 그래프를 표현하는 데 초점을 둔다. 그러나 현재 많은 데이터를 사용할 수 있는 상황에서 한 번에 여러 변수를 생각하고 이를 하나의 그래프 안에 시각화하여 표현하는 방법이 중요해졌다. 오늘날에는 많은 변수에 대한 데이터를 한 번에 보여주는 비전통적인 그래프와 대화형 시각 자료를 통해 데이터와 상호작용하는 경우가 많다.

예를 들어 최근 많은 뉴스 기사에서 텍스트 데이터를 시각적으로 표현하기 위해 워드 클라우드(word cloud)를 사용한다. 여기서 단어의 크기는 단어가 사용된 빈도를 나타낸다. 워드 클라우드는 2000년대 초반에 일반적인 데이터 시각화 방식이 아니었지만 최근에는 상대적으로 많이 사용하고 있는 데이터 시각화 종류 중 하나이다. 텍스트의 빈도를 막대그래프로 나타낼 수 있을까? 이러한 유형의 데이터를 나타낼 때 막대그래프보다 워드 클라우드를 사용하는 것의 장점은 무엇일까? 아니면 워드 클라우드 위에 막대그래프를 사용하는 것은 어떨까?

https://commons.wikimedia.org/wiki/File:Wikipedia_15-Twitter_wordcloud.png에서 가져온 그래프. 크리에이티브 커먼즈 라이센스에 따라 JSutherland (WMF)가 만든 원본

---

1 빈도표와 분할표로 나타내는 것을 데이터의 요약이라고도 부른다.

현재 대중매체에서 많이 사용되고 있는 또 다른 그래프는 지도이다. 뉴욕타임스(The New York Times)[2]에 실린 다음 그림을 살펴보자. 이 단계구분도는 2020년 10월 2일을 기준으로 코로나 바이러스가 유행한 곳을 표현하였다. 지도에서 색상은 미국 각 지역의 코로나 환자 발생이 심각한 정도를 나타낸다. 상자그림이 단계구분도에 제시된 정보를 모두 전달할 수 있을까? 데이터의 패턴을 보여주는 방법으로 지도를 사용하면 어떤 장점이 있을까?

2020년 미국 주별 1인당 코로나 확진자 수

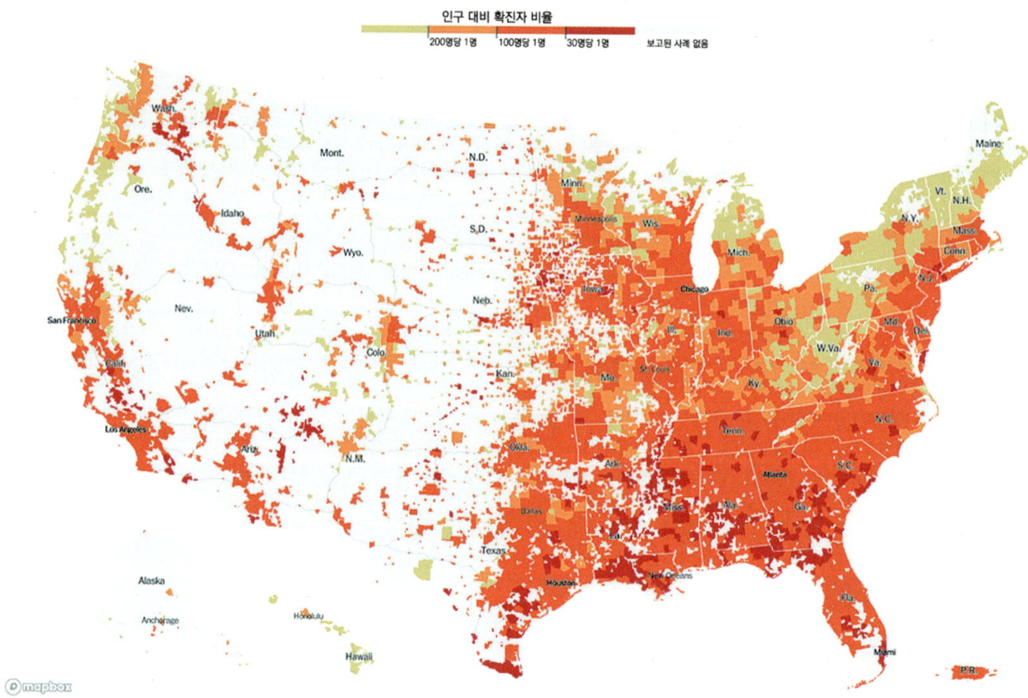

출처: 주, 지방 보건 기관 및 병원. 미국통계국의 인구 통계 데이터

탐구 질문이 제기되면 질문에 대한 답을 찾기 위해 데이터를 시각화하는 방법을 전략으로 구성할 수 있다. 다변량 데이터를 시각화하는 것은 특정한 방법이 고정되어 있거나 제약이 있는 것이 아니라 상당히 창의적으로 구성할 수 있다. 전반적인 탐구 목적을 생각하지 않고 그냥 막대그래프나 히스토그램을 만드는 것이 아니라, 교사와 학

2 그래프 출처는 www.nytimes.com/interactive/2020/us/coronavirus-us-cases.html?action=click&mod-ule=RelatedLinks&pgtype=Article이며 허가를 받고 사용하였음을 밝힌다.

생들은 '이 데이터를 잘 이해할 수 있는 가장 좋은 그래픽 표현은 무엇일까?'에 대해 생각할 필요가 있다. 이것은 학생들이 한 번에 여러 변수에 대해 생각할 수 있도록 도와준다. 미국통계협회와 뉴욕타임스가 공동으로 운영하는 "What's Going On in This Graph?"[3]는 학생들이 그래프가 표현하는 정보를 파악하는지 못하는지를 중요하게 생각하고 있다. 뉴욕타임스가 운영하는 교육 네트워크의 일부로 뉴욕타임스 기사에서 사용된 시각 자료는 학생들에게 실시간 토론 자료로 사용된다. 매주 미국통계협회의 통계학자들이 여기에 참여하고 있다. 이러한 공동 작업은 실제 뉴스에서 나타나는 풍부한 데이터 그래픽 표현에 대해 유치원부터 고등학교까지의 학생들과 토론할 수 있는 모델을 제공한다. 이런 토론은 학생과 교사들이 데이터의 여러 차원에 대한 특징과 이러한 차원이 어떻게 의미 있게 표현할 수 있는지에 대해 생각하게 해준다. 또 데이터를 시각화하는 것에 대해 비판적으로 생각하게 함으로써 학생들이 자신이 표현하고 싶은 다양한 차원에 대해 생각할 수 있게 한다.

물론 좋은 그래픽 표현과 그렇지 않은 표현이 있다(Börner, Bueckle, & Ginda, 2019와 King et al., 2021의 「시각화 특징에 대한 논의」 참고). 좋은 그래픽 표현은 데이터에 존재하는 특성한 분포의 특성과 명확한 패턴을 강조하는 형태로 데이터를 표현한다. 워드 클라우드는 텍스트에 나타난 단어 빈도를 단어 크기로 나타냄으로써 중요한 단어가 사용되는 패턴을 강조한다. 앞의 워드 클라우드에 나타난 단어를 한 번 훑어보는 것만으로도 지식(knowledge)과 정보(information)가 가장 많이 사용되는 단어였다는 것을 알 수 있다. 또 단계구분도를 보면 코로나 바이러스가 많이 퍼진 지역을 쉽게 알 수 있다.

데이터를 효과적인 그래픽 형태로 요약하려면 높은 수준의 다변량 사고(혹은 다변수 사고)가 필요한데, 통계교육은 현재 학교 교육 또는 그 이상의 수준에서 이러한 다변량 사고 개발을 목표로 하고 있다. Unit 2A에서는 탐구 질문이 표현 유형의 적절성을 어떻게 결정하는지 보여준다. 그리고 정보를 새로운 방식으로 표현할 수 있는 데이터 시각화를 역동적이고 창의적으로 나타내는 것에 초점을 둔다.

---

3 www.nytimes.com/column/whats-going-on-in-this-graph

요약

「사례연구 3: 그래픽 표현」에서 주요 개념은 다음과 같다.

1. 뉴스에서 변수의 분포는 다양한 방법으로 표현할 수 있다.
2. 색과 크기를 사용하여 하나의 그래프에서 여러 변수를 표시할 수 있다.
3. 그래픽 표현을 해석하기 위해서 자료에 표시된 모든 변수를 알고 그것들이 어떻게 관련되어 있는지 확인해야 한다.

일상생활에서 접하는 데이터로부터 의미를 찾아내는 법을 학습하면서 창의성과 민감성을 익혀야 하는데, 이 다음에는 이러한 창의성과 민감성을 신장할 수 있는 또 하나의 사례연구와 두 가지의 탐구가 제시되어 있다. 여기에서는 데이터를 수집하는 과정에서 자료를 창의적으로 표현할 수 있는 방법을 보여준다. Unit 2A에 제시된 사례연구와 탐구는 데이터 분석의 입문에 해당하는 것으로 초등학교 수준에 적합하지만, 중고등학생들에게도 연습할 가치가 있다. Unit 2B와 Unit 2C에서는 이 아이디어를 중고등학교 과정으로 확장한 더 복잡한 탐구를 제시한다.

Unit 2A는 전통적인 그래프 외에 데이터를 시각적으로 표현할 수 있는 다양한 방법이 있다는 것을 이해하는 데 목적을 둔다. 이를 위해 소프트웨어에 내장되지 않은 **다양한** 데이터 시각화를 창의적으로 만들어 보고 탐구하는 것을 권장한다. 그리고 이 단계는 동적 통계 소프트웨어를 사용하기 전에 해볼 것을 추천한다. 이때 데이터의 변이성을 인식하고, 변수의 유형을 탐구하고, 탐구 사례에서 사용 가능한 데이터를 이해하고, 여러 변수들을 표현하는 것이 필요하다. 이러한 모든 과정은 데이터를 이해하도록 해준다.

사례연구 4 Dear Data

2016년 정보 설계를 담당하는 조지아와 스테파니는 『Dear Data』[4]라는 책을 출판했다. 이 책은 두 사람이 1년 동안 함께 진행했던 프로젝트를 연대순으로 정리하여 만든 것이다.

1년 동안 두 사람은 매주 주제를 정하고 주제에 대한 데이터를 수집하였다. 주말에는 수집한 데이터를 엽서에 손으로 직접 그래프를 그려 서로에게 보내기도 했는데, 엽

4 www.dear-data.com/theproject

서의 뒷면에는 시각화를 나타내는 중요한 힌트를 넣었다.

둘 중 한 명은 유럽에 살고 다른 한 명은 미국에 살았다. 주제는 일주일 동안 좋았던 감정, 만난 친구, 지나갔던 문, 마신 음료수 등으로 다양하게 선정하였다. 그리고 데이터를 어떻게 수집할지와 데이터를 표현하는 방법을 선택했다. 예를 들어, 문이라는 주제를 선정했을 때는 일주일 동안 지나다닌 문에 대한 데이터를 수집하고 다음과 같은 방법으로 데이터를 표현했다.

조지아	스테파니
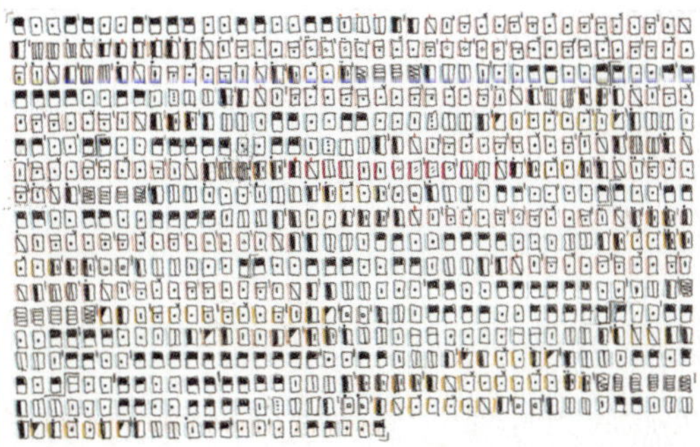	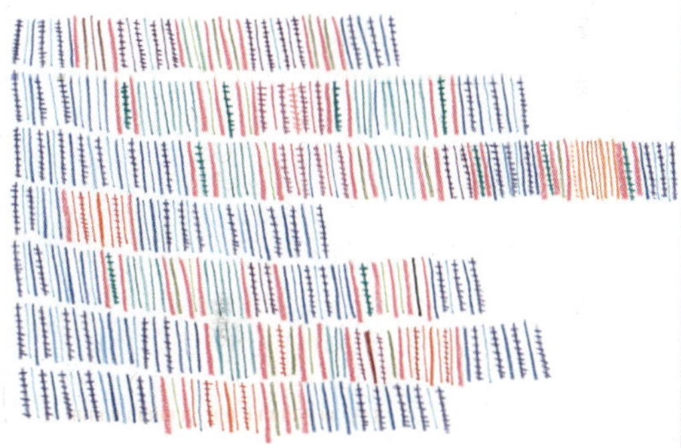
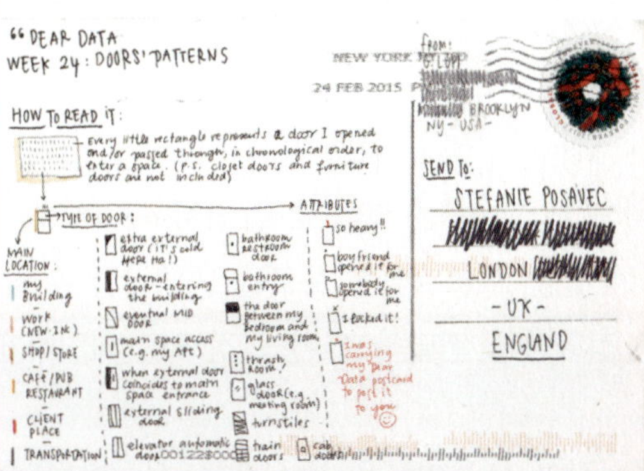	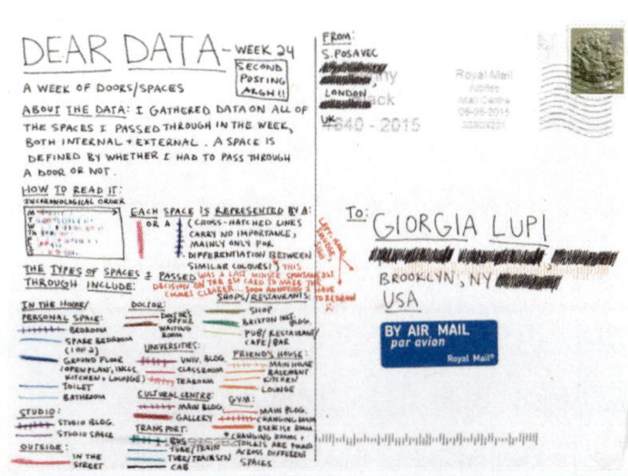
조지아는 엽서를 6시간 이상 세밀하게 그린 뒤, 스테파니에게 다음과 같이 적어 보냈다. "이 엽서가 도착하지 않으면 난 다시 그리지 않을 거야. 엽서를 보면 내 말이 무슨 뜻인지 알게 될 거야."	조지아의 엽서는 스테파니에게 도착했지만, 안타깝게도 스테파니의 엽서는 조지아에게 전달되지 못했다. 그래서 스테파니는 다시 엽서를 그려야만 했다.

스테파니는 문을 선으로 표현한 것과 다르게 조지아는 문을 직사각형 모양으로 표현했다. 조지아는 문에 다른 특징을 더 넣어서 다양한 문을 표현했다. 예를 들어 조지아의 침실과 거실 사이의 문은 윗부분이 검은색인데, 엽서의 그림을 보면 조지아는 주중에 이 문을 자주 지나간 것을 알 수 있다. 문의 위치를 나타내기 위해 색상을 사용했다. 스테파니는 여러 가지 문을 선의 형태로 다르게 시각화했다. 스테파니는 한 줄을 하루로 나타내고 요일별 시간 순서로 문을 표현했다. 따라서 스테파니는 일주일 중에 세 번째, 즉 수요일에 많은 문을 지나쳤다는 것을 바로 알 수 있다.

이러한 주제는 탐구 질문으로 표현할 수 있다. 예를 들어 문을 주제로 한 일주일의 데이터는 다음과 같은 탐구 질문을 해결하는 데 도움이 될 수 있다.

우리는 일상생활에서 어떤 방식으로 문과 상호작용하고 있는가?

조지아와 스테파니는 데이터를 수집하기 위해 다음과 같은 질문을 제기했다.

- 내가 어떤 종류의 문을 지나가고 있는가?
- 내가 지나가고 있는 문의 특징은 무엇인가?
- 내가 지나가고 있는 문의 위치는 어디인가?

엽서를 보면 두 사람은 위의 질문에 따라 문의 특징을 표현할 것을 알 수 있다. 이러한 특성을 관심 **변수**(variable)라 한다. 각각의 문은 데이터세트의 하나의 사례(case)[5]이며, 각각의 사례에 대해 데이터 수집 질문과 관심 변수에서 제시된 세 가지 측정값을 수집하였다. 엽서의 그림 하나하나는 각각의 사례를 표현한 것이며, 두 사람은 각 사례의 세 가지 변수를 다른 방식으로 표현했다.

이것을 표현하기 위해 두 사람은 사례별로 3차원 변수를 시각화하는 방법을 설계해야 했고, 이때 여러 변수를 동시에 생각해야 했다. 데이터를 손으로 그려서 시각화해야 했기 때문에 두 사람은 이것을 빨리 표현할 수 있는 소프트웨어 도구들을 생각할 수 없었다. 손으로 시각 자료를 만들면 어떤 것을 정확하게 전달하고 어느 정도로 세밀하게 표현해야 하는지를 결정해야 했다.

이 사례연구는 일상생활에서 데이터가 혁신적이고 흥미로운 방식으로 시각화될 수 있고 데이터 시각화가 데이터의 패턴을 어떻게 드러낼 수 있는지를 잘 보여준다. 위의 두 사람은 모두 일상생활에서 문을 자주 지나다닌다. 그들의 생활은 집과 직장, 교통,

5 사례는 통계에서 단위, 개인, 관측치라고도 할 수 있다.

외출과 같이 여러 장소를 중심으로 이루어져 있다. 두 사람은 바깥과 안으로 드나들 때 문을 지나지만, 더 자주 지나다니는 문은 건물 내부에 있는 문이다. 이것은 두 사람이 하루종일 많은 장소를 방문하는 것보다 특정한 장소에서 더 많이 머무를 수도 있다는 것을 보여준다. 또 이 데이터는 두 사람의 삶에서 문을 지나다니는 패턴을 보여주며, 대부분의 시간을 보내는 특정한 공간이 있다는 것을 드러낸다.

『Dear Data』를 출간한 두 사람은 자신의 프로젝트를 돌아보면서 데이터가 질문에 대한 결정적인 해답을 제공하는 것이 아니라 토론의 시작이 될 수 있으며, 세상을 보는 하나의 방법으로 데이터를 볼 수 있어야 한다고 말했다. 조지아는 TED Talk에서 데이터가 어떻게 사람을 인간적으로 만들고 우리 자신에 대한 중요한 이야기들을 드러낼 수 있는지를 더 자세하게 설명했다.[6]

요약

「사례연구 4: Dear Data」에서 주요 개념은 다음과 같다.

1. 데이터는 교육과정에 제시된 전통적인 그래프 이외에도 다양한 방식으로 표현될 수 있다.
2. 다변량 데이터에서 패턴을 발견하기 위해서는 창의성이 필요할 때가 있다.
3. 데이터를 손으로 그려서 표현하는 것은 측정된 변수의 정밀성, 통계 모델링, 자료의 적절한 표현 방식에 대한 생각을 기르는 데 중요하다.

다음 탐구는 Dear Data 사례연구를 적용하여 일주일 동안 성인과 초등학생 간의 Dear Data를 수행한 과정을 보여준다.

탐구 2A.1 : 나의 행복 주간

탐구 목표: 일상생활에서 접하는 실제 데이터를 다룬다. 다차원의 데이터를 다룬다. 데이터를 시각화한다. 데이터에 대한 통찰을 얻을 수 있는 질문을 한다.

6 '데이터에서 우리는 어떻게 우리 자신을 발견할 수 있을까(How we can find ourselves in data)?'라는 제목의 TED Talk는 https://www.ted.com/talks/giorgia_lupi_how_we_can_find_ourselves_in_data에서 확인할 수 있다.

일주일 동안 다음의 탐구 질문에 답하기 위한 데이터가 수집되었다.

무엇이 우리를 행복하게 하는가?

2학년이었던 시에나와 공동 저자인 안나는 7일간의 데이터 수집 과정에서 매일 자신을 행복하게 만든 사례, 사람, 사물 등을 기록하였다. 데이터 수집을 위한 질문은 다음과 같았다.

- 무엇이 당신을 행복하게 했는가?
- 하루 중 언제 행복했는가?
- 왜 행복했는가?

이 질문들은 시에나가 제기한 것이었다. 그들은 위 질문에 대한 대답과 함께 요일을 기록하였고, 따라서 총 4개의 변수(무엇, 시간, 이유, 요일)가 기록되었다.

안나와 시에나는 하루 종일 데이터를 기록하기 위해 주머니에 쉽게 들어가는 3×5 카드를 활용하여, 새로운 사례가 나타나 데이터를 기록해야 할 때마다 카드를 꺼내어 기록하였다. 월요일에 시에나가 기록한 카드 이미지는 다음과 같다.

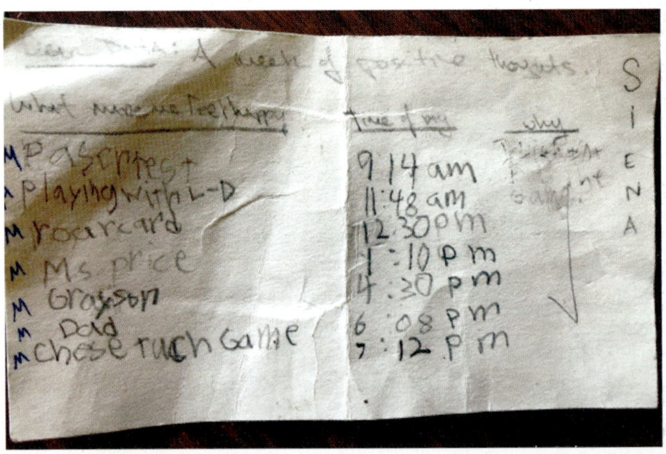

주말에 안나와 시에나는 일주일 동안 수집한 데이터를 가져와 시각화하였다.
안나는 다음과 같이 데이터를 시각화하였다.

이 시각화에서 종이 중앙에 있는 태양과 달로부터 뻗어져 나오는 광선들은 하루 24시간을 나타낸다. 요일은 각 시간에 짧은 선으로 표시되었다(시간별 7개의 선). 그래프에서 달 쪽은 오후 시간대를 나타내며 태양 쪽은 오전 시간대를 나타낸다. 하단의 범례는 안나를 행복하게 했던 것들과 사람들을 서로 다른 모양으로 표시했음을 보여주고 있다. 이러한 것들이 안나를 행복하게 만든 이유는 각 모양 옆에 더 작은 세목으로 제시하였다. 행복에 대한 각 사례는 그래프상에 기호로 표현되어 있다. 기호의 모양은 두 가지 '행복' 변수(무엇, 이유)를 나타내고 그래프상에서 기호의 위치는 그 요일과 시간을 보여준다.

안나의 시각화도 흥미롭지만 시에나의 시각화는 그보다 훨씬 더 눈길을 끈다. 특히, 2학년 아이가 최종적인 시각적 표현을 그리기 위해 거친 과정과 추론은 이 아이가 하나의 시각 자료 내에 여러 변수를 나타내는 데 어떤 어려움을 겪었는지 보여준다.

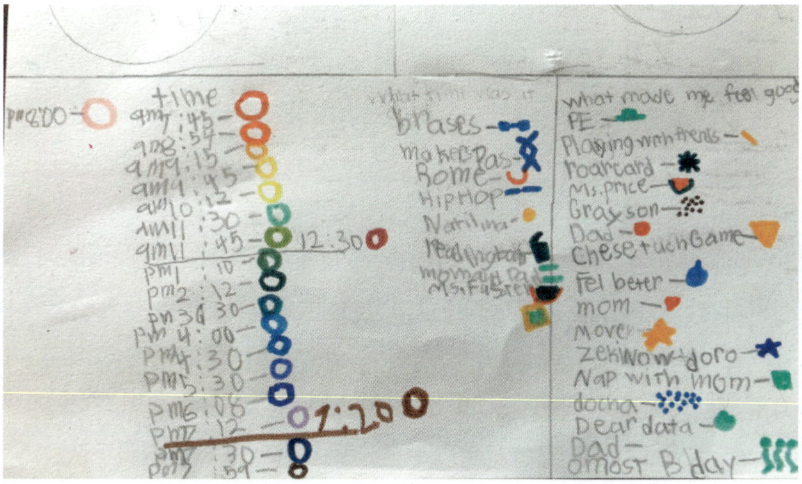

첫 단계로, 시에나는 자신만의 범례를 만들기 시작하였다. 시에나가 코딩한 범례에는 자신이 기록한 모든 시간과 자신을 행복하게 했던 모든 것들이 포함되어 있었다. 시에나는 자신을 행복하게 만든 각각의 것들을 기호로 나타내기로 하였으며, 시간은 서로 다른 색깔의 원으로 나타내기로 하였다. 시에나의 아이디어는 각 기호가 발생한 시간을 해당 기호 주위에 색이 있는 원으로 표시하는 것이었다. 시에나는 각 요일에 해당하는 시계를 나타내는 7개의 원을 그리고, 원 주위에 행복했던 순간을 나타내는 기호를 배치하기로 결정하였다.

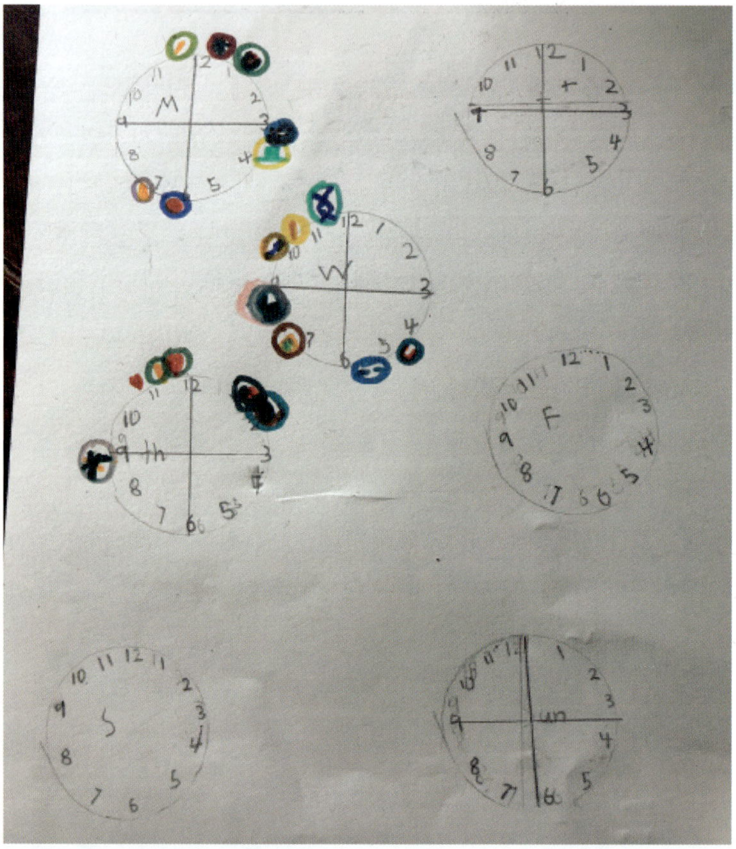

시에나는 월요일, 수요일, 목요일에 해당하는 시계에 기호들을 배치하기 시작하였다. 시에나는 계획한 대로 기호들을 그린 다음, 범례에 제시된 정확한 시간을 나타내는 색으로 동그라미를 그렸다. 시에나는 이 방법이 불만족스러워서 다른 방식을 이용해서 다시 표현하기로 결정하였다. 시에나에게 처음 생각했던 시각화 방법이 효과적이지 않았던 이유를 묻자 다음과 같이 대답하였다.

> "시계 위에 오전과 오후를 구분해서 나타낼 수가 없어요. 그리고 나타내야 할 것들은 너무 많은데 공간이 부족해서 마음에 안 들어요. 게다가 시계가 이미 시간을 보여주니까 동그라미 표시를 할 필요가 없어요."

이 인용문은 시에나가 여러 차원에 대해 생각하기 시작했음을 보여준다. 시에나는 자신이 그래프를 그린 방식으로는 나타내고자 하는 모든 차원을 나타낼 수 없다고 추론한다. 또 시에나는 "너무 많은 것"이 있다고 말하면서 자신이 가진 정보 중 일부를 분류하는 방법에 대해 생각하고 있다.

시에나는 최종적으로 14개의 시계를 그리고 오후를 나타내는 회색 시계와 오전을 나타내는 노란색 시계의 쌍으로 묶었다. 그런 다음 시계 주위로 적절한 시간에 맞춰 기호들을 배치하였다. 그리고 "무엇이 시에나를 행복하게 했는가?"라는 변수를 사용하여 새로운 변수를 생성하고 항목을 범주화하였다. 예를 들어, 이전에는 자신을 행복하게 했던 각각의 친구를 서로 다른 기호로 표현하였지만, 최종적으로는 친구들을 모두 하나의 범주로 묶었다. 이는 시에나가 많은 대학생과 성인들조차 이해하기 어려워하는 매우 정교한 다변량 사고를 하고 있음을 보여준다. 시에나는 공식적으로 이런 개념을 배운 적이 없음에도 불구하고 직접 자신의 손으로 표현을 만들면서 이와 같은 중요한 통계적 아이디어를 생각하게 된 것이다.

또 시에나의 사고 과정은 어떻게 하면 데이터를 가장 잘 묘사하고 데이터의 모든 차원을 정확하게 담아낼 수 있을지에 대해 끊임없이 고심하고 있음을 보여주었다. 시에나는 또한 자신이 적절하다고 생각한 방식으로 정보를 분류하였다.

본 탐구를 통해 제시된 바와 같이, 시에나는 최종적인 그래프를 만들기 위해 문제 해결의 과정을 진행하였다. 그 과정에서 시에나는 여러 변수에 걸친 데이터의 변이성을 나타내는 성공적인 방법을 이해하는 데 도움이 되는 방식으로 데이터에 질문을 던졌다. 이 탐구에서 시에나가 제기한 질문이 직접적으로 드러나지는 않았지만 암묵적으로 다음과 같은 질문이 진행되었다.

- 데이터세트에 있는 사례들은 무엇인가?
- 데이터세트에 있는 변수는 무엇인가?
- 사용할 수 있는 그래픽 요소들은 무엇인가? (예를 들어, 색깔, 모양, 크기 등)
- 각 변수를 나타내는 데 사용될 그래픽 요소들은 무엇인가? 생성된 그래픽에서 어떤 패턴들이 쉽게 발견되는가? 어떤 패턴들이 쉽게 발견되지 않는가?

• 데이터의 다른 특징을 강조하거나 더 많은 정보를 나타내기 위해 그래픽을 어떻게 조정할 수 있는가?

이러한 데이터 수집 및 분석 질문이 다변량 데이터에 대한 흥미로운 시각적 표현을 만드는 방법을 탐구할 때 교사가 학생들에게 물어볼 수 있는 모든 질문을 포함하는 완전한 목록을 뜻하는 것은 아니다. 이러한 질문들은 데이터를 이해하고 의미 있는 방식으로 데이터 분석을 추진함에 있어 질문하기가 어떻게 사용될 수 있는지를 보여주는 것이다. 이러한 질문에 답함으로써 학생과 교사는 자신들의 시각화가 데이터의 패턴을 잘 보여주는지 아닌지를, 따라서 그래픽이 더 효과적인지 혹은 덜 효과적인지를 이해할 수 있다.

모든 학년의 학생들이 이러한 탐구를 수행할 수 있다. 예를 들어, 다음은 한 대학생이 만든 훌륭한 그림이다. 이 그림은 이 학생이 5일 동안 시간을 확인했던 순간에 대해 수집된 데이터를 나타낸다. 그는 언제, 어디서, 왜, 어떻게 시간을 확인했는지를 기록하였다.

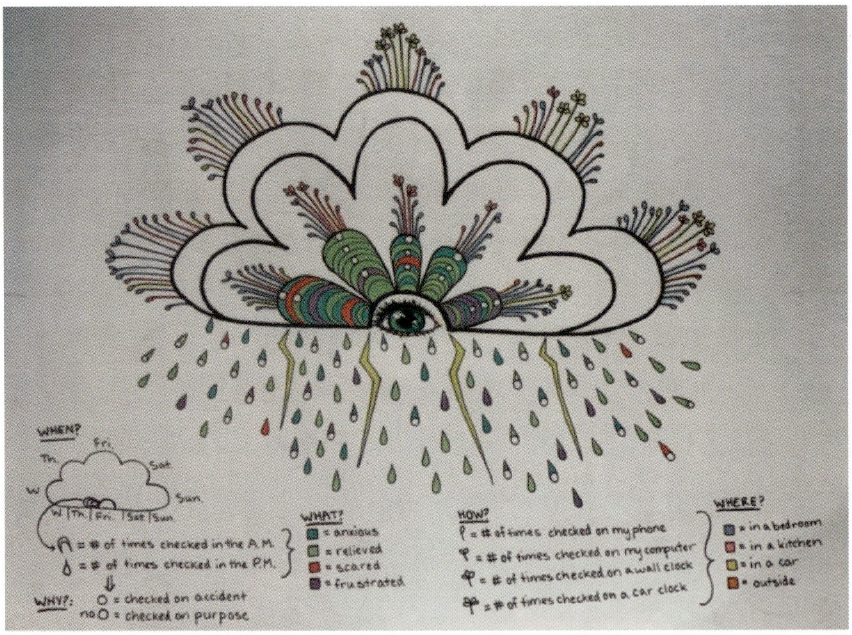

요약

「탐구 2A.1: 나의 행복 주간」에서 주요 개념은 다음과 같다.

질문하기는 데이터 수집과 데이터 시각화의 과정을 이끌 수 있다. '어떻게 하면 이 정보를 가장 잘 표현할 수 있는가? 실생활 데이터의 다차원성을 종이 한 장에 어떻게 담아낼 수 있는가? 데이터가 분류될 수 있는가? 그렇다면 적절한 분류 방법은 무엇일까?' 데이터 시각화의 과정에서 이러한 질문에 답하다 보면 데이터 내에 포함된 정보와 변이성, 패턴을 성공적으로 전달하는 시각 표현을 만들어낼 수 있게 된다.

우리는 일상생활을 하면서 주변의 사물과 사람에 대한 정보를 얻는다. 때때로 이러한 사람이나 사물의 특정 특성에 대한 정보를 기록하면서 그들에 대한 데이터를 공식적으로 수집하기도 하지만, 어떤 때는 이미 수집된 데이터를 이해해야 한다. 수집된 데이터가 원시의 형태로 주어졌을 때, 우리는 그 데이터 속에 담긴 패턴을 찾으려고 노력하는 훈련을 스스로 해야 한다. 다음에 이어지는 탐구에서는 초등학교 여학생 42명과 남학생 34명에 대한 사전에 수집된 데이터세트를 제공한다. 탐구 목표는 데이터에서 패턴을 추출하기 위해 어떤 방식으로든 데이터를 시각화하는 것이다.

탐구 2A.2 : 데이터 카드

탐구 목표: 다차원의 데이터를 다룬다. 데이터를 시각화한다. 데이터에 대한 통찰을 얻을 수 있는 질문을 한다.

플링키 초등학교 4학년 전체는 학급의 친구들을 더 잘 이해하는 데 관심이 있었다. 그들은 각 학생들이 답해야 하는 일련의 데이터 수집 질문으로 이루어진 설문조사를 구성한 다음 학생들의 답변을 기록하였다. 설문조사 질문은 다음과 같았다.

- 아침 식사로 주로 무엇을 먹습니까?
- 몇 월에 태어났습니까?
- 몇 세입니까?
- 30초 동안 줄넘기를 몇 번이나 뛸 수 있습니까?

• 매일 등교를 어떻게 합니까?
• 눈동자의 색은 무엇입니까?
• 키는 얼마입니까?
• 오른발의 길이는 얼마입니까?

그들은 모든 개인 정보를 데이터 카드에 기록하였다. 데이터 카드는 데이터세트 내의 특정 사례에 대한 데이터세트에 포함된 변수들의 모든 값으로 구성된 카드이다. 이 경우, 각 학생이 데이터세트 내의 한 사례이며, 변수들은 다음과 같다.

• 아침 식사
• 태어난 달
• 30초 동안의 줄넘기 횟수
• 나이
• 등교 방법
• 눈동자 색
• 키
• 오른발 길이
• 학년

각 변수는 설문조사 질문 중 하나에 대응한다.

학생들은 데이터 카드의 형식에 대해 합의하였다. 이 형식은 각 학생들이 자신에 대한 정보를 카드 위 어느 부분에 기록해야 하는지를 알려준다. 이 형식을 나타내는 그림은 다음과 같다.

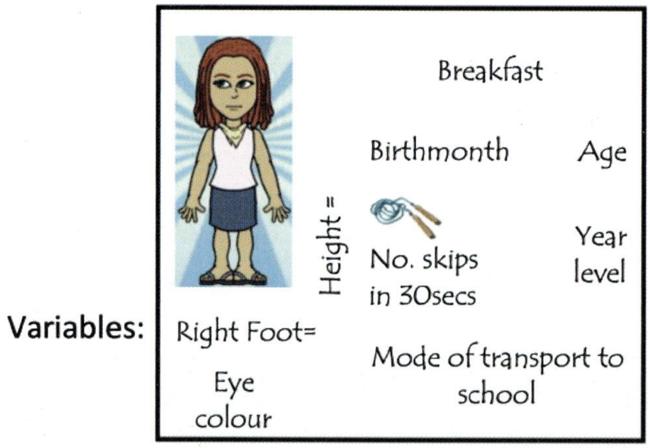

이 형식을 이용해서 각 아동은 손으로 또는 컴퓨터상에서 템플릿을 활용하여 자신만의 데이터 카드를 만들었다. 다음은 시에나가 손으로 직접 그린 데이터 카드의 예이다.

플링키 초등학교에는 76명의 4학년 학생들이 있으며, 그중 42명은 여학생이고 34명은 남학생이다. 각각의 학생들은 자신만의 데이터 카드를 만들었다(전체 데이터 카드는 Datacards.pdf 파일에서 인쇄할 수 있다).

그런 다음 학생들은 몇 가지 탐구 질문을 제기하였다.

- 4학년 학생들은 보통 몇 월에 태어났는가?
- 4학년 학생들이 30초 동안 넘을 수 있을 것으로 기대되는 줄넘기 횟수는 보통 얼마인가?
- 학생들은 아침 식사로 보통 무엇을 먹는가?
- 학생들은 보통 어떻게 학교에 등교하는가?
- 4학년 학생들은 일반적으로 어떤 색의 눈동자를 가지고 있는가?

이 모든 질문은 각각 하나의 변수만을 포함하고 있다. 다시 말해, 학생들은 오직 한 가지 변수에 따라 데이터를 분석해야 한다. 학생들이 제기할 수 있는 보다 복잡한 질문들에는 여러 변수가 포함되며, 그 예는 다음과 같다.

- 여학생과 남학생은 보통 아침 식사로 다른 것을 먹는가?
- 아침 식사로 무엇을 먹는지가 등교 방법에 영향을 미치는가?
- 아침을 먹는 사람들이 그렇지 않은 사람들보다 줄넘기를 더 많이 뛸 수 있는가?

데이터 카드를 사용하여, 학생들은 제기된 질문에 답하는 데 도움이 될 그래픽 표현의 형태로 카드를 배치할 수 있다. 예를 들어, 자넬은 학생 18명의 카드를 조사하여 다음과 같은 질문을 제기하였다.

우리 반 학생들은 보통 몇 월에 태어났는가?

자넬은 데이터 카드를 생일에 따라 묶음으로 정리하여 그의 질문에 답하는 데 도움이 되도록 다음과 같이 데이터를 시각화하였다.

자넬은 위와 같이 데이터를 시각화하면서 데이터 카드 묶음에 있는 각 달에 태어난 사람을 나타내었다. 이는 개별 사례나 한 학급의 학생들을 보여주는 것이 아니라 데이터에 대한 요약을 제공하였다. 이것은 이 표현의 장점 또는 단점으로 생각할 수 있다. 데이터에 대한 요약을 하면 월별 빈도를 쉽게 비교할 수 있다. 반면, 이 그래프에서 각 사례의 개별 표현은 손실된다. 자넬은 해마다 열두 달이 반복되는 주기적 특성을 나타내는 원의 주위로 데이터를 정리하였다. 이 표현을 통해 자넬은 탐구 질문에 대해 다음과 같이 답하였다.

"우리반 학생들이 가장 많이 태어난 달은 10월, 11월, 1월인 것으로 나타났어요.
전반적으로 여름과 봄 생일보다는 가을과 겨울 생일이 더 흔하네요."

또 다른 학생인 첸은 탐구를 위해 다른 질문을 선택하였다.

우리 반 학생들에게서 일반적인 눈동자 색은 무엇인가?

첸은 다음과 같은 방식으로 학급 데이터를 시각화하였다.

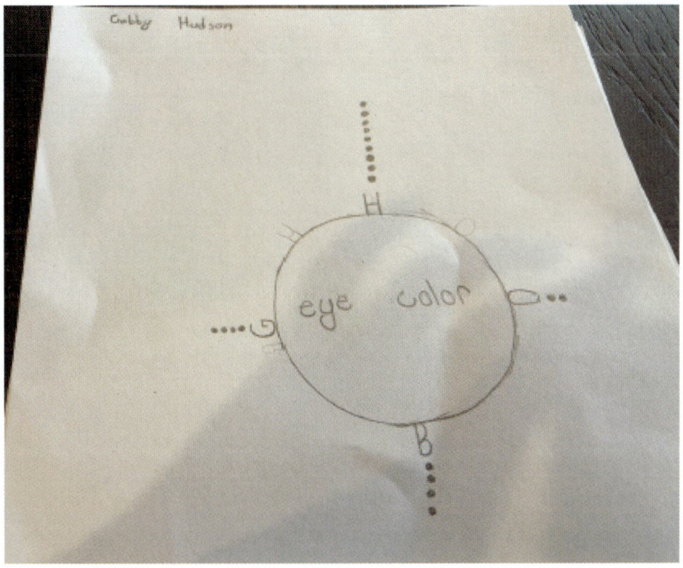

이 그래프는 창의적이지만 어떤 색의 빈도가 더 높은지 판별하기가 어렵다. 데이터를 원 주위에 점으로 나타내었기 때문에, 눈동자 색의 각 범주별 학생 수가 비슷한 경우 눈동자 색 범주 간의 직접적인 비교가 어렵다. 이 경우에서는 "갈색 눈(hazel eyes)"을 의미하는 H 범주가 가장 빈도가 높았다. 그러나 점을 세어보지 않고는 초록색이나 파란색과 빈도가 같은지, 또는 하나가 다른 것보다 빈도가 높은지를 확인하기 어렵다. 첸의 그래프는 각 개인을 그래프 위에 표현했으며, 데이터를 어떤 식으로도 요약하지 않았다. 또 첸은 범주를 원 주위로 배치했지만, 눈동자 색에는 순환적인 특성이 없기 때문에 원형 표현이 오히려 주위를 산만하게 한다. **눈동자 색** 변수를 표현하기 위해 색상을 사용하는 것이 보다 효과적으로 정보를 전달하는 방법이었을 수 있다. 눈동자 색을 색상으로 구분하여 표시하는 것은 그래프를 훨씬 빠르고 쉽게 이해할 수 있게 해줄 것이다.

게다가 첸의 그래픽상에 O 범주가 잘 정의되어 있지 않아서 이 범주가 어떤 눈동자 색을 나타내는 것인지 궁금하게 한다(O 범주는 "기타"를 의미했으나, 그 범주에 포함되는 색상이 무엇인지 나타나 있지 않다).

숀은 학생들의 아침 식사 유형을 시각화한 또 다른 흥미로운 그래프를 개발하였다. 그는 학급의 한 사람을 나무의 잎사귀로 나타내고 학생들이 먹는 아침 식사의 종류를 잎사귀의 색상으로 구분하여 표시하였다. 상단에는 각각의 색상이 무엇을 나타내는지 보여주는 범례를 제공하였다. 우리는 이 그래프로부터 학급 학생들에게서 가장 인기 있는 아침 식사 메뉴는 시리얼과 팬케이크임을 한눈에 알 수 있다. 그러나 첸의 그래프와 마찬가지로 잎을 세어보지 않고는 두 범주를 비교하기가 어렵다.

학생들은 둘 이상의 변수를 포함하는 그래프를 만들 수도 있다. 예를 들어, 숀의 그래프는 여학생과 남학생을 각각 나타내는 두 그루의 나무로 쪼개어질 수 있다. 그러한 표현은 다음 질문에 대한 답을 밝히는 데 도움이 될 수 있다.

여학생과 남학생은 보통 아침 식사로 다른 것을 먹는가?

데이터 카드를 사용하여 정보를 수집한 다음 그래픽 표현으로 데이터를 요약하는 과정에서 또 다른 흥미로운 요소는 학생들이 자신들의 데이터를 적절한 형태로 배치하는 방법을 결정해야 한다는 점이다. 예를 들어, 아침 식사로 무엇을 먹었는지에 대한 질문을 받았을 때 어떤 학생은 "콘푸로스트"라고 답하고 다른 학생은 "시리얼"이라고 답할 수 있다. 이러한 데이터를 시각화할 때 학생이나 교사는 모든 종류의 시리얼들을 한 그룹으로 묶을지의 여부를 선택해야 하며, 그 결정은 최종 그래픽에 큰 영향을 미칠 수 있다.

데이터 카드를 만드는 초기 작업은 학급 내의 각 학생이 데이터세트의 한 "사례"라는 점을 강조한다. 학생들은 스스로에 대한 여러 정보를 수집해야 하므로, 한 번에 여러 변수에 대해 생각하기 시작한다. 그런 다음 학생들은 여러 변수를 하나의 그래픽 표현 내에 어떻게 표현할 수 있을지에 대해 생각할 수 있다. 먼저 한 변수에 대해 조사하고 그에 대한 시각적 표현을 제시하는 과정을 통해 데이터에 대한 감각을 익히고 나면, 학생들은 변수들 사이의 관계를 나타내는 시각 자료를 만들어내는 방향으로 점차 나아갈 수 있다. 이런 식으로 학생들은 어린 나이에 데이터 시각화를 통해 다변량 사고를 시작해 나간다. 또 손으로 직접 시각화를 해보는 것은 학생들로 하여금 사례의 모든 측면과 그에 대한 표현에 대해 생각하게 만든다.

요약

「탐구 2A.2: 데이터 카드」에서 주요 개념은 다음과 같다.

1. 우리가 일상생활에서 보는 많은 데이터 표현은 학교에서 배우는 것과는 다르다.
2. 변수들을 서로 관련시키는 질문이 제기될 수 있다.
3. 창의성은 비전통적인 데이터를 적절하게 시각화하는 데 대개 필수적이다.
4. 한 시각적 표현 내에 여러 변수들이 나타날 수 있다.

더 알아보기

1. Dear Data 탐구를 직접 만들어보시오.

2. 가르치는 학년 수준에 적합한 설문조사 데이터 카드를 직접 만들어보시오. 탐구 질문을 제기하고 데이터 카드로 수집된 데이터를 사용하여 질문에 답하는 데 도움

이 되는 시각 자료를 만들어보시오.

우리는 학생들이 창의적인 그래픽 시각화를 탐구한 다음, 그래프가 제기된 질문에 답하는 데 도움이 되는지 그리고 각 표현의 전반적인 장점이 무엇인지 생각하게 할 수 있다. 학생들이 표현의 한계를 뛰어넘도록 하는 이 연습은 어려울 수 있다. 앞에서 언급했듯이, 우리가 일상생활에서 보는 많은 데이터 표현은 학교에서 배우는 것들과는 다르다(예를 들어, 막대그래프, 히스토그램 등). 우리는 지도, 워드 클라우드 및 기타 흥미롭고 새로운 형태의 데이터 표현을 자주 마주하며, 그 데이터의 맥락이 그래프의 효율성을 좌우한다.

❖ 참고 문헌

Börner, K., Bueckle, A., & Ginda, M. (2019). Data visualization literacy: Definitions, conceptual frameworks, exercises, and assessments. *Proceedings of the National Academy of Sciences of the United States of America, 116*(6), 1857-1864.

Díaz, A. (2020). Discover the four V's of Big Data. Open Sistemas, June 16. https://opensistemas.com/en/the-four-vs-of-big-data.

King, A., Chew, N., Jay, A., MacLean, A., & Bargagliotti, A. (2021). A guide to modern data visualization. *Math Horizons, 28*(1), 24-27.

Unit 2B

데이터과학을 향하여

데이터가 반드시 잘 정리된 스프레드시트나 표로 제공되지는 않는다. 데이터는 텍스트, 그림, 음성 등과 같은 비전통적인 형태로 표현될 수 있으며, (데이터 카드의 아이디어와 마찬가지로) 사례별로 정리되어 있을 수도 있다. 그러한 비전통적인 데이터에는 여러 변수에 대한 시각적 표현을 제공하는 일반적이지 않은 그래픽 표현이 필요할 수 있다. 비전통적인 데이터는 분포를 요약하는 데 새로운 유형의 분석을 필요로 할 수도 있다.

Unit 2B는 두 가지 탐구를 포함하고 있다. 첫 번째 탐구에서 학생들은 제시된 통계적 탐구 질문에 답하기 위한 데이터로서 사진을 활용하는 아이디어를 탐구한다. 학생들은 사진 데이터를 탐문하여 여러 변수를 정의하고, 변수를 표나 스프레드시트 형태로 기록하며, 인터랙티브 소프트웨어를 활용하여 데이터를 시각화하고 탐구 질문에 답한다. 두 번째 탐구에서 학생들은 'What's Going On in This Graph[7]'에 제시된 지도를 조사하여 대화형 지도를 기반으로 자체적인 데이터세트를 생성하고, 특정 탐구 질문에 답하기 위해 그래픽 표현을 만들어낸 다음 적절한 결론을 도출한다.

탐구 2B.1 : 사진, 우리를 말해주는 데이터[8]

COVID-19 팬데믹 동안 전 세계의 많은 학생들은 2020년 봄 학기와 가을 학기, 그리고 2021년에 집에서 학교를 경험하였다. 한 6학년 학급은 학생들이 집에서 공부하는 공간에 대해 궁금해하며 다음과 같은 통계적 탐구 질문을 제기하였다.

우리 반 학생들이 집에서 공부하는 공간은 일반적으로 어떤 모습일까?

이 통계적 탐구 질문에 답하기 위해 학급 내 모든 학생은 각자 자신이 집에서 공부하

7 www.nytimes.com/column/whats-going-on-in-this-graph

8 이 탐구 활동은 Bargagliotti, Arnold, & Franklin(2021)에 제시되어 있다.

는 공간의 사진을 찍고 이를 학급 공유 폴더에 추가하는 방식으로 초기 데이터(연구원이 수집하는 데이터)를 수집하기로 결정하였다. 또한 모든 학생은 다음과 같은 설문조사 질문에 답해야 했다.

당신이 공부하는 공간은 어떤 느낌을 주는가?

학생들은 이 설문조사 질문에 최대 180자 이내로 답변할 수 있었으며, 학생들은 자신이 공부하는 공간의 사진과 함께 사진에 대한 의견을 텍스트 문서로 제출하였다.

20명으로 구성된 소규모 학급에서 찍은 사진들이 WorkStationPictures 폴더에 들어 있다.

초기 데이터가 수집된 다음, 학생들은 사진에서 여러 변수에 대한 데이터를 정의하고 수집하기 위해 추가적인 데이터 수집 질문을 만들어냈다. 예를 들어, 6학년 학생들은 사진에 대해 다음과 같은 데이터 수집 질문을 생성함으로써 총 11개의 변수를 정의하였다.

1. 공부하는 작업대는 어떤 유형인가?
2. 공부하는 공간에 몇 개의 화면이 있는가?
3. 공부하는 공간에 전등이 있는가?
4. 공부하는 공간에 색연필과 펜이 있는가?
5. 공부하는 공간에 책이 있는가?
6. 공부하는 공간에 바인더가 있는가?
7. 공부하는 공간에 어떤 유형의 컴퓨터/기기가 있는가?
8. 공부하는 공간에 몇 대의 컴퓨터/기기가 있는가?

9. 공부하는 공간을 설명하는 한 단어는 무엇인가?
10. 공부하는 공간의 주요 색상은 무엇인가?
11. 공부하는 공간의 플러그에는 몇 개의 장치가 꽂혀 있는가?

학생들로 하여금 인쇄된 사진별로 데이터 카드를 만들도록 하면 관찰의 단위(사례)가 공부하는 공간이라는 점을 이해하는 데 도움이 될 수 있다. 각 학생은 다음과 같이 사진의 뒷면에 11개의 데이터 수집 질문에 대한 답변을 적을 수 있다.

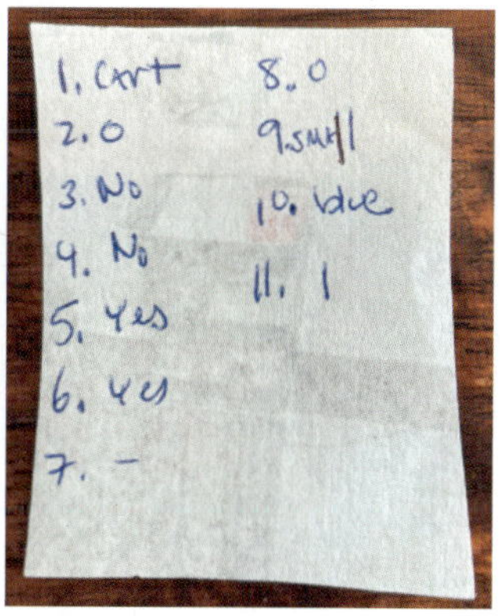

그런 다음에는 구글 시트(Google Sheets)와 같은 일종의 대화형 매체를 이용하여 학급 데이터를 스프레드시트에 표현할 수 있다(다음 그림에 제시된 6반의 데이터 참고). 이 시점에 학생들은 스프레드시트의 한 행은 한 학생이 공부하는 공간, 즉 하나의 사례를 나타낸다는 것을 이해해야 한다. 각 학생이 공부하는 공간에 대해 여러 변수가 수집되어 있다.

학생들은 자신의 반 친구들이 일반적으로 공부하는 공간의 특징을 탐구하기 위해 모든 변수를 한번에 고려해야 한다. 다변량 사고는 학생들에게 직관적이고 자연스럽다. 따

	A	B	C	D	E	F	G	H	I	J	K	L
1	What type of surface is the workspace?	How many screens are there?	Is there a lamp?	Are there colored pencils and pens?	Are there books?	Are there binders?	What types of computers/devices are there?	How many computers/devices are there?	One word to Descibe it	Dominant Color	Number of items plugged in	Makes you feel
2	Cart	0	No	No	Yes	Yes		0	small	blue	1	So organized!
3	Table	1	No	Yes	No	Yes	Chromebook	1	tablecloth	blue	1	I have too much stuff
4	Table	1	No	Yes	Yes	No	Chromebook	1	small	yellow	1	I don't like learning at home
5	Table	1	No	Yes	No	Yes	Chromebook	1	fun	white	1	My desk looks so inviting!
6	Desk Cart	1	Yes	Yes	No	Yes	Macbook	1	pretty	white	3	My desk is so pretty!
7	Desk	1	No	Yes	Yes	No	Chromebook	1	cluttered	white	1	I work well here.
8	Desk	1	Yes	Yes	No	No	iPad	1	simple	white	3	I really don't like working at home. It makes me sad.
9	Desk	1	No	No	No	No	PC	1	neat	white	1	I am very organized with my stuff
10	Desk	2	No	Yes	No	Yes	Chromebook and PC	2	organized	white	4	I feel happy when looking at what I have done.
11	Desk	2	No	No	Yes	No	Chromebook and PC	2	small	pink	2	I am accomplished.
12	Desk Cart	2	No	No	No	No	PC and iMac	2	small	blue	3	I like to work on my own at home.
13	Desk	2	Yes	Yes	No	No	Chromebook and iMac	1	clean	white	3	My desk is really nice.
14	Desk	1	No	Yes	Yes	No	Chromebook	1	pretty	pink	1	My desk shows who I am!
15	Cart	0	No	No	No	No		0	small	green	1	I just put my stuff on the cart!
16	Desk	1	Yes	Yes	No	No	Chromebook	1	cluttered	white	1	So much stuff everywhere!
17	Table	1	No	No	No	No	Chromebook	1	simple	green	1	I feel overwhelmed.
18	Desk	1	No	No	No	No	Chromebook	1	simple	yellow	1	I feel sad without my school friends.
19	Desk	1	No	No	Yes	No	Chromebook	1	neat	blue	1	I love to work at home at my awesome desk!
20	Desk	1	No	Yes	No	No	Chromebook	1	neat	blue	1	My desk makes me really happy because I can organize
21	Table	1	No	Yes	Yes	No	Chromebook	1	cluttered	white	1	I just try and g4t my work done quickly!

라서 학생들이 탐구에 도움이 될 분석 질문을 개발하게 해야 한다. 다음의 표에는 데이터 수집 질문 및 그에 대응하여 정의된 변수와 함께 학생들이 그룹으로 개발할 수 있는 잠재적인 분석 질문들이 나열되어 있다. 이 질문들은 학생들이 각 변수에 대해 논의하고 데이터를 분석하기 위한 전략을 제안하도록 이끈다.

데이터 수집 질문	변수	분석 질문
1. 공부하는 작업대는 어떤 유형인가?	작업대 유형	어떤 유형의 작업대가 가장 일반적인가? 어떤 유형의 작업대가 가장 덜 일반적인가? 서로 다른 작업대 유형은 총 몇 개인가?
2. 공부하는 공간에 몇 개의 화면이 있는가?	화면 수	하나 이상의 화면을 가지고 있는 학생은 몇 명인가? 하나 이상의 화면을 가진 학생의 비율은 얼마인가? 가장 일반적인 화면 수는 몇 개인가? 특이한 응답이 있는가?
3. 공부하는 공간에 전등이 있는가?	전등 보유 여부	전등이 있는 경우와 없는 경우 중 무엇이 더 일반적인가? 학생들의 몇 퍼센트가 전등을 가지고 있는가?
4. 공부하는 공간에 색연필과 펜이 있는가?	색연필과 펜 보유 여부	색연필과 펜을 가지고 있는 학생은 몇 명인가? 색연필과 펜을 가지고 있지 않은 학생의 비율은 얼마인가?
5. 공부하는 공간에 책이 있는가?	책 보유 여부	책이 있는 경우와 없는 경우 중 무엇이 더 일반적인가? 특이한 응답이 있는가?
6. 공부하는 공간에 바인더가 있는가?	바인더 보유 여부	바인더가 있는 경우와 없는 경우 중 무엇이 더 일반적인가?
7. 공부하는 공간에 어떤 유형의 컴퓨터/기기가 있는가?	컴퓨터/기기 유형	서로 다른 컴퓨터/기기 유형은 총 몇 개인가? 어떤 유형의 컴퓨터/기기가 가장 일반적인가? 가장 일반적인 컴퓨터/기기를 가진 학생의 비율은 얼마인가? 어떤 유형의 컴퓨터/기기가 가장 덜 일반적인가? 학생들이 가진 컴퓨터/기기 유형에 많은 변이가 있는가?
8. 공부하는 공간에 몇 대의 컴퓨터/기기가 있는가?	컴퓨터/기기 대수	컴퓨터/기기 대수의 최댓값은 얼마인가? 컴퓨터/기기 대수의 최솟값은 얼마인가? 컴퓨터/기기 대수의 중앙값은 얼마인가? 컴퓨터/기기 대수의 평균은 얼마인가? 평균으로부터의 변이는 얼마인가?
9. 공부하는 공간을 설명하는 한 단어는 무엇인가?	공부 공간 설명 (한 단어)	공부 공간 설명에 가장 많이 사용된 단어는 무엇인가? 특이한 단어가 있는가? 서로 다른 단어는 총 몇 개인가?
10. 공부하는 공간의 주요 색상은 무엇인가?	공부 공간 주요 색상	가장 일반적인 공부 공간 주요 색상은 무엇인가? 가장 덜 일반적인 공부 공간 주요 색상은 무엇인가? 공부 공간 주요 색상으로 특이한 색상이 있는가?

데이터 수집 질문	변수	분석 질문
11. 공부하는 공간의 플러그에 몇 개의 장치가 연결되어 있는가?	플러그에 연결된 장치 수	플러그에 연결된 장치 수의 중앙값은 얼마인가? 플러그에 연결된 장치 수의 평균은 얼마인가? 평균으로부터의 변이는 얼마인가?

표에 나열된 분석 질문을 해결하기 위해 학생들은 데이터 내의 패턴과 연결을 확인하는 데 도움이 되는 그래픽 표현을 개발할 수 있다. 그러한 표현은 손으로 직접 사진을 막대그래프나 점그래프로 정리하는 방식으로 구성될 수도 있고, 테크놀로지를 활용하여 구성될 수도 있다. 예를 들어, 학생들은 작업대 유형에 대해 수집된 데이터를 분석하기 위해 자신들의 사진을 이용하여 다음과 같이 많은 학생이 책상에서 공부했음을 보여주는 그래픽 표현을 만들었다.

학생들은 그래픽 표현을 만들기 위해 소프트웨어를 사용하였다. 학생들은 위와 같은 막대그래프 형태의 사진 배열로부터 학급 내 대부분의 학생이 책상에서 공부를 하고 있고, 다섯 명의 학생은 탁자에서 공부를 하고 있으며, 두 명의 학생만이 카트에서 공부를

하고 있음을 시각화할 수 있다. 빈도가 가장 높은 범주는 책상이다. CODAP[9]과 같은 무료 온라인 데이터 분석 플랫폼을 이용해서 그래픽 표현을 생성할 수도 있다.

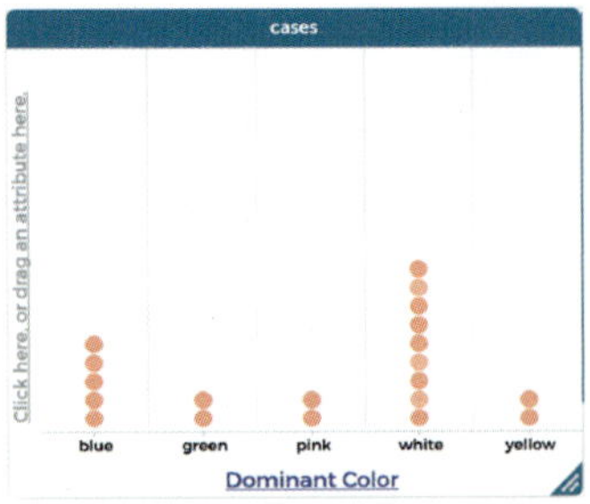

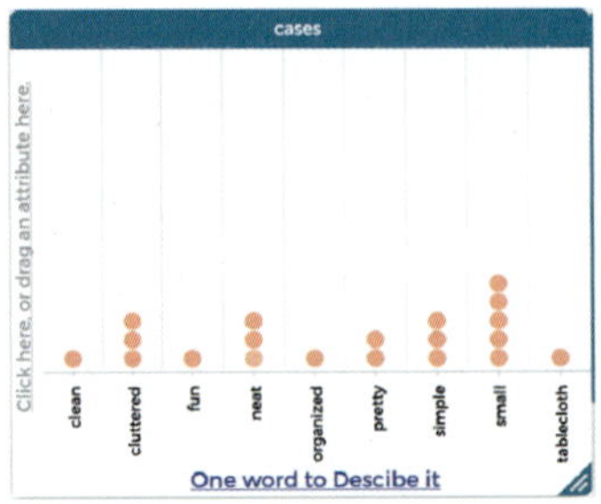

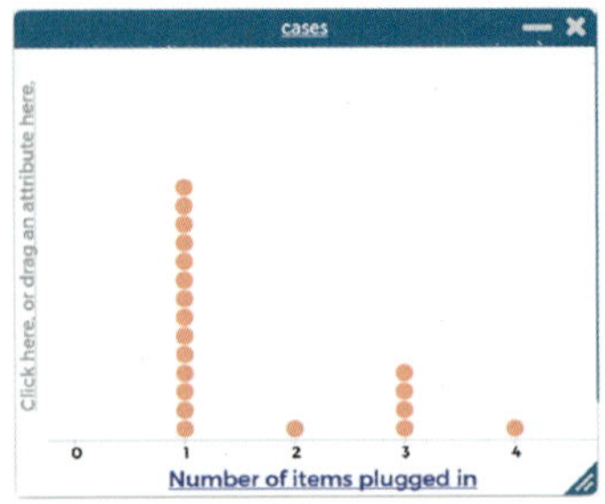

CODAP을 이용한 이러한 시각적 표현은 두 개의 범주형 변수와 한 개의 수치형 변수의 분포를 보여준다. 공부하는 공간의 주요 색상과 공부하는 공간을 설명하는 한 단어는 범주형 변수이다. 플러그에 연결된 장치 수는 수치형 변수이다. 학생들은 범주형 변수에 대해 빈도가 가장 높은 범주 및 각 범주에 속한 공부하는 공간의 비율을 설명할 수 있다. 빈도가 가장 높은 주요 색상은 흰색이었는데, 학생들이 공부하는 공간 중 45%가 흰색이었고, 10%는 노란색, 10%는 분홍색, 10%는 초록색, 25%는 파란색이었다. 수치형 변수의 경우, 플러그에 연결된 장치 수의 평균은 1.6이었으며, 중앙값은 1이었다. 6학년 학생 전체에 대한 절대평균편차는 플러그에 연결된 장치 수의 평균으로부터의 변이성에 대한 최상의 측정값을 제공한다. 이 데이터의 경우, 플러그에 연결된 장치 수의 평균은 1.6개이고, 플러그에 연결된 실제 장치 수는 1.6개로부터 평균적으로 0.84개(거의 1개)만큼 떨어져 있다.

단일 변수를 살펴보는 것 외에도, "우리 반 학생들이 집에서 공부하는 공간은 일반적으로 어떤 모습인가?"와 같은 탐구 질문에 답하는 데 도움이 되도록 학생들에게 여러 변수를 함께 고려하게 해야 한다. 예를 들어, 학생들은 공부하는 작업대 유형과 컴퓨터/기기 유형 사이의 연관성을 탐색할 수 있다. 6학년 학생들에 대한 다음 그림은 그 연관성을 이원배치표로 보여준다.

---

9 https://codap.concord.org

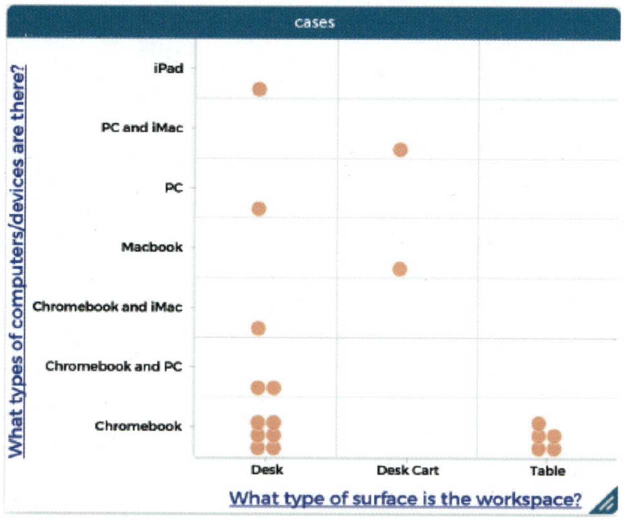

학생들이 이 그래픽 표현에 대해 제기할 수 있는 몇 가지 분석 질문의 예는 다음과 같다.

1. 가장 일반적인 조합은 무엇인가?
2. 존재하지 않는 조합이 있는가?
3. 한 변수의 한 범주가 다른 변수의 한 범주에 완전히 대응하는가?
4. 한 범주 내에서의 변이성은 어떠한가?

이원배치표는 크롬북(Chromebooks)이 책상과 탁자 모두에서 가장 일반적으로 사용됨을 보여준다. 실제로 공부하는 공간 20곳 중 9곳에는 책상 위에 크롬북이 놓여 있고, 5곳에는 탁자 위에 크롬북이 놓여 있다. 탁자 위에서 사용되는 기기는 100% 크롬북이다. 크롬북을 사용하는 학생 중 3명은 책상 위에 Mac이나 PC도 가지고 있다.

학생들은 셋 이상의 변수에 대한 연관성을 살펴봄으로써 탐구 질문을 보다 확장할 수도 있다. 학생들은 먼저 손으로 한 그래픽 위에 여러 변수를 표시하여 보다 많은 변수 사이의 연관성을 탐색하는 방법에 대해 고심할 수 있다. 예를 들어, 6학년 수업에서 도출된 다음의 표현은 공부하는 공간의 주요 색상, 컴퓨터/기기 수, 플러그에 연결된 장치 수, 공부하는 작업대 사이의 연관성을 보여준다.

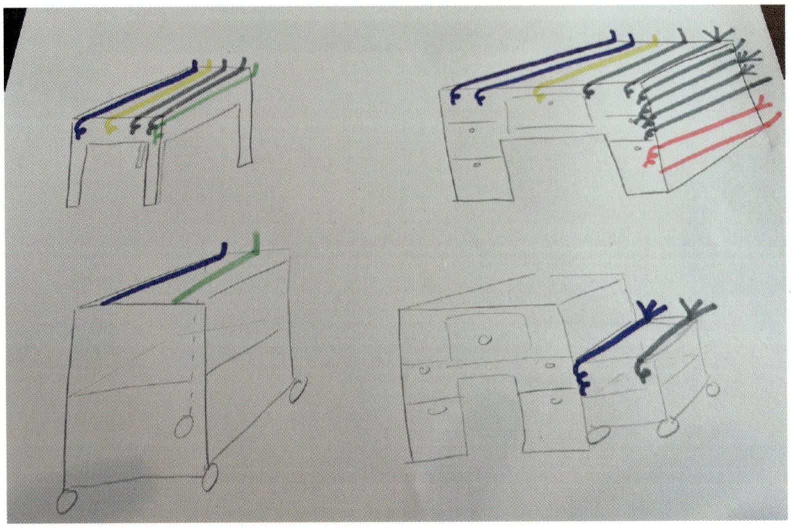

공부하는 작업대는 ‘탁자’, ‘책상’, ‘카트’, ‘책상과 카트’에 대한 스케치로 표현되어 있다. 작업대 위에 표시된 선은 공부하는 공간의 주요 색상을 나타내며, 색상은 파란색, 초록색, 노란색, 분홍색, 흰색 총 5가지이다(흰색은 그림 상에 회색으로 표현됨). 색으로 표시된 선에서 (위쪽으로) 뻗어나오는 막대의 수는 플러그에 연결된 장치 수를 나타내며, (아래쪽의) 물결 선의 수는 컴퓨터/기기 수를 나타낸다. 이 그래픽을 통해 우리는 빈도가 가장 높은 작업대 범주는 책상이며, 탁자에는 플러그에 연결된 장치가 하나씩만 있으며, 카트에는 컴퓨터/기기가 없음을 알 수 있다. 이러한 결과가 나타난 이유는 탁자에서 공부하는 학생들은 머리 위에 조명이 있어서 자신의 기기만 연결하면 되었기 때문일 수 있고, 카트에서 공부하는 학생은 기기를 다른 장소에 보관했기 때문일 수 있다. 비교를 위해 책상에 대한 이미지를 살펴보면 여러 개의 장치가 플러그에 연결되어 있는 경우가 다양하게 있음을 알 수 있다. 이는 ‘책상과 카트’ 범주에서도 마찬가지이다. 또한 책상의 주요 색상은 흰색이고, 분홍색이 주요 색상인 경우는 책상에서만 나타난다. 색상의 분포는 책상 범주에서 변이성이 가장 크다. 이는 책상이 학생들이 자신이 원하는 색상을 자유롭게 도입할 수 있는 개인 공간이기 때문일 수 있다. 이러한 그래픽에서는 많은 다른 관찰 결과들을 이끌어낼 수 있다. 손 그림을 사용하는 것은 학생들로 하여금 여러 변수를 다차원 그래픽 안에 포함시키는 다양한 방법을 생각하도록 장려한다는 점에서 중요하다.

세 개의 변수를 나타내는 그래픽의 또 다른 예가 다음 그림에 제시되어 있다. 이 그래픽을 그린 6학년 학생은 화면 수, 작업대 유형, 주요 색상을 표현하였다. 이 학생은 왼쪽 하단 셀(카트, 0)에 파란색과 초록색을 한 줄에 쌓아 올렸고, 다른 셀에서는 색을 서로 다른 막대로 구분하여 나타냈다. 학생들은 색상별로 서로 다른 막대를 쌓아올리면 색상 분포를 한 셀 내에서 보다 쉽게 비교할 수 있다는 점에서 더 나은 그래픽이 만들어질 수 있다는 점을 인식해야 한다. 이러한 변수 간의 관계는 태블로 퍼블릭(Tableau Public)[10]과 같은 무료 온라인 소프트웨어를 사용하여 탐색할 수도 있다.

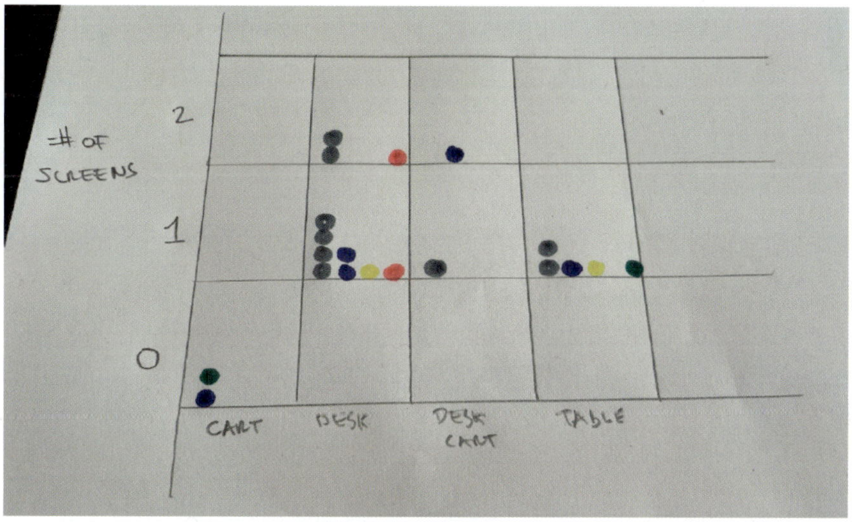

학생들은 통계적 탐구 질문 "우리 반 학생들이 집에서 공부하는 공간은 일반적으로 어떤 모습인가?"에 대한 응답을 통해 분석을 종합한다. 교사는 "우리 학년 학생들이 집에서 공부하는 공간은 일반적으로 어떤 모습인가?"와 같은 통계적 탐구 질문을 통해 학생들의 사고를 보다 확장할 수도 있다. '이 탐구 질문에 답하기 위해 우리 반에서 나온 데이터를 사용할 수 있을까?' 학생들은 이 경우에는 '학급'이 한 표본이 된다는 점에 유의해야 한다. 다른 학급의 사진들을 선택하면 그래픽의 이미지가 달라지게 된다. 학생들은 동급생 전체에 대한 탐구 질문에 답하기 위해 이러한 데이터에서 도출된 결론의 한계를 인식해야 한다. 다른 학급의 사진 샘플이 있는 경우라면 공간들이 어떤 모습인지, 샘플에 있는 사진에 따라 변수가 어떻게 달라질지에 대해 학생들이 생각해보게 해야 한다.

위의 탐구에 제시된 통계적 탐구 질문, 데이터 수집 질문 및 분석 질문은 결코 완전한 목록이 아니다. 학생들이 다른 변수(예를 들어, 180자 설명)들을 모두 활용하여 더

10 https://public.tableau.com/en-us/s/

많은 질문을 개발하게 해야 한다. 시각 자료는 분석의 근거를 제공하고 분석을 지원하는 데 도움이 된다는 점에서, 학생들에게 통계적 탐구 질문에 답하기 위해 시각 자료를 만들어볼 것을 권장한다. 또한 분석 질문은 학생들이 다양한 변수를 한 번에 생각하고 그에 대한 통계적 추론을 하는 데 도움이 된다는 점에서, 학생들에게 시각 자료를 이해하는 데 도움이 되도록 분석 질문을 사용해볼 것을 권장한다. 결과적으로, 제기된 분석 질문에 대한 답변은 공부하는 공간의 일반적인 모습을 설명하는 것에 관한 탐구 질문에 답하기 위한 전반적인 그림을 제공하는 데 도움이 될 것이다. 6학년 학급에 대한 탐구 질문인 "우리 반 학생들이 집에서 공부하는 공간은 일반적으로 어떤 모습인가?"에 대한 답변의 예는 다음과 같다.

> 우리 반의 대부분의 학생들은 책상에서 공부하고 있습니다. '책상과 카트'가 있는 학생을 포함하면 학생들이 공부하는 공간의 65%가 책상을 포함합니다. 공부하는 공간의 가장 일반적인 주요 색상은 흰색(45%)이고, 그 다음은 파란색(25%)입니다. 공부하는 공간을 설명하는 단어로 두드러지는 단어는 없지만, '작다', '어수선하다', '깔끔하다', '평범하다'와 같은 단어가 다른 단어들보다 더 많은 표를 얻었습니다.
>
> 컴퓨터, 기기, 화면과 관련하여 학생들은 공부하는 공간에 하나 이상의 화면을 갖고 있는 것이 일반적입니다. 하나 이상의 화면을 가지고 있는 학생 18명 중 14명은 화면 1개를 가지고 있고, 4명은 화면 4개를 가지고 있습니다. 우리 반 모든 학생의 공부하는 공간에는 적어도 하나 이상의 장치가 플러그에 연결되어 있습니다. 연결된 장치 수의 평균은 1.6입니다. 연결된 장치의 수는 이산적인 수치형 변수이기 때문에 평균이 반드시 정수는 아니라는 점에 유의하는 것이 중요합니다. 변수의 분포를 살펴보면 많은 학생이 플러그에 연결된 장치를 1개 가지고 있으며, 몇몇은 3개를 가지고 있음을 알 수 있습니다. 정확히 학생 5명이 플러그에 연결된 장치를 3개 또는 4개 가지고 있습니다. 학생 14명은 크롬북을 사용하며, 2명은 공부하는 공간에 컴퓨터나 기기를 가지고 있지 않습니다.

이는 한 학생이 앞에서 살펴본 그래픽 표현에서 언급된 변수들만을 포함하여 기술한 답변 예시일 뿐이다. 그러나 이러한 탐구를 마친 학생들은 질문에 답하기 위해 다른 변수 조합(예를 들어, 책, 색연필과 펜, 바인더, 작업대 유형, 컴퓨터/기기 유형)을 선택할 수 있으며, 실제로 학생들에게 데이터세트의 모든 변수를 활용하게 해야 한다.

요약

「탐구 2B.1: 사진, 우리를 말해주는 데이터」에서 주요 개념은 다음과 같다.

1. 한 장의 사진을 기반으로 여러 변수를 정의할 수 있다. 사진에 대해 데이터 생성 질문을 제기할 수 있으며, 단일 사례에 대해 여러 변수를 기록할 수 있다.
2. 색상과 모양을 활용한 시각적 표현을 통해 한 그래픽 내에 여러 변수를 나타낼 수 있다.
3. 질문하기는 데이터 생성의 과정뿐만 아니라 분석의 과정도 안내할 수 있다.

더 알아보기

1. 저녁식사, 점심식사, 또는 학생 집 현관의 사진을 이용하여 동일한 탐구를 수행해 보시오.

테크놀로지와 컴퓨팅 사고는 학생들을 현대의 통계 및 데이터과학으로 향하게 하는 중요한 부분이다. 이 탐구에서 학생들은 사진을 찍고 이를 데이터 저장소(공유 폴더)에 업로드하고 소프트웨어를 사용해서 데이터를 분석하는 등 다양한 방식으로 테크놀로지를 활용하였다. 또한 학생들은 변수를 정의하고 스프레드시트를 만들고 기존 변수로부터 새로운 변수를 생성하기도 하였는데, 이는 모두 컴퓨팅 사고를 필요로 하는 중요한 개념이다.

탐구 2B.2: 우리 사회의 기후 변화[11]

기후 변화는 우리 시대의 가장 중요한 과제 중 하나이다. 전 세계적으로 극단적인 날씨는 인류에게 전례 없는 구조적, 경제적 문제를 안겨준다. 한 6학년 학급의 학생들은 기후 변화에 대한 포괄적인 탐구에 참여하여 기후 변화에 대한 사설 읽기, 자신의 환경에서 기후 변화를 이해하려고 노력하기, 에세이 쓰기, 토론하기, 데이터 살펴보기와 같은 활동을 수행하였다. 학생들이 이러한 탐구에 참여할 수 있도록 기후 변화에 관한 광

11 이 탐구 활동은 캘리포니아 주에 있는 아우렐리아 페네캠프 초등학교에서 5학년 학생들을 가르치고 있는 교사인 안나 그랄닉(Anna Gralnik)이 개발하였다. Bargagliotti & Gralnik(2021) 참고.

범위한 단위의 데이터가 제공되었다. 이 6학년 학급의 학생들은 특히 자신들의 지역 사회에 속한 개인의 환경이 기후 변화에 어떤 영향을 받고 있는지를 궁금해하였다. 학생들은 다음과 같은 탐구 질문을 제기하였다.

우리 지역 사회에 영향을 미치는 전형적인 기후 문제는 무엇일까?

이 질문을 탐구하기 위해 학생들은 **뉴욕타임스**에서 찾은 대화형 지도 및 지도에 기반하여 수집된 데이터, 기후 변화에 대한 인식을 눈으로 포착한 사진-음성 프로젝트 (Herrick & Gralnik, 2021)를 포함한 다양한 데이터 소스를 활용하였다.

데이터과학자처럼 생각하기: 기후 변화에 대한 학제간(Cross-Disciplinary) 탐구

우선 학생들은 미국통계협회와 **뉴욕타임스**의 공동 연구 'What's Going On in This Graph?'에서 고안한 데이터 톡(talk)에 참여하였다. 학생들은 다음의 지도를 제시받고 지도에서 관찰한 내용에 대해 토론할 것을 요청받았다. 학생들의 관찰을 안내하기 위해 기후 변화와 관련된 문제를 논의할 때 다루어지는 일련의 질문(What's Going On in This Graph?에서 사용된 질문)이 다음과 같이 제공되었다.

- 이 그래프에서 무엇이 보입니까?
- 어떤 점을 파악하였습니까?
- 무엇이 궁금합니까?
- 이는 당신과 당신의 지역 사회에 어떤 영향을 미칩니까?

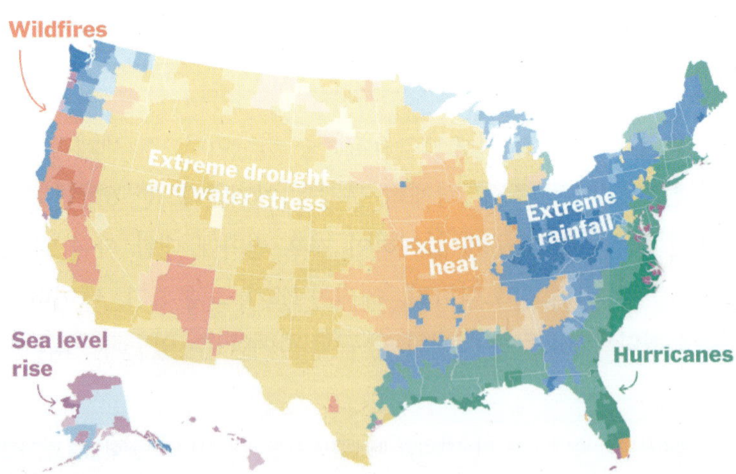

학생들은 소그룹에서 이러한 질문에 대해 토론할 수 있다. 교사는 학생들이 토론을 하게 될 때 미국 전역에 대해 논할 것이라는 점을 예상해야 한다. 교사는 학생들에게 미국 전체라는 거시적 수준에서의 지역 사회 개념에 대해 먼저 생각한 다음, 주 또는 카운티와 같은 더 작은 미시적 수준에서 생각해보도록 지시할 수 있다. 교사는 탐구 질문이 특히 자신들의 지역 사회에 대한 것임을 감안하여 학생들에게 지리적 지역에 집중하게 할 수 있다. 다음은 학생들의 답변 예시이다.

차트의 색상이 무엇을 나타내는지 이해하기 쉽다. 노란색은 물이 없는 땅이나 사막을 나타낸다. 파란색은 물과 같아서 비를 뜻한다. 그리고 빨강색은 불을 나타낸다.	우리 지역 사회는 대체로 건조하여 산불이 발생하기 쉽다. 대부분은 기본적으로 사막이고 정말 덥다. 물이 따뜻하고 가뭄이 많다. 비가 많이 내리는 지역도 있다.	해수면이 상승하고 있기 때문에 해변가에 부동산을 소유한 사람들은 침수를 겪고 내륙으로 강제로 이주하게 될 수도 있다.

그래픽에는 6가지의 서로 다른 색상이 표현되어 있다. 각 색상은 환경적 위험의 유형을 나타낸다. 위험 변수는 6개의 범주를 가진 범주형 변수이다. 6개의 범주는 각각 '산불', '해수면 상승', '극심한 가뭄 및 물 부족', '극심한 더위', '폭우', '허리케인'이다. 학생들은 미국의 여러 지역이 서로 다른 환경적 위험에 노출된다는 점을 파악해야 한다. 미국의 많은 지역은 물 부족을 겪고 있다. 극심한 더위는 주로 중남부 및 하부 녹지대에 집중되어 있다. 폭우는 북동부에서 나타나며, 허리케인은 대서양 연안과 남동부의 주들을 강타한다. 북서부의 태평양 서부 해안은 폭우와 산불을 겪는다.

정적인 지도를 관찰한 다음에는 학생들에게 동일한 지도와 상호작용을 하도록 요청하였다. 학생들에게 링크[12]를 제공한 다음, 커서를 자신들의 주로 이동시키게끔 하였다.

대화형 지도를 사용한 데이터 탐구를 안내하기 위해 교사는 학생들이 데이터 탐색을 시작할 수 있도록 다음과 같은 분석 질문을 제시하였으며, 이는 다른 학생들과 함께 사용할 질문의 예로 활용될 수 있다.

1. 색상 코딩은 무엇을 나타내는가?

이상적으로 학생들은 환경적 위험이 6개의 범주를 가진 범주형 변수라는 점을 정적인 지도에서 이미 파악했어야 한다. 학생 답변의 예는 다음과 같다.

12 www.nytimes.com/2020/10/15/learning/whats-going-on-in-this-graph-climatethreats.html

각 색상 구획에는 대체로 '극심한'으로 시작하는 설명이 제시되어 있는데, 이는 기후 변화가 심각하고 위험하다는 점을 의미합니다.

교사는 학생들이 각각 다른 유형의 위험을 나타내는 6가지 색상이 있음을 분명히 파악하게 해야 한다.

2. 색상의 짙음/옅음은 무엇을 나타내는가?

색상의 농담(gradation)은 위험이 얼마나 심각한지를 나타낸다. 색이 짙을수록 위험이 더 크다. 예를 들어, 미주리 주와 테네시 주 모두 극심한 더위라는 환경적 위험을 겪을 수 있으나, 그 위험의 정도는 미주리 주가 더 크다.

3. 데이터의 출처는 어디인가? 이 지도를 만들기 위해 어떤 데이터가 수집되었는가?

학생들이 데이터의 출처를 이해하려면 학생들을 지도가 제시된 뉴욕타임스 원본 기사[13]로 안내해야 한다.

원본 기사에서는 금융 시장의 기후 위험 평가에 중점을 둔 회사인 Four Twenty-Seven[14]에서 데이터를 인용했다고 밝히고 있다. 지도의 데이터는 회사의 보고서 중 하나[15]로부터 가져온 것이었다.

6학년 학급의 한 학생은 다음과 같은 점을 궁금해하였다.

사람들은 위험과 관련된 다양한 장소의 날씨 문제를 어떻게 수집하고 추적하는 것일까?

데이터에는 출처가 있으며, 학생은 그 출처를 검토하여 데이터의 평판을 확인해야 한다. 평판이 좋은 출처에는 인용이 있으며, 데이터 수집 과정 및 데이터의 제한 사항이 설명되어 있다. 데이터 수집과 연구 설계는 통계학에서도 고등 수준의 영역이며 매우 중요한 부분이다. 학생들은 어린 나이에 결론을 도출하거나 주장할 때 필요한 과정으로서 출처를 확인하는 습관을 들이는 것이 필수적이다. 이 과정을 과소평가하거나 소홀히

13 www.nytimes.com/interactive/2020/09/18/opinion/wildfirehurricane-climate.html

14 http://427mt.com/

15 http://427mt.com/wp-content/uploads/2018/05/427-Muni-Risk-Paper-May-2018-1.pdf

해서는 안 된다. 이 과정은 '데이터 수집' 구성 요소에 속하는 통계적 탐구 과정의 중요한 부분이다.

4. 어떤 점을 파악하였는가?

이제 학생들은 지도와 상호작용을 할 수 있으므로, 커서가 지도 위에 있을 때 카운티 수준의 데이터를 포함한 보다 자세한 정보가 제공된다는 점을 파악할 수 있다. 또한 학생들은 카운티 위로 마우스를 가져가면 각 카운티에 각 위험 유형에 대한 범주가 할당되었음을 알 수 있다. 이 정보를 통해 학생들은 개별 카운티와 관련된 데이터에 대한 보다 구체적인 관찰을 할 수 있다. 예를 들어, 한 학생이 '문의 센터'에 참여한 이후에 학생을 관칠한 결과가 하단에 제시되어 있다. 문의 센터는 힉생들이 다양힌 독해, 사진, 작문 과제 및 토론 주제를 검토하는 센터이다. 이 6학년 수업의 교사는 4개의 센터를 설립하였다. 그중 한 센터의 학생으로부터 다음이 관찰되었다.

> 저는 사진 문의 센터에서 우리 지역 사회에 산불이 있었고, 로스앤젤레스는 중간 정도의 산불 위험이 있다는 점을 파악하였습니다. 글쓰기 문의 센터에서는 우리가 사는 곳에 매우 높은 가뭄의 위험이 있음을 확인했습니다. 이는 기후 변화가 둘 이상의 장소나 사람에 영향을 미칠 수 있음을 보여줍니다.

이 학생은 두 곳의 문의 센터에서 찾은 정보를 지도에서 본 데이터와 연결하였다. 지도는 각 지역에 여러 위험이 있을 수 있으며 때로는 그 위험이 연결될 수도 있음을 보여준다(예를 들어, 산불 및 가뭄).

5. 대화형 지도의 어떤 기능이 도움이 되는지 설명하여라.

다음은 학생들이 추가로 관찰한 점이다.

> 색이 짙을수록 날씨가 더 극단적이고, 색이 옅을수록 날씨가 덜 극단적입니다. 그리고 우리는 한 지역이 아닌 다른 지역들에 가장 많은 위기가 영향을 미치는 곳을 확인하였습니다.

6. 발견한 점을 바탕으로 어떤 결론을 내릴 수 있는가?

다음은 한 학생이 내린 결론의 예이다.

> 물 부족 또는 산불과 비로 인해 산사태가 발생합니다. 캘리포니아에는 물 부족, 산불, 우기가 연이어 발생합니다. 산불이 식물을 태우거나 물 부족으로 식물을 건조하게 만들면 그 뿌리는 토양을 지탱하지 못합니다. 그런 다음 비가 오면 물이 토양을 적시고 물기가 많아져 진흙이 됩니다.

7. 계속 탐색하고 발견 사항을 기록하여라.

학생들은 관찰을 보다 완전하고 일관된 생각으로 전환하기 시작할 수 있다. 예를 들어 한 그룹의 학생들은 몇 가지 서로 다른 위험들을 연결하기로 결정하였다. 학생들은 지도에서 카운티를 가리키면 그 카운티에 각 위험에 대한 등급이 매우 높음, 높음, 중간, 낮음, 위험 없음으로 부여되는 것을 볼 수 있다. 이 등급이 색상의 짙음의 정도를 결정한다. 여러 카운티를 살펴본 후 한 그룹은 서로 다른 위험들 사이에서 명백한 관계들을 발전시켰다. 그들은 다음과 같이 이야기하였다.

- 물 부족＋비＝산사태
- 극심한 더위＋물 부족＝산불
- 해수면 상승＋강수＝홍수

학생들이 자신의 결론을 뒷받침하기 위해 이러한 진술에 대한 근거를 제시하게 해야 한다.

8. 자신의 지역 사회에 대해 알고 있는 점은 무엇인가?

이 질문에 대한 학생들의 대답은 다양하다. 예를 들어, 한 학생은 다음의 내용을 공유하였다.

> 날씨는 영향을 미칠 것입니다. 우리가 이 문제를 해결하지 않으면 아마도 우리 지역사회에 '더 큰 영향을 미칠 것이기 때문입니다.'

탐구 질문이 학생들의 지역 사회에 초점을 두고 있으므로 학생들이 지도에서 자신들의 지역에 초점을 맞추게 해야 한다. 또한, 6학년 학생들은 지도에 표시된 데이터와 문의 센터를 연결할 수 있었다. 한 학생은 문의 센터에서 몇 년의 차이가 나는 같은 장소의 사진들을 비교하고 다음과 같이 공유하였다.

www.santa-ana.org/pw/water-and-sewer/water-services/conservation/californias-drought

저는 왼쪽의 사진은 매우 차가운 색상을 나타내고 오른쪽은 매우 더워 보인다는 점을 깨달았습니다. 따라서 이는 이 지역이 점점 뜨거워지고 있음을 보여줍니다. 또한 저는 이 지역에 과거에는 매우 푸르고 멋진 큰 호수가 있었지만 2014년에 그 호수는 약 3배가량 줄어들었고 주변에 녹지가 거의 없거나 매우 건조하고 갈색 빛이 된 점을 확인하였습니다.

9. 미국의 다른 주에 대해 알고 있는 점은 무엇인가?

이 질문에 대한 학생들의 답변은 다양할 것이다. 다음 예는 세 명의 학생이 각각 답변한 것이다.

- 지도에서 하와이는 온통 보라색으로 보이는데, 이는 해수면 상승을 뜻합니다. 아마도 수십 년 안에 하와이는 물에 잠길지도 모릅니다.
- 하와이는 해수면 상승으로 물에 잠긴 것처럼 보이며, 우리와 멀지 않기 때문에 파도를 밀어 우리 지역 또한 해수면 상승의 위치에 놓이게 하는 식의 영향을 미칠 수 있습니다.
- 우리는 애리조나 주와 캘리포니아 주를 비교했습니다. 우리는 애리조나와 캘리포니아 중 어디에 더 많은 산불이 발생했는지를 논의했습니다. 우리는 애리조나에 더 많은 산불이 있다고 결정했지만, 캘리포니아에는 식물이 더 많기 때문에 더 심각한 산불 사례가 있습니다.

학생들이 지도와의 상호작용을 마치고 난 다음에는 탐구의 더 큰 맥락에서 결론을 도출하고 결과를 요약할 시간이 주어졌다. 앞에서 언급했듯이, 학생들은 수업의 일부로서 기후 변화를 논하는 기사들과 기후 변화에 대한 다양한 견해들을 읽었다. 학생들은 또한 자신들이 살펴본 모든 자료와 연관지어 기후 문제에 관한 에세이를 작성해야 했다. 학생들은 자발적으로 그레타 툰베리(Greta Thunberg)와 같은 기후 변화 운동가와 나오미 세이브트(Naomi Seibt)와 같은 기후 변화 거부론자 사이의 논쟁을 벌였다. 학생들은 1~9번 질문에 대한 답을 그룹별로 이야기할 때 내린 결론들을 통합하며 데이터와의 소통(데이터과학과 통계의 중요한 원리)에 초점을 맞추었다.

> 그건 당신이 사는 곳에 달려 있습니다. 당신이 사는 곳이 당신이 어떤 유형의 날씨 문제를 겪게 될지를 결정할 것입니다.

다음으로 학생들은 자신의 지역뿐만 아니라 지역 사회의 기후 변화에 대해 더 깊이 파고들어 다양한 기후 위협과 주변에 있는 그 위협의 정도를 보여주는 데이터세트를 만들도록 요청받았다. 각 학생 그룹은 캘리포니아의 10개 카운티를 할당받았고 지도를 사용하여 그 카운티에 대한 데이터를 수집하도록 요청받았다. 다음은 한 학생 그룹이 만든 스프레드시트의 예이다.

	A	B	C	D	E	F	G
1		**Extreme Rainfall**	**Water Stress**	**Heat Stress**	**Wildfire Risk**	**Sea Level**	**Hurricanes**
2	Sierra	Medium risk	High risk	Low risk	Very high risk	No risk	No risk
3	Siskiyou	Medium risk	High risk	Low risk	High risk	No risk	No risk
4	Sedona	Medium risk	Medium risk	Medium risk	Medium risk	Low risk	No risk
5	Sonoma	Medium risk	Medium risk	Medium risk	High risk	Low risk	No risk
6	Stanislaus	Medium risk	High risk	Medium risk	Medium risk	No risk	No risk
7	Sutter	Medium risk	Medium risk	High risk	Medium risk	No risk	No risk
8	Tehama	High risk	Medium risk	Low risk	High risk	No risk	No risk
9	Trinity	High risk	Medium risk	Low risk	High risk	No risk	No risk
10	Tulare	Very high risk	Medium risk	High risk	Low risk	Low risk	No risk
11	Tuolumne	Medium risk	High risk	Low risk	High risk	No risk	No risk
12	Ventura	Low risk	Very high risk	Low risk	Medium risk	Medium risk	No risk
13	Yolo	High risk	Medium risk	Medium risk	Medium risk	No risk	No risk
14	Yuba	High risk	High risk	Medium risk	Medium risk	No risk	No risk

학생들은 각 카운티별로 각각의 위험의 심각성을 기록하였다. 그런 다음 학생들은 자발적으로 그 위험들을 표로 집계하고 지역 사회의 위험을 설명하는 데 도움이 되도록 막대그래프 및 원그래프와 같은 추가적인 그래픽 표현을 만들었다. 이러한 카운티들에서 수집된 데이터로부터 학생들은 데이터 요약표를 다음과 같이 만들었다.

	Extreme Rainfall	**Water Stress**	**Heat Stress**	**Wildfire Risk**	**Sea Level**	**Hurricanes**
Very High	1	1	0	1	0	0
High	4	5	2	5	0	0
Medium	7	7	5	6	1	0
Low	1	0	6	1	3	0
No Risk	0	0	0	0	9	13

학생들은 이 요약표에 기초하여 해당 카운티들의 위험의 심각성을 이해하는 데 도움이 되는 그래픽 표현을 만들 수 있었다.

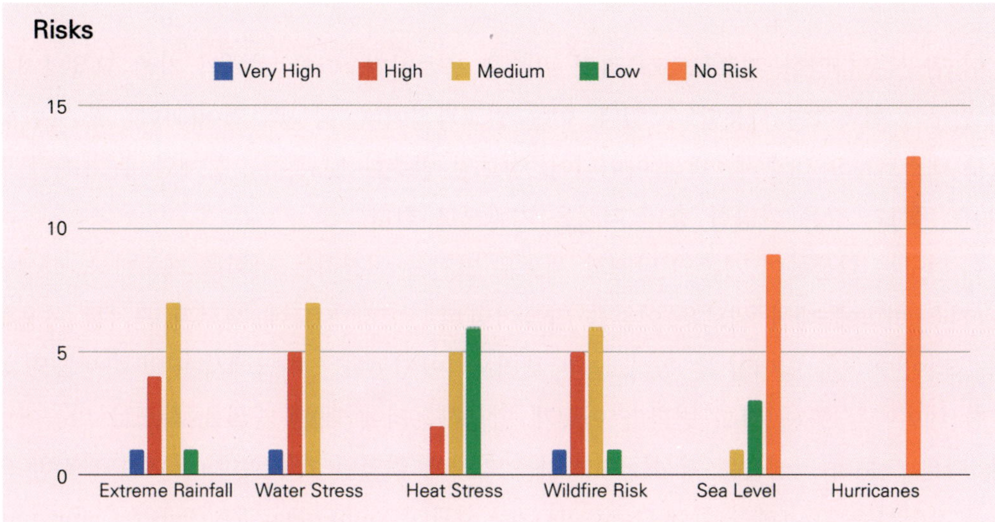

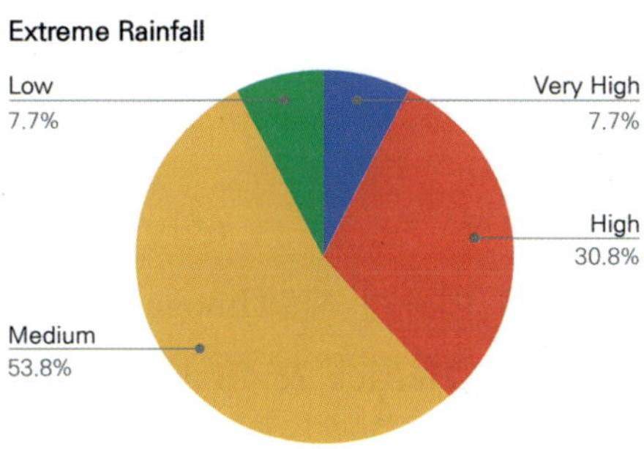

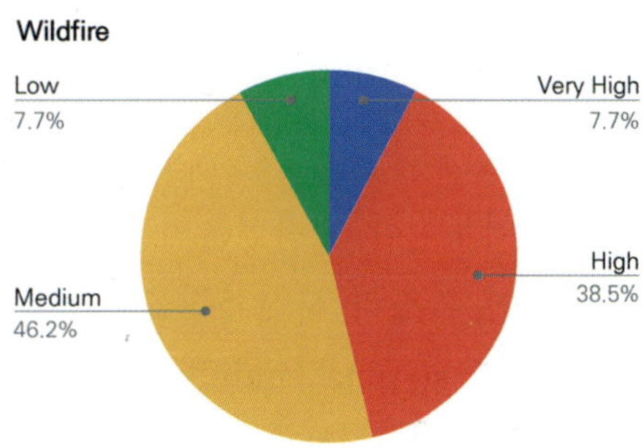

이처럼 더 많은 지역 데이터를 기반으로 학생들은 지역 사회에 대해 제기된 탐구 질문에 답할 수 있었다. 이 탐구의 마지막 부분에서는 색상을 넘어서 지도에 표시된 데이터를 보다 깊이 파고든다.

전반적으로 이 탐구의 목표는 데이터를 이용하여 기후 변화라는 주제에 대한 이해를 심화하고 보다 깊은 통찰을 얻는 것이다. 미국 지도를 분석함으로써 학생들은 지도에 요약된 데이터를 해석하기 위해 다양한 관점을 활용하였다. 이 탐구는 학생들이 자신의 사전 지식을 이용하여 지도에 표시된 새로운 정보를 연결지을 수 있는 발판이 되었다. 탐구를 하는 동안 학생들은 관찰한 내용을 기반으로 탐구하고자 하는 질문을 발전시켰다. 학생들은 더 이상 미국 지도만을 보고 있지 않았다. 학생들은 기후 변화의 결과를 탐구하고 질문을 던졌다. 한 학생은 자신의 관찰로부터 다음과 같은 질문을 제기하였다.

왜 극심한 가뭄 지역의 한가운데에 폭우가 내리는 작은 지역이 있는지 궁금했습니다. 어떻게 그런 일이 일어날 수 있는지 탐구하고 싶습니다.

이 탐구는 다양한 경로로 교육과정 규준을 충족하며, 다른 과목의 기존 교육과정을 이 탐구와 협력하여 사용할 수 있다. 이는 범교과적이며, 학문의 언어(과학), 쓰기(반성, 정보 텍스트), 읽기(주제, 핵심 아이디어, 정보의 범주화 및 분류), 통계와 수학(패턴 및 데이터 톡)과 같은 다양한 층의 지식을 기반으로 한다.

이 탐구는 학생들이 기존의 발견과 새로운 발견을 연결하는 기회를 제공한다. 학생들은 기후 변화에 대한 새로운 이론을 만들어낼 수 있고, 지도에 제시된 근거를 사용하여 그러한 이론을 방어할 수 있다. 남부 캘리포니아의 6학년 학급에서 몇몇 학생들은 다양한 데이터를 통해 기후 변화가 어떻게 발생하는지에 대한 가설을 식으로 만들어냈다. 다른 그룹의 학생들은 자신들의 발견을 과거에 읽었던 기후 변화에 대한 강력한 의견을 제안하는 기사(예를 들어, Newsela.com, "The Anti-Greta: YouTuber Campaigns Against 'Climate alarmism'")와 연결하였다. 학생들은 지도의 데이터를 이용하여 특정 기사에 대한 반박을 만들어냈다. 학생들은 전반적으로 기후 변화를 뒷받침하는 근거로 지도를 참고하였다.

탐구를 마무리하고 자신들의 데이터를 경험과 연결시킬 수 있도록 6학년 학생들로 하여금 주변 환경의 사진 5장을 찍도록 하였다. 사진은 이모젠 헤릭(Imogen Herrick)과 안나 그랄닉(Anna Gralnik)이 수행한 사진-음성 연구(Herrick & Gralnik, 2021)의 일부로 활용되었다. 학생 사진의 몇 가지 예는 다음과 같다.

학생들이 이 사진들을 활용하여 2B.1에서와 유사한 탐구를 수행하게 할 수 있다.

요약

「탐구 2B.2: 우리 사회의 기후 변화」에서 주요 개념은 다음과 같다.

1. 데이터를 둘러싼 맥락을 이해하는 것은 데이터로부터 결론을 도출해내기 위해 중요하다.
2. 데이터는 다양한 방식으로 수집되고 요약될 수 있다.
3. 데이터는 크고 중요한 문제들에 대한 이해를 뒷받침할 수 있다.
4. 데이터 탐구의 결과는 그것을 뒷받침하는 증거와 함께 전달되어야 한다.

Unit 2B의 탐구는 수행하는 데 며칠이 소요될 수 있다. 학생들은 비전통적인 데이터를 다룰 때 질문하기의 역할을 이해해야 한다. 또한, 학생들은 하나의 탐구 질문에 답하기 위해 여러 데이터 소스와 다양한 데이터세트가 활용될 수 있음을 인식해야 한다.

참고 문헌

Bargagliotti, A. & Gralnik, A. (2021). Thinking like a data scientist: A cross-disciplinary investigation on climate change. *The Statistics Teacher*.

Bargagliotti, A., Arnold, P. & Franklin, C. (2021). GAISE II: Bringing data into classrooms. *Mathematics Teacher: Learning and Teaching PK-12, 114*(6), 424-435.

Herrick, I. & Gralnik, A. (2021). Through the eyes of a child: Empowering and understanding students' climate literacy through pictures. *2021 APA Annual Meeting*.

Unit 2C

비정형데이터 탐구하기

Unit 2C에서는 비정형데이터의 사용에 대해 계속 알아본다. 탐구는 데이터과학을 향하여 더욱 정교해지고 복잡해진다. **데이터과학**(data science)은 통계학을 비정형데이터의 맥락에서 설명하기 위해 비교적 최근에 등장한 용어이다. 데이터과학은 한 번에 여러 가지 변수에 대해 생각하고(다변량 사고), 더 크고 복잡한 데이터세트를 가려내는 데 도움이 되는 질문을 하고, 데이터를 정리하고 조작하는 데 테크놀로지를 활용하고, 데이터를 이용하여 적절한 결론을 내리고 그 한계를 이해하는 것을 필요로 한다. 다음 몇 가지 탐구는 고등학교 수준에서 사용될 예정이다. 따라서 이 활동은 테크놀로지에 크게 의존하며, 학생들의 상당한 통계적 추론 능력을 필요로 한다.

탐구 2C.1: 쓰레기 캠페인[16]

탐구 목표: 다차원의 데이터를 다루는 기능을 개발하고 앱을 사용하여 다양한 방식으로 데이터를 시각화한다.

Mobilize Project[17]는 'Introduction to Data Science Curriculum'이라는 주제로 1년간의 데이터과학 교육과정을 설계하기 위해 미국과학재단(National Science Foundation, NSF)의 지원을 받는 과제였다. 그 목표는 중고등학교 학생들이 빅데이터, 특히 참여형 센싱 "캠페인"에서 수집된 데이터를 포함한 다양한 데이터에 적용되는 계산 기능과 통계 기능의 조합을 개발하는 것이었다. 참여형 센싱(participatory sensing, 이하 PS)은 공유 데이터를 수집하고 분석하는 데 중점을 둔 커뮤니티를 만들기 위해 설계된 데이터 수집 패러다임이다(Burke et al., 2006). Mobilize Project에서는 주제 선택, 조사 질문 작성, 데이터 수집, 데이터 분석 및 해석을 포함하여 참여형 센싱을 통해 데이터를 수집

16 이 탐구 활동은 Mobilize Project의 수석연구원인 롭 굴드(Rob Gould)와 UCLA 통계학과 대학원생인 테리 존슨(Terri Johnson)이 제작하였다.

17 www.mobilizingcs.org

하는 과정 전체를 지칭하는 데 캠페인(campaign)이라는 용어를 사용했다. PS 데이터에는 빅데이터와 관련된 많은 특성이 포함되며, 교육과정의 한 가지 목표는 학생들이 무작위 표집 패러다임에 쉽게 맞지 않는 데이터로 추론할 수 있도록 하는 것이다. 쓰레기 캠페인은 이러한 PS 캠페인의 한 예이다.

로스앤젤레스(LA) 카운티의 주요 쓰레기 매립지인 푸엔테 힐스 매립지에 대한 맥락을 생성하고 간단한 뉴스 기사[18]를 읽는 것으로 탐구를 시작해보자.

뉴스 기사는 탐구의 맥락을 제공한다. LA 카운티 위생지구(LACSD, www.lacsd.org)는 기사에서 언급한 푸엔테 힐스 매립지와 같은 지역 매립지에서 처리해야 하는 쓰레기를 줄이고자 한다. LACSD는 공익 광고를 계획하고 있으며 대중을 상대로 매립지 문제를 해결하는 데 도움이 되는 특정 조치를 취해달라고 요청하고자 한다. 이들은 PS 캠페인을 통해 수집된 데이터를 기반으로 지역 매립지의 가동을 줄일 수 있는 방안을 도출하고자 한다. 이 과제에 대한 탐구 질문은 다음과 같다.

LA의 매립지에서 처리해야 하는 쓰레기를 줄이기 위해 어떤 조치를 취할 수 있을까?

학생들은 데이터로부터 얻은 근거로 자신의 아이디어를 뒷받침하는 방안을 만들어 공익 광고를 진행하려 한다. 탐구 질문을 해결하는 데 사용할 수 있는 데이터는 쓰레기 캠페인과 LA 지역 고등학교의 생물학 수강생과 교사에 의해 수집되었다. 이 학생과 교사는 5일 동안 쓰레기를 버릴 때마다 모바일 장치에 기록하는 방식으로 데이터를 생성하였다. 쓰레기를 버리는 행위를 기반으로 Mobilize 앱을 통해 데이터를 수집했기 때문에 이는 PS 데이터세트이다. 이렇게 한 달 동안 여러 교실에서 수집된 데이터를 결합하였다. 데이터를 수집한 학생과 교사는 데이터의 공적인 이용에 대한 동의서에 서명하였으며, 데이터에서 이름을 지우고 익명화하였다. Mobilize 앱은 무료로 내려받을 수 있다.[19]

LACSD의 쓰레기 캠페인을 위해 수집된 데이터는 17개의 변수에 대한 약 2600개의 관찰값으로 구성되어 있다. 변수는 범주형(쓰레기통의 유형, 쓰레기의 유형, 쓰레기를 발생시킨 활동, 쓰레기가 버려진 위치), 수치형(쓰레기가 버려진 위치로부터 보이는 재

18 www.npr.org/2014/02/22/280750148/closing-americas-largest-landfill-without-taking-out-the-trash
www.cnn.com/2012/04/26/us/la-trash-puente-landfill/index.html

19 www.mobilizingcs.org

활용 수거함의 개수, 쓰레기통의 개수, 퇴비 수거함의 개수), 이미지(쓰레기 사진), 날짜, 시간, 위치(위도, 경도), 텍스트(쓰레기에 대한 설명)가 있다.

제시된 변수와 데이터 수집 방식은 잘 설계된 무작위 표본에 기반을 둔 연구와 거리가 있다. 탐구 질문을 해결하려면 표본을 넘어서는 결론을 내려야 하지만, 무작위 표본이 없기에 오히려 더 큰 모집단으로의 일반화를 시도할 수 있다. 일반적으로 학생의 추론과 분석은 재활용과 매립지에 대한 개인적인 지식을 바탕으로 할 것이다. 예를 들어, 한 학생은 재활용품을 재활용 수거함에 더 많이 넣으면 매립지 문제를 완화할 것이라고 추론할 수 있다. 다른 학생이 눈에 띄는 쓰레기통의 수를 계산하고 있을 때, 이 학생은 쓰레기통에 들어있는 재활용품의 비율을 계산할 것이다. PS 데이터로는 LA 카운티의 모든 사람들로부터 이러한 비율을 추정하기 어려울 수 있으나, LA에서 나오는 쓰레기량 문제가 실제로 존재하는 것인지 여부에 대해서는 근거가 될 수 있다.

데이터는 Trash.csv 파일에서 사용할 수 있다. 데이터는 Mobilize 공개 대시보드[20]를 통해서도 액세스할 수 있다. 이 사이트의 데이터에 액세스하려면 Trash를 선택하고 드롭다운 메뉴에서 'Dashboard'를 클릭하여 보면 된다.

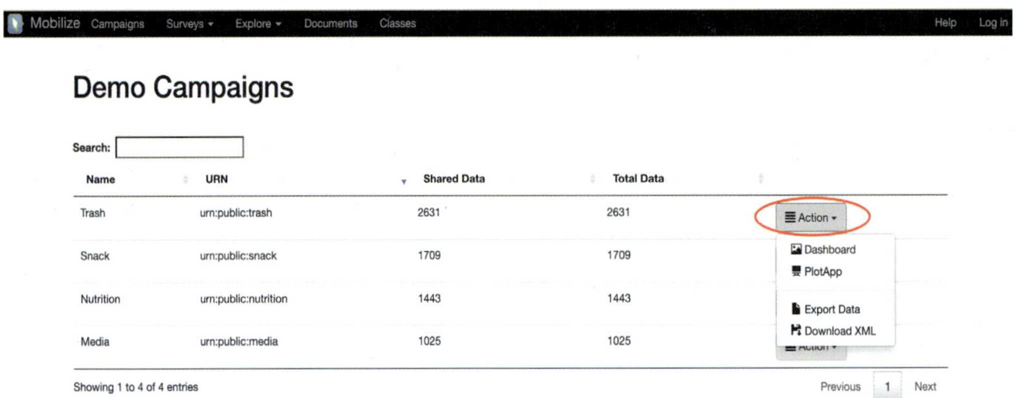

대시보드가 제공하는 "전통적인" 데이터 시각화 방식은 제한적이다. 그러나 이와 같은 풍부한 데이터에서 변수 사이의 연관성을 탐색하는 데는 도움이 된다. 다음은 가능한 모든 시각화가 표시된 대시보드 이미지이다. 각 디스플레이에는 화면 상단의 아이콘을 클릭하여 표시 여부를 결정하는 옵션이 있다.

20 https://sandbox.mobilizingcs.org/#demo/

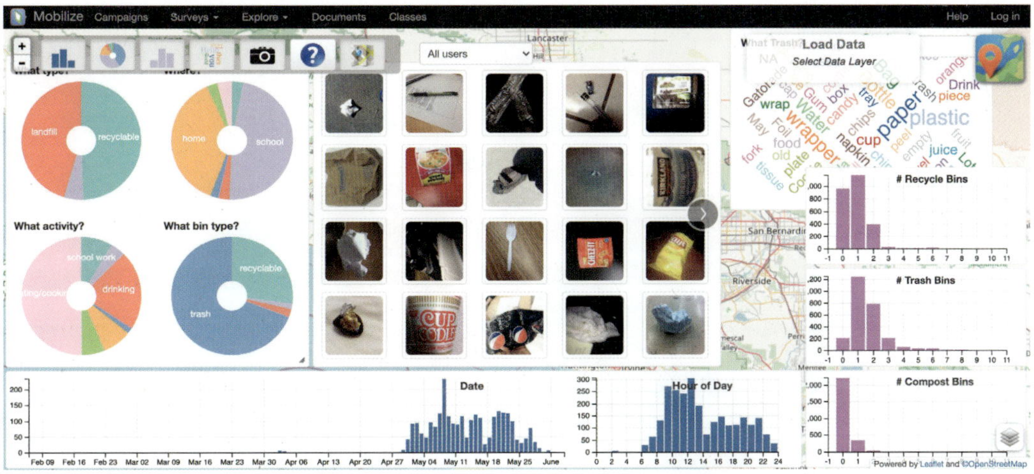

대시보드의 거의 모든 부분을 클릭하면 클릭한 값을 기반으로 데이터의 "하위 세트"가 형성되고 하위 데이터에 대한 새 보기가 바로 생성된다. 예를 들어, "What activity?" 원그래프에서 'drinking'을 클릭하면 모든 그래프가 음료와 관련된 쓰레기만 포함하도록 바뀌게 된다. 새 그래프는 데이터 수집에 참여한 학생들이 음료를 마시는 활동으로부터 발생된 것으로 분류한 쓰레기만 보여준다. 'reset'을 클릭하여 데이터를 재설정할 수도 있다. 예컨대, 제목이 Date인 막대그래프에서 날짜를 클릭하면 해당 날짜 데이터만 표시하도록 대시보드가 변경된다. 기본적으로 원그래프에서 다른 항목을 클릭하면 모든 변수의 조건부 분포가 표시된다. 공식적으로 탐구를 계속하기 전에 사용 가능한 변수와 시각화에 익숙해지도록 대시보드를 통해 데이터를 탐색할 필요가 있다. 데이터 탐색에 도움이 되도록 다음 질문을 가이드로 활용할 수 있다.

- 전체적으로 가장 많은 쓰레기를 발생시킨 활동은 무엇인가?
- 학교에서 가장 많은 쓰레기를 발생시킨 활동은 무엇인가?
- 시간대에 따라 관찰되는 재활용 수거함 수에 차이가 있는가?

탐구 질문에 답하려면 몇 가지 잠재적인 아이디어를 브레인스토밍하는 것이 좋다. 첫째, 매립지 가동을 줄일 수 있는 한 가지 방법은 재활용 가능한 품목을 실제로 쓰레기통에 버리지 않고 재활용 수거함에 버리는 것이다. 마찬가지로, 퇴비 처리가 가능한 품목을 쓰레기통에 버리지 않고 퇴비 수거함에 버리면 매립지의 가동을 줄일 수 있다. 데이터를 살펴보면서 재활용이나 퇴비 처리가 가능한 품목 중 실제로 재활용 수거함이나 퇴비 수거함에 버려지지 않는 것들이 많이 있는지 확인해야 한다. 대시보드에서 이러한 데이터를 찾기 위해 "What type?" 원그래프에서 recyclables 부분을 클릭하면, 다음과 같은 시각화가 이루어진다.

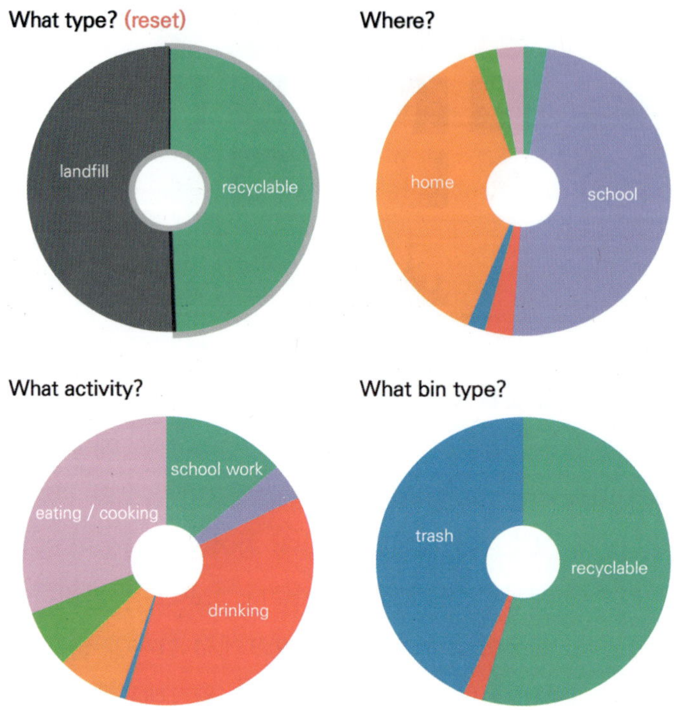

"What bin type?" 원그래프를 보면 수많은 재활용품이 불행히도 쓰레기통에 버려지는 것을 볼 수 있다. 해당 그래프의 항목 위로 마우스를 가져가면 재활용 가능한 566개의 품목이 실제로는 쓰레기통에 버려진 것을 알 수 있다. 566개 품목의 그룹에 추가로 조건을 부여해보면, 이러한 품목이 버려졌을 때 300개 이상의 경우에 재활용 수거함이 보이지 않았음을 알 수 있다. 워드 클라우드에서 우리는 이러한 품목에 유리병, 종이, 포장지가 포함되어 있음을 알 수 있다. 이러한 시각화를 기반으로, 재활용 가능한 품목을 재활용할 수 있도록 도시 전체에 재활용 수거함의 양을 늘리자는 방안을 이끌어낼 수 있다.

이러한 품목이 발생하고 버려지는 위치와 활동을 살펴보면서 추가로 잠재적인 방안을 탐구해볼 수 있다. "Where?" 원그래프는 집과 학교가 이러한 품목이 발생하는 주요 위치임을 보여준다. "What activity?" 원그래프의 eating/cooking 항목을 보면, 음식을 만들고 먹는 행위가 주로 쓰레기통에 버려지는 재활용품을 발생시키는 범주임을 알 수 있다. “Hour of Day” 막대그래프를 보면 이러한 품목은 오전 10시부터 오후 1시까지 주로 아침 시간대에 발생함을 알 수 있다. 이는 학교 일과 시간이기 때문에 학교의 재활용 수거함 수를 늘리는 것이 잠재적으로 유용한 방안이다. “Where?” 원그래프에서 school을 클릭하여 학교에 위치 조건을 설정하면, 실제로 많은 학생들이 이러한 재활용품을 버릴 때 재활용 수거함을 보지 못했다고 응답한 것을 볼 수 있다.

사진 아이콘을 클릭해보면 이 범주에서 확인된 많은 품목이 재활용되어야 함을 확인할 수 있다. 다음 이미지에서 가장 많이 볼 수 있는 품목은 캔, 종이, 플라스틱 병이다.

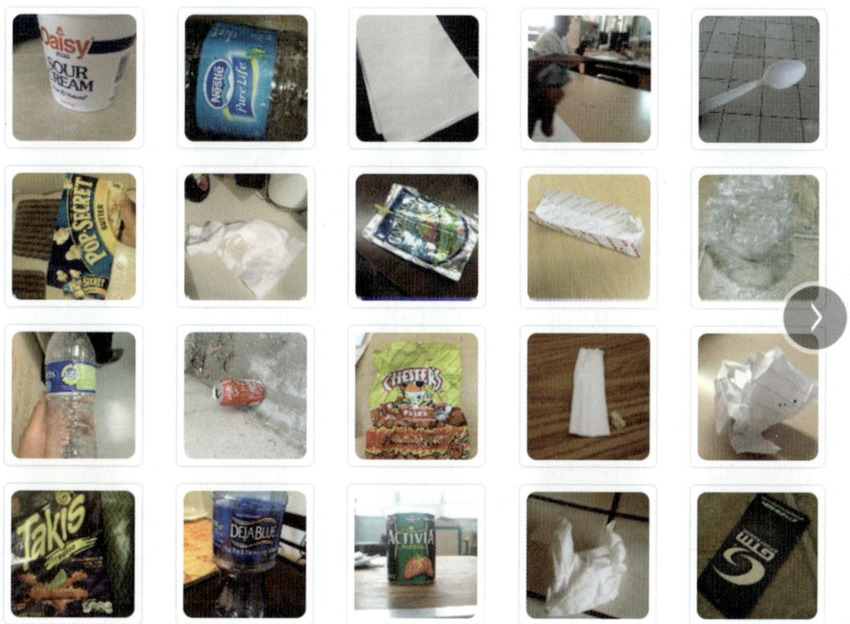

이 탐구에서 수집된 정보를 고려할 때, 탐구 질문에 대한 한 가지 대답은 LACSD가 고등학교에 더 많은 재활용 수거함을 설치하도록 권하는 것이다.

이는 탐구 질문에 대한 하나의 잠재적인 답을 보여주지만, 개인의 관심사에 따라 다른 많은 방안을 탐색해볼 수 있다(예를 들어, 퇴비 처리가 가능한 쓰레기, 시간에 따른 학생들의 행동 등). 학생들이 잠재적인 방안을 탐구하는 데 자신의 아이디어를 추구할 수 있게 해주어야 한다.

더 알아보기

1. 쓰레기에 대한 탐구를 완료하고 LACSD에 매립지 가동을 줄일 수 있는 잠재적인 방안을 두 가지 건의해보시오. 2쪽 이내로 LACSD에 이러한 방안을 제안하는 편지를 써보시오.

탐구 2C.2 : 갭마인더[21]

탐구 목표: 다차원의 데이터를 다루는 기능을 개발한다.

갭마인더 재단(Gapminder Foundation)은 사회, 경제 및 환경 발전에 대한 통계 연구를 통해 UN의 새천년 개발 목표(Millennium Development Goals, 이하 MDGs) 달성에 전념하는 스웨덴의 비영리 재단이다. 2017년에 세상을 떠난 한스 로슬링(Hans Rosling)은 학자이면서 갭마인더 재단의 이사장을 역임했다. 그는 다른 많은 업적 중 데이터를 통해 글로벌 문제를 논의한 TED 강연으로 유명하다. 갭마인더 웹사이트[22]에서 제공하는 영상, 데이터, 웹 기반 소프트웨어를 이용하면 글로벌 데이터를 볼 수 있고 이를 가지고 상호작용할 수 있다. 웹사이트 접속 화면 오른쪽 상단의 "Resources" 탭을 클릭한 다음, "Data" 아이콘 아래의 "Download the data" 링크로 스크롤을 내리면, 갭마인더에서 컴파일해놓은 데이터 소스를 볼 수 있다. 국제노동기구(ILO)나 세계은행(WB), 세계보건기구(WHO)가 그 출처이다. 데이터는 전통적인 방식으로 수집되고 기록되지만, 데이터는 훨씬 더 많은 변수를 포함하여 컴파일되기 때문에 학생과 교사들이 학

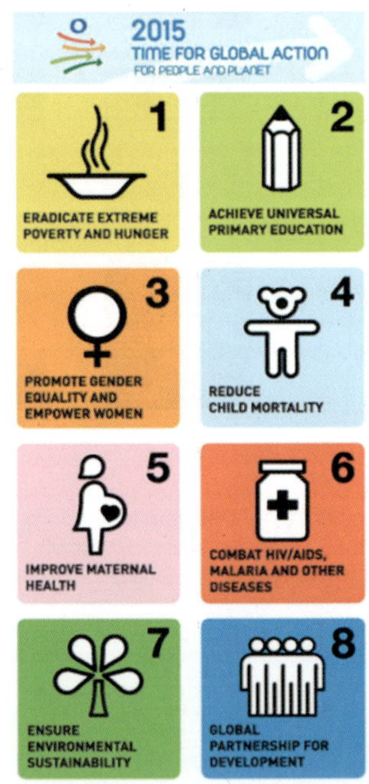

---

21 이 탐구 활동은 다음 사이트에 제시된 내용을 각색한 것이다.
https://s3.amazonaws.com/fi-courses/tsdi/unit_1/CheungGapminderlesson.pdf
www.gapminder.org/downloads/teachers-guide-200-years-that-changed-the-world/

22 www.gapminder.org/

교 수준에서 익숙하게 접했던 것보다 훨씬 더 복잡하다. 이러한 이유 때문에 이 탐구는 비정형데이터 활동에 포함된다. 이 탐구는 학생들에게 다차원적으로 생각하고 다차원을 설명하는 그래픽 표현으로 작업하는 좋은 기회를 부여한다.

21세기로 접어들면서 UN은 MDGs를 제시하였다. 이에 대한 정보는 UN 웹사이트[23]에서 찾을 수 있다. 여기에는 다음과 같이 UN이 개선하고자 노력해온 전 세계적인 문제가 포함된다.

1. 극심한 빈곤과 기아의 근절
2. 초등학교 교육의 보편화
3. 성 평등 촉진과 여권 신장
4. 유아 사망률 감소
5. 산모의 건강 증진
6. 에이즈, 말라리아 등 질병 퇴치
7. 환경의 지속가능성 보장
8. 발전을 위한 전 세계적 동반 관계 구축

이러한 목표를 달성하기 위해 전 세계의 국가, 단체, 기업은 매년 많은 재정을 지출하여 이 8개 영역 각각에서 개선이 필요한 지역과 국가에 지원한다. 예를 들어, 2015년에 다른 국가의 경제와 군사 지원에 영국은 190억 달러 이상을, 독일은 약 160억 달러를 지출했다.[24]

비영리 단체에 고용되어 지원 노력을 어디에 집중해야 하는지를 협의해야 한다고 가정해보자. 기부할 수 있는 100만 달러가 있다. UN의 새천년 개발 목표 중 하나에 집중하고 전 세계에서 도움이 가장 필요한 지역이 어디인지에 대해 설명해야 하는 상황이다. 이 과제를 수행하기 위해 집중해야 하는 목표를 선택하고 지원이 필요한 지역이나 국가를 추천할 것이다. 이 과제에 대한 탐구 질문은 다음과 같다.[25]

선택한 목표의 달성을 위해 어느 지역이나 국가를 지원하자고 건의할 것인가?

---

23 www.un.org/millenniumgoals/

24 www.foreignassistance.gov/explore 참고

25 이 탐구는 학생들에게 비영리 단체에 방안을 제시하기 위해 결과를 슬라이드 발표 자료로 만들도록 요청하는 맥락에서 구성될 수 있다. 최대 슬라이드 수를 설정할 수도 있다(예를 들어, 슬라이드 3장이면 충분하다). 슬라이드는 선택한 목표와 지원을 위한 지역이나 국가를 제시해야 하며 시각적인 디스플레이로 뒷받침해야 한다.

이러한 방안을 뒷받침하는 근거는 무엇인가?

이 탐구를 수행하는 한 가지 사례로서, 새천년 개발 목표 중 유아 사망률 감소를 선택했다고 가정해보자. 시작하기 위해 “Resources” 탭에서 “Understand a changing world”를 클릭해보자. 이 메뉴에서는 점 대신 다양한 색과 크기의 버블로 이루어진 산점도 위에 데이터세트를 불러낸다. 이 산점도에는 4개의 차원이 있다. x축은 **1인당 소득**(income per person), y축은 **기대수명**(life expectancy)이 기본으로 설정되어 있고, 버블의 색은 국가가 속해 있는 지역을 나타내며, 버블의 크기는 인구를 나타낸다. 사용자는 4가지 변수 중 3가지를 변경할 수 있다. 축이 나타내는 변수를 바꾸려면 변수를 나타내는 이름을 클릭하면 되고, 버블의 크기가 나타내는 변수는 드롭다운 메뉴로 바꿀 수 있다.

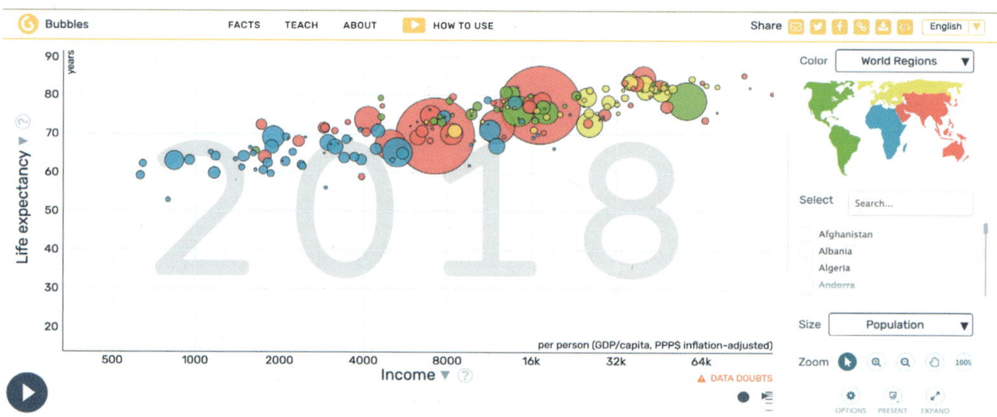

우리가 선택한 새천년 개발 목표를 달성하려면 먼저 목표와 관련된 변수를 시각화해야 한다. 그래프에 표시된 변수를 변경하기 위해 y축 변수 “life expectancy”를 클릭하면 선택할 수 있는 변수의 드롭다운 메뉴가 나타난다. 학생들과 함께 이 활동을 할 때 교사는 학생들이 탐색할 수 있는 변수를 미리 선택해놓을 필요가 있다. 데이터세트에서 사용할 수 있는 변수가 많기 때문에 학생들을 무엇을 봐야 하는지 결정하는 과정에서 길을 잃고 헤맬 수 있다. 따라서 교사가 학생들이 탐색할 초기 변수를 예컨대 5가지 정도 선택해준다면, 이는 학생들이 데이터세트를 탐구할 수 있는 좋은 기회가 된다. 이러한 탐구는 학생의 주도로 이루어지지만 그러면서도 교사가 전반적으로 통제하고 발판을 마련해주는 방식으로 진행된다. 학생의 수준에 따라 교사는 학생이 탐구할 변수를 스스로 선택하도록 허용할 수도 있다. 예를 들어, 교사는 학생들이 선택한 새천년 개발 목표와 관련된 탐구에 필요한 변수 세 가지를 학생들이 직접 선택해보게 할 수 있다.

유아 사망률 감소라는 목표를 위해 다음 변수를 살펴보는 것으로부터 시작한다.

- 유아 사망률(child-mortality rate)
- 여성 1인당 출생아 수(babies per woman)
- 1인당 소득(income per person)

국가가 부유할수록 유아 사망률이 더 낮을 것이라 가정할 수 있다. 또한 여성이 아기를 많이 낳을수록 유아 사망률이 높아진다는 가설을 세울 수 있다. 따라서 분석을 진행하는 데 도움이 되도록 다음 질문을 제기한다.

국가가 부유할수록 유아 사망률은 어느 정도로 낮아질까?

유아 사망률 대비 **1인당 소득**을 도표로 나타내면 하향 선형 추세를 볼 수 있다. 따라서 1인당 소득과 유아 사망률 사이에는 음의 연관성이 있다. 영상을 재생하면 이러한 관계가 해를 거쳐 어떻게 진행되는지를 보여준다. 1800년에 모든 국가는 소득이 비슷비슷했고 1000명당 약 500명이라는 높은 유아 사망률을 보였다. 1900년대 초반으로 접어들면서 유럽 국가들(노란색)과 미국이 부의 측면에서 다른 국가들로부터 점차 멀어지는 것을 볼 수 있다. 뉴질랜드와 호주를 나타내는 빨간색 버블과 남아프리카공화국을 나타내는 파란색 버블도 부유한 국가 사이에 섞여 있다. 1950년까지 거의 모든 유럽 국가들과 미국, 호주, 뉴질랜드는 유아 사망률이 1000명당 80명 미만으로 대폭 낮아졌다. 또한 이들 국가는 1인당 소득 측면에서도 다른 국가들보다 앞서 있었다. 이후로 2018년까지 모든 국가에서 유아 사망률이 감소했음을 알 수 있다. 그러나 대부분의 경우 소득이 낮고 유아 사망률이 높은 국가는 파란색인 반면, 캐나다, 유럽, 그리고 빨간색으로 표시되는 한국과 일본은 소득이 높고 유아 사망률이 낮다. 미국은 소득이 높지만 유아 사망률이 약간 높아 조금 뒤쳐져 있다. 이는 한 국가의 부와 유아 사망 사이의 연관성을 보여준다. 이러한 상황에서 우리는 유아 사망률을 낮추기 위해 전 세계에서 지원이 가장 필요한 지역은 아프리카임을 알 수 있다.

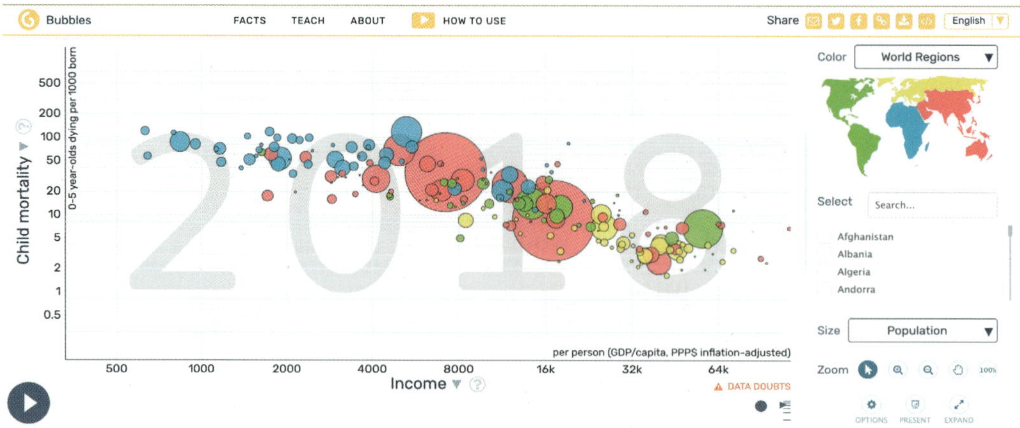

유아 사망률 대비 소득

학생들은 지원이 필요한 지역을 확인했기 때문에 탐구가 끝났다고 생각할 수 있다. 그러나 아프리카의 유아 사망률을 높이는 요인이 무엇인지는 불분명하다. 지원을 적절하게 배분하기 위해서는 아프리카가 어려움을 겪게 된 잠재적인 이유를 더 자세히 조사해야 한다. 이를 통해 지원하기로 결정된 지역에 대해 더 많은 지침을 비영리 단체에 주어야 한다. 우리는 이제 다음을 조사하여 유아 사망률이 높은 잠재적인 이유를 더 자세히 설명하고자 한다.

여성 1인당 출생아 수가 유아 사망률에 어느 정도 영향을 미치는가?

두 변수 사이의 관계를 살펴보기 위해, x축 변수를 여성 1인당 출생아 수로 변경한다. 이 관계에 대한 2015년도 산점도를 보면, 아프리카 국가에서 여성 1인당 출생아 수가 가장 많은 양의 추세를 볼 수 있다. 파란색으로 표시된 국가의 높은 유아 사망률에 대해 이전에 분석한 내용을 떠올려보자. 버블의 크기가 나타내는 변수를 인구 대신 국가의 소득으로 바꾸면, 유아 사망률이 높고 여성 1인당 출생아 수가 많은 일부 파란색 국가가 다른 국가보다 부유하다는 것을 알 수 있다. 예를 들어, 기니, 가봉, 앙골라, 나이지리아는 대부분의 다른 아프리카 국가보다 소득이 많다. 시간에 따른 변화를 나타내는 영상을 보면 모든 국가가 처음에는 여성 1인당 출생아 수가 높게 나타난다. 그러나 시간이 지남에 따라 다른 국가에서는 자녀를 덜 낳기 시작한 반면, 아프리카 국가에서는 여성 1인당 약 5~7명의 높은 출산율을 유지하였다.

이로 인해 시간이 지나도 아프리카 국가들의 여성 1인당 출생아 수가 줄지 않은 이유가 궁금할 수 있기 때문에, 다음 질문에 대한 답을 살펴보고자 한다.

전 세계 국가에서 피임은 어느 정도 가능한가?
피임에 대한 접근성은 여성 1인당 출생아 수와 어떤 관련이 있을까?

시간에 따른 피임법 사용(contractive use)을 도표로 나타내면 대부분의 경우 아프리카 국가에서 피임 비율이 약 20%로 매우 낮다는 것을 알 수 있다. 아프리카 국가 중 일부는 피임 비율이 더 높지만 대부분은 피임 비율이 낮다. 여성 1인당 출생아 수에 대한 피임 비율을 표시하면 이 두 변수 사이의 선형 관계를 볼 수 있다. 피임 비율이 감소함에 따라 여성 1인당 출생아 수는 증가한다.

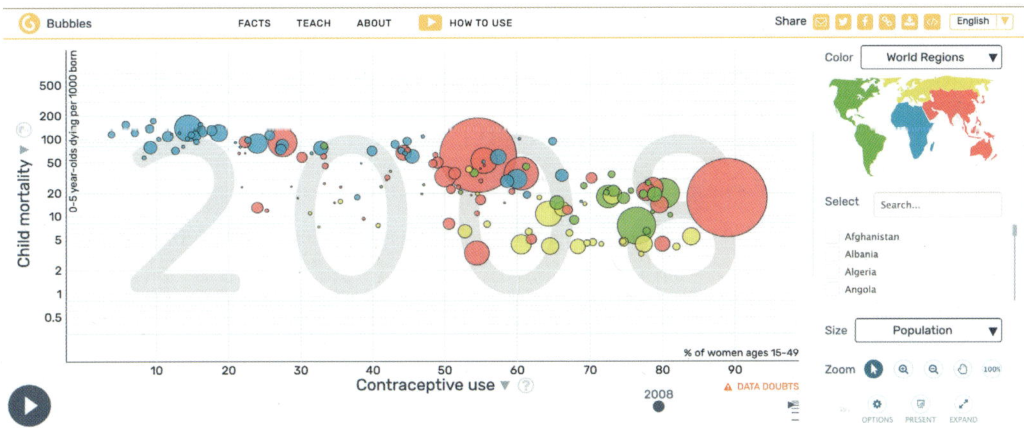

이를 통해 아프리카 국가의 유아 사망률 감소를 위한 가능한 지원 방법은 여성 1인당 출생아 수를 줄이는 것임을 확인할 수 있다. 이는 피임약에 대한 접근성을 높이는 것으로 가능하다. 그러나 이러한 계획은 왜 아프리카 국가의 아이들이 다른 지역보다 더 높은 비율로 사망하는지에 대한 문제의 근원을 찾지 못하는 것으로 보인다. 단순히 아프리카에서 더 많은 아이들이 태어나고 있기 때문일까? 혹은 더 깊이 파고들어, 아프리카에서 더 많은 유아 사망이 발생하는 이유를 설명하기 위한 구체적인 활동을 제안해볼 수 있는가?

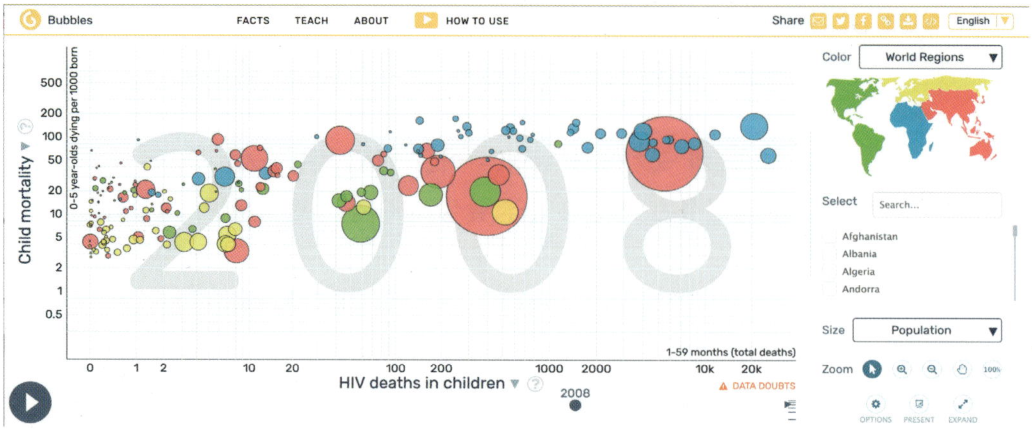

유아 사망률과 다른 두 변수 사이의 연관성을 조사할 수 있는데, 바로 유아의 에이즈(HIV) 사망률과 말라리아 사망률이다. 연관성을 조사하기 위해 유아의 에이즈가 아프리카 지역에 큰 영향을 미치고 있음을 확인하고자 유아 사망률과 에이즈 사망률을 도표로 나타내어보자. 남아프리카공화국과 에스와티니(구 스와질란드)는 아프리카에서 부유한 국가이지만 에이즈 사망률도 매우 높다. 말라리아 사망률을 보면 이것이 아프리카 지역 아이들의 또 다른 주요 사망 원인이라는 것도 알 수 있다. 기니는 다른 아프리카 국가보다 부유하지만 여전히 말라리아 사망률이 높다. 국경없는의사회(Doctors Without Borders) 웹사이트[26]에서는 말라리아로 인해 아프리카가 겪는 어려움을 설명하고 있다. 이 단체에 따르면, 아르테미시닌 계열의 복합치료제가 말라리아 치료에 효과적이지만 경제력이 부족한 아프리카 지역에서는 이 치료제가 매우 부족하다고 한다.

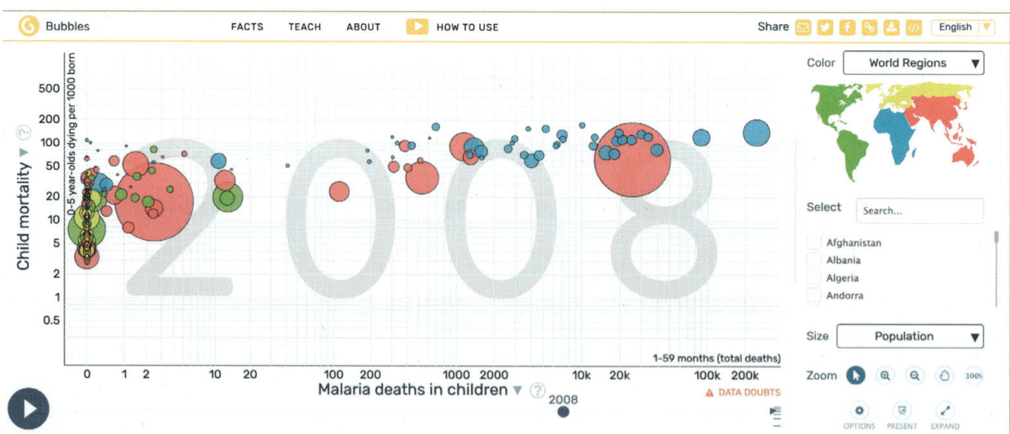

26 www.doctorswithoutborders.org/

이러한 결과로부터 다음과 같이 몇 가지 방안을 도출할 수 있다.

- 새천년 개발 목표 중 유아 사망률 감소라는 목표를 위해서 가장 개선이 시급한 아프리카 지역 유아 사망률에 주목해야 한다.
- 여성 1인당 출생아 수와 에이즈 확산을 줄이기 위해 아프리카 사람들이 쉽게 피임을 할 수 있도록 하여 피임 비율을 높여야 한다.
- 아프리카 국가에 말라리아 치료제 보급을 늘리고 환자들이 쉽게 치료를 받을 수 있도록 해야 한다.

우리는 초기에 설정된 세 가지 변수에 주목하여 이를 조사함으로써 탐구를 시작하였다. 그러나 탐구 과정에서 발생하는 호기심으로 인해 다른 변수를 살펴보게 되면서 이야기를 풀어나가게 되었고, 이러한 방식으로 탐구를 통해 우리는 다른 변수에 주목하게 되었다. 전달하고자 하는 메시지를 온전히 이해하고 데이터 탐색을 통해 구체적인 권고 사항을 도출할 수 있게 되어서야 비로소 이 탐구가 완료된다. 한스 로슬링은 TED 강연[27]에서 전 세계 유아 사망률과 그 데이터를 수집하는 방법에 대해 설명하였다.

이러한 탐구가 다양한 경로로 진행될 수 있다는 점을 유념해야 한다. 학생들이 데이터를 탐색하여 찾아낸 연결이 실제와는 다를 수 있다. 학생들과 함께 이러한 유형의 탐구를 수행하는 동안 학생들이 찾아내야 하는 변수 간의 연결, 혹은 학생들이 살펴봐야 하는 변수의 수를 정량화하고 싶을 수 있다. 그러나 통계에서 특히 이러한 종류의 데이터세트를 사용할 때 학생이 선택할 수 있는 다양한 경로가 있다. 학생들은 자신들이 도출한 권고 사항이 구체화되고 데이터에 의해 뒷받침될 때까지 계속 변수 간의 연결을 탐색해야 한다.

또한 갭마인더 웹사이트에는 교사들이 교실에서 사이트를 사용하는 방법에 대한 여러 가지 영상 자료가 탑재되어 있다.[28]

더 알아보기

1. UN의 새천년 개발 목표 각각에 대해 갭마인더를 이용한 탐구를 수행하시오.

27 www.gapminder.org/videos/reducing-child-mortality-a-moral-and-environmental-imperative/
28 www.gapminder.org/for-teachers/

탐구 2C.3: 글로벌 테러리즘과 종교 문제[29]

탐구 목표: 다차원의 데이터를 다루는 기능을 개발하고 앱을 사용하여 다양한 방식으로 데이터를 시각화한다.

테러리즘은 언제나 현대 사회의 관심사였다. 이 탐구에서 우리는 글로벌 테러리즘 데이터베이스(Global Terrorism Database, 이하 GTD)[30]를 사용하여 세계의 특정 지역과 종교, 테러리즘 간의 관계를 조사할 것이다. GTD는 1970년부터 2019년 사이에 발생한 150,000건 이상의 테러 사건에 대한 정보를 담고 있는 오픈 소스 데이터베이스이다. GTD의 데이터는 뉴스 보도로부터 수집되며 데이터베이스 관리 팀은 가능한 한 신뢰할 수 있는 데이터베이스를 만들기 위해 다수의 뉴스 소스를 통해 수집한 정보를 모두 확인하려 노력하고 있다.

GTD를 이용하여 다음 질문에 대한 답을 하고자 한다.

세계의 종교와 지역은 테러리즘의 존재에 어떠한 영향을 미칠까?

숀다 카위퍼르(Shonda Kuiper) 박사가 관리하는 'Grinnell College RStudio 서버'[31]를 통해 GTD 데이터에 액세스해보자.[32, 33] 데이터는 세계 지도 형태로 제공된다. 이러한 유형의 지도는 시간 경과에 따른 패턴을 살펴보고 개별 사건을 선택하여 자세한 정보를 얻는 데 유용하다. 테러 사건을 나타내는 다양한 크기의 표시가 중첩되는 지도를 볼 수 있다. 각 표시의 크기는 테러의 심각한 정도(사고로 인한 사망과 부상의 가중 합계)를 나타낸다. 상단 모서리의 드롭다운 메뉴에서 보고 싶은 지역을 선택하면 지도가 해당 지역으로 이동하고 테러가 발생한 위치에 점이 표시된다.

---

29 이 탐구 활동은 숀다 카위퍼르(Shonda Kuiper) 박사와 함께 제작한 것이다. https://stat2labs.sites.grinnell.edu에 접속하면 카위퍼르 박사가 통계와 데이터과학 교육에 대해 그동안 폭넓게 기여해온 것을 확인할 수 있다.

30 www.start.umd.edu/gtd/

31 http://shiny.grinnell.edu/

32 https://shiny.grinnell.edu/GlobalTerrorismMap/에서 직접 데이터에 액세스할 수도 있다.

33 데이터에 대한 정보는 https://stat2labs.sites.grinnell.edu/GlobalTerrorism.html에서 찾을 수 있다.

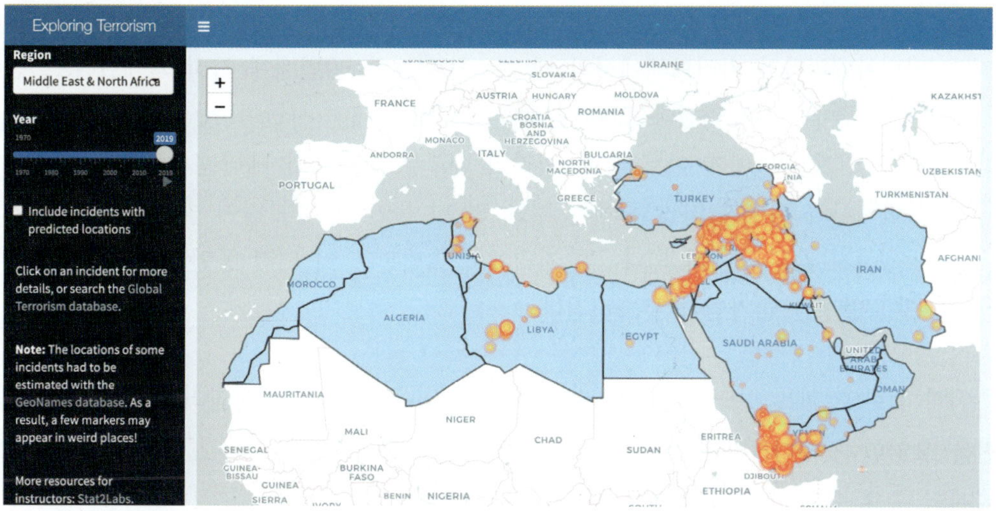

데이터를 이해하기 위해 처음에는 서로 다른 지역을 하나씩 선택하고 타임라인에서 재생을 클릭하여 각 지역에서 1970년부터 2014년까지 시간이 지남에 따라 발생하는 테러 사건을 확인한다. 이를 통해 다음과 같이 전체적인 패턴이 드러난다.

- 테러리즘은 지난 몇 년 동안 전 세계를 괴롭혀왔다. 전 세계적으로 "조용한" 해는 거의 없는 것으로 보인다.
- 테러리즘은 서로 다른 역사적 시기에 특정 지역에서 더욱 두드러지는 것으로 보인다.
  - 중동과 북아프리카에서는 1980년대와 90년대 초반에 대규모 테러 사건이 있었는데, 이 지역에서는 이스라엘, 팔레스타인, 알제리가 주된 테러 발생 지역이었다.
  - 북미에서는 여러 해 동안 테러 사건의 수가 크게 변하지는 않았지만, 90년대 중후반과 2001년에 급증한 시기가 있었다. 전반적으로 북미에서의 테러는 심각하지 않았다.
  - 남아시아에서는 테러 사건이 90년대에 조금 있었고 2000년대 중후반에는 많이 발생했다.
  - 사하라 사막 이남의 아프리카에서는 80년대 이후로 수많은 테러 사건이 있었는데, 나이지리아, 수단, 소말리아, 우간다에서 많이 발생하였다. 다른 아프리카 국가에서도 테러가 많이 발생했으나 이 국가들은 수 년 동안 가장 심각한 공격을 받은 것으로 보인다.
  - 유럽과 중앙아시아는 특히 70년대와 80년대에 많은 테러 사건이 있었으나 2000년

대에는 감소하였다.

- 라틴아메리카와 카리브해에서의 테러는 80년대와 90년대에 특히 과테말라, 콜롬비아, 페루에서 두드러졌다. 2000년대까지도 많은 테러 사건이 있었던 콜롬비아를 제외하면, 2000년대에 이르러 이 지역의 대부분 국가에서 테러는 진정되었다.
- 동아시아와 태평양 지역 중에는 지난 몇 년 동안 테러가 많이 발생한 국가와 거의 발생하지 않은 국가가 있다. 이 지역에서 필리핀은 이 기간 동안 꾸준하게 테러 사건이 발생한 국가임이 두드러진다.

이와 같은 결과는 1970년 이후 세계 여러 지역에서 발생한 테러리즘의 전반적인 패턴을 요약한 것이다. 다음으로 종교와의 연관성을 조사해보자. 외부 소스[34]를 통해 전 세계의 주요 종교를 다음과 같이 확인할 수 있다.

- 기독교(32%)
- 이슬람교(23%)
- 힌두교(15%)
- 불교(7%)
- 시크교(0.4%)
- 유대교(0.3%)

도표를 그리는 앱[35]을 사용하면 도표로 나타낼 변수를 선택하고 각 변수를 의미하는 색을 지정할 수 있다. 또한, 시간의 증가분을 조정할 수도 있다. 또한 “Filters” 탭을 클릭하면 지역, 테러 대상의 유형, 테러에 사용된 무기 유형에 따라 데이터를 추가로 필터링할 수 있다. 탐구 2C.2와 비슷하게, 이 도표는 하나의 화면에 여러 개의 차원을 표시할 수 있다. 상단 바에서는 도표 유형으로 산점도, 누적 선그래프(stacked-line plot), 막대그래프 중에서 선택할 수 있으며, 우리는 이 도표를 모두 사용할 수 있다.

특정 종교의 영향력이 강한 국가에서 테러가 주로 발생했을까? 종교, 지역, 테러리즘 간의 연관성을 살펴보기 위해 먼저 누적선(stacked-line plot)을 사용한다. 다음과 같이 그래픽 디스플레이를 설정해보자.

- Y-axis Variable: incidents
- By count
- Color By: Religion

그러면 다음과 같은 도표를 확인할 수 있다.

34 https://ca.pblearningmedia.org/resource/sj14-soc-religmap/world-religions-map/

35 https://shiny.grinnell.edu/GlobalTerrorismPlots/

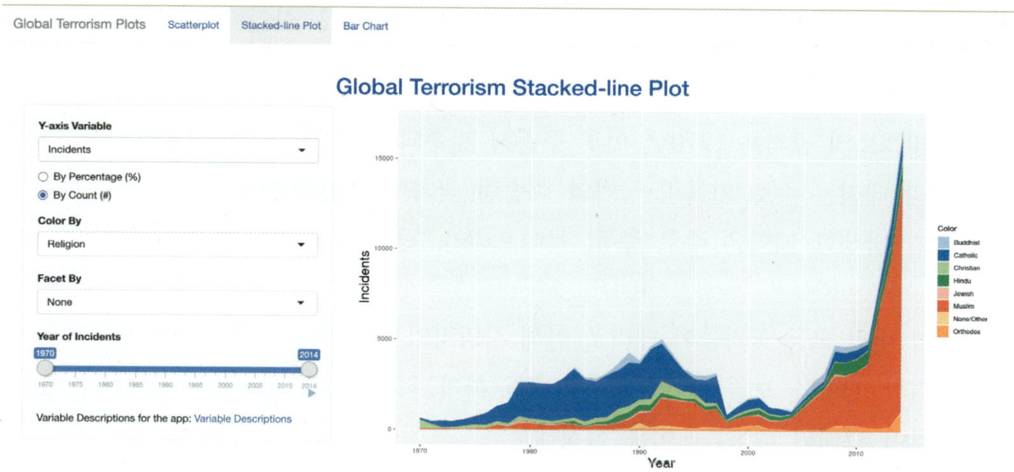

이 도표를 통해 90년대에는 테러 사건이 주로 가톨릭 국가에서 발생했지만 2007년경부터는 주로 이슬람 국가에서 발생했음을 알 수 있다. 이 도표는 또한 2010년 이후로 테러 사건의 수가 과거에 비해 급증했음을 보여준다.

이러한 테러들은 어디에서 발생할까? 특정 지역에 테러가 집중되어 있을까? 테러가 발생하는 위치를 조사하기 위해 "Facet By"에서 Region을 선택하면 다음과 같은 화면이 나타난다.

이로부터 90년대의 테러는 대체로 가톨릭 국가에서 발생했고 주로 라틴아메리카에서 많이 일어났음을 확인할 수 있다. 또한, 2000년대의 테러는 대체로 이슬람 국가에서 발

생했고 중동, 북아프리카, 남아시아 지역에 집중되어 있음을 확인할 수 있다.

지금까지 확인한 바를 요약하면 다음과 같다.

- 테러리스트의 공격은 1970년 이후 꾸준히 지속되어 왔으며 2010년 이후 급증했다.
- 이들의 테러는 주로 가톨릭 국가와 이슬람 국가에서 발생했다.
- 테러가 발생한 지역은 주로 중동, 북아프리카, 남아시아, 라틴아메리카이다.

이 지역 내의 모든 국가들이 테러로 인해 사망자가 발생하고 있을까? 아니면 특정 국가만 그러한 경향을 보일까? 이 질문을 탐구하기 위해 막대그래프를 이용할 수 있다. 다음과 같이 그래픽 디스플레이를 설정해보자.

- Y-axis Variables: fatalities
- Type of range: Below/Above n Fatalities
- Value for n: 0
- Year of Incidents: 2014

전 세계적으로 수많은 테러가 있었지만 대부분의 국가에서는 이로 인한 사망자가 발생하지 않았음을 알 수 있다. 실제로 2014년에 테러로 사망자가 발생한 국가는 전체의 1/3이었고, 사망자가 발생하지 않은 국가가 2/3였다. 한 명 이상의 사망자가 나온 테러는 주로 사하라 사막 이남의 아프리카, 중동, 북아프리카에서 발생하는 양상을 보인다.

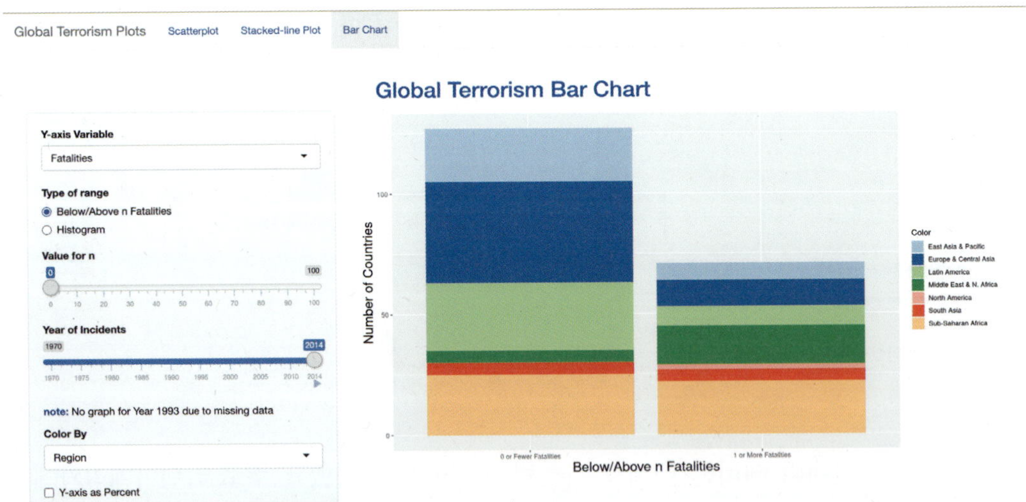

"Color By"에서 Religion을 선택하면, 한 명 이상의 사망자가 발생한 테러는 주로 이슬람 국가와 가톨릭 국가에서 발생했음을 알 수 있다.

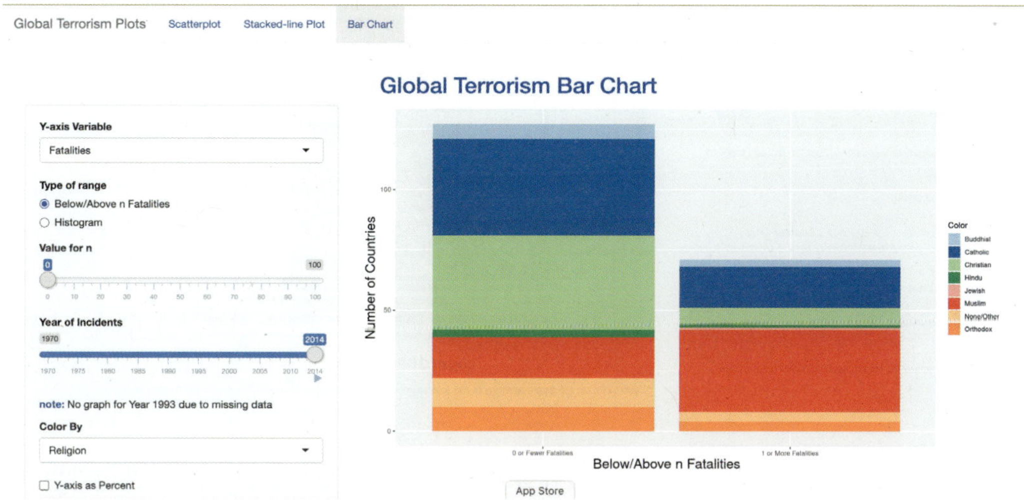

이제 지역이나 국가의 테러 발생 여부에 영향을 미칠 수 있는 경제 요인이 있는지 자문해볼 수 있다. 저개발 지역이나 빈곤율이 높은 지역이 테러에 더 취약하다는 가설을 세울 수 있다.

지역의 대 테러 취약성에 영향을 미치는 경제 요인이 있을까? 이 질문을 탐구하기 위해 산점도를 살펴보자.

y축 변수를 계속 테러 사건으로 설정한 상태에서 x축에 나타낼 다양한 경제 변수를 선택할 수 있다. 패턴을 명확하게 보기 위해 y축과 x축 모두에 대해 변수 옵션의 로그를 선택할 수 있다. 지역에 따라 색으로 구분할 수 있다. 먼저 국내 총생산(GDP)부터 시작해보자.

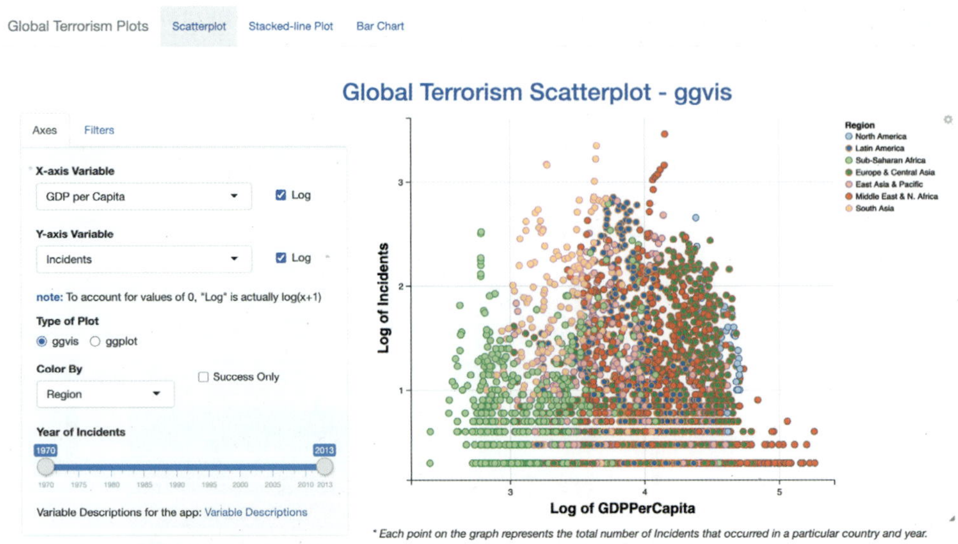

GDP는 지역별로 차이가 존재하지만(예를 들어, 초록색으로 표시되는 아프리카는 파란색으로 표시되는 북미보다 전반적으로 GDP가 낮다), GDP에 관계없이 모든 지역에서 테러가 발생했음을 알 수 있다. GDP와 테러 발생 건수를 연관시키는 전반적인 패턴은 없는 것으로 보인다. 마찬가지로, 기대 수명, 실업률 등의 다른 변수와 테러 발생 건수 사이의 관계를 조사하면 별다른 관계가 없음을 알 수 있다. 이는 테러 발생 건수에 영향을 미치는 명확한 경제 요인이 없음을 보여준다.

이러한 결과는 또한 테러리즘이 무작위적이고 산발적이지는 않다는 것을 보여준다. 대신, 테러 사건의 분포는 종교적, 인종적 갈등이 있는 지역에 집중되어 있다. 가톨릭과 이슬람 신자가 많은 국가에서 가장 많은 테러가 발생했지만, 분석한 기간 내내 그런 것은 아니다. 가톨릭 국가들은 80년대와 90년대에 테러가 많이 발생했고, 이슬람 국가들은 2000년대와 2010년대에 테러가 많이 발생했다.

지금까지 테러리즘과 국가의 주된 종교 사이의 패턴을 확인해보고자 여러 그래프를 만들어보았다. 이러한 방법으로 일부 종교, 특히 가톨릭과 이슬람이 테러리즘과 더 높은 상관관계가 있음을 확인할 수 있었다. 그러나 이러한 연관성은 특정 기간에만 해당된다(가톨릭은 80년대와 90년대, 이슬람은 2000년대와 2010년대). 테러리즘과 종교 사이의 인과 관계를 주장할 수는 없다. 실제로 GTD는 매년 테러가 발생하지 않은 이슬람 국가와 가톨릭 국가가 많다는 사실을 보여준다.

이 데이터는 여러 가지 이유로 다루기가 어려웠다. 첫째, 질문의 성격이 개방형인데다 명확한 답이 존재하지 않는 것이었다. 탐구는 어디까지나 탐색적인 성격을 띠고 있었기 때문에 여기서 변수 사이의 관계는 인과 관계가 아니라 단지 탐색하여 찾아낸 것일 뿐이다. 둘째, 이 탐구에서 우리는 지도뿐만 아니라 세 가지 유형의 그래프를 포함하여 여러 앱을 다루고 있다. 이 도구들은 각각 데이터 분석을 다른 측면에서 쉽게 만들어주는 것들이다. 탐구 질문에 답하기 위해서는 이 모든 부분을 결합해야 한다. 게다가 데이터와 앱이 보여주는 것들에도 한계가 있다. 예를 들어, 각 국가들은 그 나라에 가장 영향력이 있는 종교에 따라 코딩된다. 그러나 미국을 비롯한 많은 국가들은 다종교 국가이다. 따라서 이 탐구에서는 이렇게 한 나라에 여러 종교가 만연한 경우를 통제할 방법이 없다. 또한 많은 테러리스트들이 종교 때문에 테러를 일으키고 있지만, 반대로 그 많은 종교인들이 테러리스트라고 말할 수는 없다.

이 탐구는 복합적인 데이터세트를 다루는 것이 얼마나 어려운지를 보여준다. 앱을 사용하면 변수 간의 관계를 시각화하는 데 도움이 되지만 연습과 시간이 필요하다. 액세스할 수 있는 정보의 양이 많기 때문에, 질문을 통해 분석에 서서히 접근하는 것이 매우 중요하며, 이것이 탐구 과정을 이끌어준다.

더 알아보기

1. 앱을 사용하여 다음 탐구 질문에 답하시오.
   - 주된 테러 유형은 무엇인가? 테러 방법은 단순한가(예를 들어, 폭행, 폭발)? 아니면 정교하게 설계되어 있는가(예를 들어, 하이재킹, 시설 타격)?
   - 어떤 종류의 무기가 사용되는가?
   - 이러한 패턴은 시간과 관계없이 유지되어 왔는가? 아니면 시간이 지남에 따라 변화가 있었는가?
   - 2000년대와 1990년대에 테러로 가장 많은 사망자가 발생한 국가는 어디인가?
   - 테러 대상은 누구였는가?

사례연구 5 피트빗 트래킹

2018년 1월, Strava Labs에서 피트빗(Fitbit)을 추적 장치로 사용하여 전 세계에서 조깅을 하는 사람들의 히트맵(heat map)을 게시한 결과 의도치 않은 일이 발생했다고 여러 뉴스에서 보도한 바 있다. 이를 통해 전 세계 사람들에게 비밀 군사 기지가 어디에 있는지를 무심코 알려준 셈이 되어버린 것이다. 피트빗 데이터는 끊임없이 변화하고 성장하는 비정형데이터 유형이다. 데이터를 히트맵으로 시각화하는 것도 이러한 데이터를 표현하는 일반적인 방식이다. 여러 기사가 이 문제를 보도하였다.

- 워싱턴포스트(The Washington Post)
  www.washingtonpost.com/world/a-map-showing-the-users-of-fitness-devices-lets-the-world-see-where-us-soldiers-are-and-what-they-are-doing/2018/01/28/86915662-0441-11e8-aa61-f3391373867e_story.html?utm_term=.37ed891587f8
- 와이어드(Wired)
  www.wired.com/story/strava-heat-map-military-bases-fitness-trackers-privacy/
- BBC 뉴스
  www.bbc.com/news/technology-42853072
- 더 가디언(The Guardian)
  www.theguardian.com/world/2018/jan/28/fitness-tracking-app-gives-away-location-of-secret-us-army-bases

위 기사들은 모두 비정형데이터가 주된 이슈임을 강조한다. Unit 2C의 초반부에서는 우리가 이러한 비정형데이터 유형으로는 어째서 추리를 할 수 없는지에 대해 논의하였으나, 위의 사례는 사람들이 비정형데이터로부터 어떻게 위치를 추리해내는지를 보여준다. 이는 고전적인 통계적 추리에 해당하는 질문이 아니기는 하지만, 이러한 유형의 데이터는 많은 양의 정보를 제공한다. 이 기사는 기지 내 미군들의 활동 패턴뿐만 아니라 기지 내부나 주변에서 미군을 공격, 기습하려는 이들에게 많은 정보를 제공한다고 경고한다. 워싱턴포스트 기사는 "많은 사람들이 하루 종일 자신의 걸음 수를 측정하기 위해 피트니스 트래커를 착용하고 군인도 예외가 아니며, 이는 지도가 운동 습관보다 훨씬 더 많은 것을 보여준다는 사실을 의미한다"고 지적했다. 데이터의 관점에서 볼 때, 이는 데이터가 위치뿐만 아니라 시간, 활동량, 그리고 기타 관련된 정보들까지 수집한다는 것을 의미한다. 이러한 피트니스 장치는 또한 기지의 출입 경로, 출입 시간, 미군의 전반적인 일상 패턴을 보여준다.

이러한 사례연구는 비정형데이터가 이제 일상생활에서 어떤 역할을 하는지 보여준다. 이와 함께 개인정보 보호, 민감도, 영향력에 대한 이슈가 발생한다. 이러한 유형의 데이터가 사회에 영향을 미치는 방식에 대한 이해를 조금씩 개선하는 것으로 통계 교육과정에 대한 앞으로의 논의를 시작해야 한다. 한 가지 분명한 사실이 있다. 우리 학생들은 그동안 이러한 유형의 데이터를 접해왔고, 이러한 유형의 데이터가 형성되는 데 기여해 왔고, 또 이러한 유형의 데이터를 잘 알고 있기 때문에, 이제는 교실 환경에서 이러한 데이터에 기반을 둔 활동에 참여할 때가 되었다.

참고 문헌

Burke, J. A., Estrin, D., Hansen, M., Parker, A., Ramanathan, N., Reddy, S., & Srivastava, M. B. (2006). Participatory sensing. Workshop on World-Sensor-Web (WSW'06): Mobile Device Centric Sensor Networks and Applications.

Cheung, L. (2015). Gapminder: Investigating world issues. In *Teaching statistics through data investigations* MOOC-Ed, Friday Institute for Educational Innovation: NC State University, Raleigh, NC.
https://s3.amazonaws.com/fi-courses/tsdi/unit_1/Cheung Gapminderlesson.pdf.

UNIT

03

확률 톺아보기

Unit 3A

확률의 도입

학교 교육과정에서 확률 영역은 통계 영역과 함께, 또는 통계 영역 전에 가르친다. 교육과정에 따라서는 확률과 통계를 한 영역으로 묶기도 한다(예를 들어, NCTM의 학교 수학을 위한 원리와 규준, CCSSM). 확률과 통계가 서로 관련되어 있기는 하지만 두 주제 사이의 명시적인 연결성을 확인하는 것은 어려운 경우가 많다. 일반적으로, 확률은 경우의 수를 구하는 규칙을 이용하여 도입된다. 이러한 규칙은 식당에서 주문할 수 있는 샌드위치 조합의 수, 여성이 낳을 수 있는 아기의 다양한 성별 조합의 수, A 지점에서 B 지점까지 가능한 경로의 수를 비롯한 여러 가지 경우의 수를 구하는 데 활용된다. 이와 같은 예제에서 시작하여 주사위를 던져 6이 나올 확률을 구하거나 동전을 던져 앞면이 나올 확률을 구하는 것으로 나아간다. 그러나 이러한 규칙들은 통계와 어떻게 관련되어 있는가?

그 답은 무작위성(randomness)에 있다. 통계는 변이성이 있는 데이터로부터 결론을 도출하는 것을 목표로 한다. 데이터 수집에 무작위성을 들여오면 확률을 사용하여 데이터에 존재하는 무작위 변이를 설명하는 모델을 만들 수 있다.

GAISE II에 언급된 바와 같이, "통계에서도 확률은 무작위화, 즉 무작위 추출 및 무작위 할당을 통해 사용된다. 표본은 무작위로 수집되며, 개개의 자료들이 서로 다른 처치에 무작위로 할당되도록 실험을 설계한다. 무작위화는 선택과 할당에서의 편향을 최소화한다. 또한 이는 확률 모델로 설명할 수 있는 결과에서 무작위성에 의한 우연으로 이어진다." (무작위 선택 및 무작위 할당에 대해서는 Unit 3B에서 설명한다.)

확률은 무작위성을 모델링하고 수량화하는 도구를 제공한다. **확률은 어떤 일이 얼마만큼 일어날 법한지를 정의하는 0과 1 사이의 양이다.** 특정한 유형의 무작위 과정(예를 들어, 동전 던지기 또는 주사위 던지기)에서, 확률은 사건의 "장기적(long-run)" 상대빈도를 나타낸다. 스포츠 경기와 같이 다른 경우에 확률은 어떤 일이 일어날 가능성을 나타낸다.

무작위성의 아이디어는 반복 가능한 무작위 과정 각각의 결과를 확실하게 예측할 수 없다는 것에서 출발한다. 그러나 무작위 과정이 여러 번 반복되면, 이 과정에서 도출된 상대빈도에 예측 가능한 패턴이 나타난다. 확률은 장기적으로 예측 가능한 패턴을 설명하기 위한 모델을 찾는 수학의 한 분야이다. 이러한 모델은 개별 시행의 결과에서 드러나는 무질서를 정리해준다.

무작위 과정은 개별 결과를 예측할 수 없는 과정이다. 무작위 과정의 간단한 예는 동전 던지기로, 동전을 던지면 그 결과가 어떻게 될지 확실하게 알 수 없다. 앞면이 나올 수도, 뒷면이 나올 수도 있다. 사실, 동전을 10번 던졌을 때 앞면이 나올 비율을 정확히 알 수 없다. 그러나 공정한 동전(각 면이 나올 가능성이 동일한 동전)을 가정하면, 우리가 동전을 여러 번 던졌을 때 장기적으로 절반은 앞면이 나오고, 절반은 뒷면이 나올 것이라는 것을 안다. 단기적으로는 결과를 예측할 수 없으나 장기적으로는 패턴이 있다. 무작위 과정의 각 결과(예를 들어, 한 번의 동전 던지기) 또는 단기적인 결과(예를 들어, 10회의 동전 던지기)는 매우 가변적이라 예측하기 어렵지만, 이 과정이 여러 차례 반복되어 만들어진 결과에는 예측 가능한 패턴이 나타난다. 그래프는 공정한 동전을 던질 때 동전 던지기 횟수가 1000회가 됨에 따라 앞면이 나올 장기적 상대빈도가 약 절반 정도로 안정화되는 경향을 보여준다.

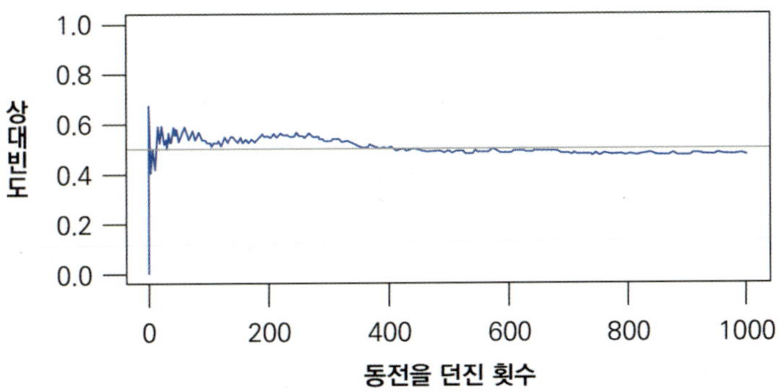

만약 동전이 공정하다고 가정하면, 동전 던지기 무작위 과정에 대한 수학적 모델은 다음과 같다.

$$(\text{앞면이 나올 확률}) = P(\text{앞면}) = \frac{1}{2}$$

이 모델은 짝수 번의 동전 던지기 시행 후에 앞면이 정확히 절반이 나온다는 것을 의미하지 않는다. 예를 들어, 동전을 두 번 던졌을 때, 앞면이 정확히 한 번 나온다고 보장할 수 없으며 동전을 100번 던졌을 때, 앞면이 정확히 50번 나온다고 보장할 수 없다. 다음 표에서 동전을 1000번 던진 후에도, 앞면이 정확히 500번 나오지는 않는다.

이제 동전이 공정하지 않다고 가정해보자. 이러한 상황에 대한 확률 모델을 어떻게 추정할 수 있는가? 확률을 추정하기 위해, 동전을 여러 번 던지고, 앞면이 나올 장기적 상대빈도를 사용하여 앞면이 나올 확률을 추정한다. 예를 들어, 다음 표는 그 결과를 나타낸다.

시행 횟수	결과	앞면이 나온 누적빈도	앞면이 나온 상대빈도
1	뒤	0	0/1=0.0
2	앞	1	1/2=0.5
...	...	...	
1000	앞	475	475/1000=0.475

동전을 1000번 던진 후, 앞면이 나온 횟수는 475번이다. 이 1000번의 동전 던지기를 기초로, 앞면이 나올 확률을 0.475로 추정한다. 이와 같이 확률을 추정하고 부여하는 전략을 **경험적 확률**(empirical probability)이라 한다. 표에서 추정한 경험적 확률에 비추어볼 때 동전은 공정하지 않은 것으로 보인다.

사건의 **경험적 확률**은 결과의 장기적 상대빈도로 정의할 수 있다. **큰 수의 법칙**은 동일한 무작위 과정을 여러 번 반복할 때, 여러 차례의 시행에서 얻어진 평균적인 결과가 실제 확률에 가깝다는 것을 의미한다. 이는 앞서 살펴본 그래프에 나타난 바와 같이, 확률 상황에서 무작위 과정이 계속 반복되면 결과의 상대빈도가 확률을 향해 안정화된다는 것을 의미한다.

확률은 무작위 과정에서 장기적으로 예측 가능한 패턴을 설명하는 모델을 결정하는 것이다. 동전 던지기 예를 생각해보자. 앞면이 나올 확률은 앞면이 나올 장기적인 비율로 설명할 수 있다. 다시 말하면, 앞서 표와 그래프에서 살펴본 바와 같이, 앞면이 나올 비율을 결정하기 위해, 우리는 동전을 계속하여 던질 수 있고, 앞면이 나온 횟수를 세고, 총 던진 횟수를 나누어 계산할 수 있다. 이 과정을 **시뮬레이션**(simulation)이라 한다. 이 경우, 우리는 실제로 동전을 던지는 무작위 과정을 여러 차례 수행하였다. 1000번의 반복(시행) 후, 앞면이 475번 나왔다. 따라서 이러한 결과를 기초로, 우리는 임의의 시행에서 앞면이 나올 확률을 0.475로 추정한 것이다. 이는 앞면이 나오는 상대빈도와 경험적 확률을 제공한다. (무작위 과정을 직접 수행할 때, 이는 실험이라고 불린다. **시뮬레이션**이라는 용어는 실제로 수행할 수 없는 무작위 과정을 수행하고자 할 때 사용된다. 예를 들어, 블루베리 팬케이크 탐구를 참고하라). 이러한 동전 던지기 과정을 수행하면서, 만약 동전이 공정하다면 동전 던지기 횟수가 증가함에 따라, 앞면이 나오는 비율(앞면이 나오는 상대빈도)은 절반 정도에서 안정화된다. 그러므로 동전을 던져 앞면이 나올 확률을 절반이라 한다.

시뮬레이션은 무작위 과정의 가능한 결과를 모방하는 실세계 현상의 모델이다. 만약 무작위 과정이 실제 물리적으로 수행될 수 있다면, 이는 단순히 실험이라고 불릴 것이다. 이 책의 목적을 달성하기 위해, 우리는 무작위 과정이 물리적으로 수행될 수 있는지 또는 어떤 식으로 모방되어야 하는지에 관계없이, 여러 차례 반복되어 수행되는 모든 무작위 과정을 시뮬레이션이라 할 것이다.

잘 설계된 시뮬레이션은 실세계 시나리오와 일치하지만, 수준 이하의 시뮬레이션은 실세계 과정을 모델링하지 않는다. 예를 들어, NCTM 회원 20명 중 4명으로 구성된 전국 대표 위원회를 구성하는 실세계 시나리오를 생각해보자. 다양성을 띤 위원회로 구성하기 위해, 우리는 미국 북부, 서부, 동부, 그리고 남부 지역이 모두 대표되도록 하고 싶다. 우리는 미국의 각 지역을 대표하는 위원회를 구성할 확률을 알고 싶다. 우리의 질문은 "각 지역에서 한 명의 대표로 위원회를 구성할 확률은 얼마인가?"이다. 위원회 구성 시뮬레이션을 구현하기 위해, 우리는 NCTM 회원 20명의 지역을 알아야 하고, 무작위로 4명을 선택해야 한다. 선출 과정을 시뮬레이션으로 구현하기 위해, 카드 한 벌을 사용하여 20명의 NCTM 회원과 그들의 지역을 각 카드로 대응할 수 있다. 예를 들어, 클럽은 남부를, 하트는 동부를, 다이아몬드는 북부를, 그리고 스페이드는 서부를 대표할 수 있다. 각 카드는 교사를 나타낸다. 그런 다음 20장의 카드를 섞어서 무작위로 4개를 선택한다. 이는 위원을 무작위로 선출하는 것을 모델링한다. 반복적으로 카드를 섞고, 4장의 카드를 선택하면 20명의 교사로 이루어진 원래 그룹에서 무작위로 4명의 교사를 선택하는 무작위 과정의 장기적인 행동을 시뮬레이션할 수 있다. 이 시뮬레이션의 핵심은 한 장의 카드가 20명의 교사 중 한 명을 나타내도록 20장의 카드를 설정하는 것이다(수준 이하의 시뮬레이션에서는 이와 같은 방식으로 20장의 카드 중 선택하지 않고, 4개의 무늬가 4개의 지역을 나타낸다는 것을 인지하지 못하고 4장을 선택한다).

시뮬레이션 설계에 능숙해지는 것은 쉬운 일이 아니다. 학생과 교사는 다양한 조작들 및 궁극적으로는 소프트웨어를 사용하여 실세계 시나리오를 모델링하는 광범위한 연습이 필요하다. 확률 모델링의 본질은 결과를 만들어내는 무작위 과정이 여러 번 반복될 때 결과의 장기적인 비율을 설명하는 모델을 결정하는 것이다. 예를 들어, 공정한 주사위를 던진다고 생각할 때, 2가 나올 확률은 $\frac{1}{6}$이라고 한다. 주사위가 공정하다는 가정 때문에 우리는 수학적 모델 P(2가 나옴) = $\frac{1}{6}$에 이를 수 있다. 확률적 모델링의 맥락에서, 이는 주사위를 여러 번 던지면 평균적으로 $\frac{1}{6}$ 정도는 2가 나온다는 것을 의미한다. 이는 주사위를 6번 던졌을 때 6번 중 한 번 2가 나온다는 것을 의미하지 않는다.

UNIT 3 전체에서, 우리는 경험적 방법을 통해 확률에 대한 아이디어를 탐구한다. 우리는 **이론적 확률**과 **경험적 확률**을 구분하고, 그들이 어떻게 관련되는지 보인다. 이론적 확률은 결과의 **실제** 확률이다(대개 **수학적 확률**이라고 불리기도 한다). 우리는 UNIT 3의 모든 탐구에서 이러한 아이디어를 확인할 것이다.

다음 세 Unit은 확률과 통계를 명시적으로 연결한다. 즉, 우리는 (1) 실세계에서 통계에 확률을 사용하여 데이터를 모델링하는 방법을 보여주며, (2) 실제 확률을 추정하기 위해 경험적 확률을 사용하고 일어날 법한 일과 그렇지 않은 일에 대한 통계적 예측을 하며, (3) 통계적 추리에 도움이 되도록 표집분포의 양상에서 특징을 찾고자 확률을 이용한다. Unit 3A에서는 (1)에 초점을 맞추고 (2)의 아이디어를 도입하며 (3) 표집분포는 Unit 3B, 3C에서 논의한다.

탐구 3A.1 : 어떤 카드가 공정할까?

탐구 목표: 장기적 상대빈도, 큰 수의 법칙, 수학적 확률에 수렴하는 경험적 확률로서 무작위 사건의 확률을 정의한다.

교사는 각 26장의 카드로 된 두 벌의 카드 덱[1]을 준비한다. 덱 1에는 13장의 검은 카드와 13장의 빨간 카드가 있고, 덱 2에는 19장의 검은 카드와 7장의 빨간 카드가 있다. 30명의 학생으로 구성된 학급에서 어떤 덱이 공정한지, 즉 어떤 덱의 검은 카드와 빨간 카드의 수가 같은지를 결정해야 한다. 각 학생들은 각 덱에서 복원추출로 10회씩 카드를 뽑고 그 결과를 다음 표에 기록한다. 무작위로 선택된 카드는 한 번에 하나만 볼 수 있다.

1 (역주) 본 탐구에서는 한 벌의 카드를 덱(deck)이라고 한다.

덱 1	덱 2

이 학급에 제시된 탐구 질문은 다음과 같다.

어떤 덱이 공정한가?

세 학생이 작성한 표는 다음과 같다.

학생 A		학생 B		학생 C	
덱 1	덱 2	덱 1	덱 2	덱 1	덱 2
R	B	R	R	B	B
R	B	B	B	B	B
B	B	R	B	R	B
B	B	R	R	R	R
R	B	B	B	B	R
B	B	B	B	R	B
B	R	B	R	B	B
B	B	B	R	R	B
B	R	B	B	R	R
B	B	R	B	R	B

각 학생들은 그들의 결과를 보고, 어떤 덱이 공정한지를 예측해야 한다. 이 경우 "공정"이라는 개념은 검은 카드를 뽑을 가능성과 빨간 카드를 뽑을 가능성이 동일하다는 것을 의미한다. 그러나 표의 학생 A에서 확인한 바와 같이, 두 경우 모두 빨간 카드가 검은 카드보다 적게 나타났다(덱 1에는 3회, 덱 2에는 2회의 빨간 카드가 나왔다). 이는 두 덱이 모두 공정하지 않다는 것을 의미하는가?

무작위 과정은 카드를 뽑는 행위이다. 각 뽑기에서 나올 수 있는 무작위 결과는 검은 카드 또는 빨간 카드이다. 각 뽑기 이후 카드를 다시 집어넣은 다음 섞었을 때, 우리는 빨간 카드를 얻는 장기적 상대빈도를 이용하여 빨간 카드를 얻을 확률을 표현한다. 이 확률은 상대빈도의 극한으로 표현될 수 있다. 극한 표기법에 익숙한 교사들에게 다음의 표현은 극한으로서의 확률을 설명한다.

$$P(\text{빨간 카드}) = \lim_{n \to \infty} \frac{(\text{빨간 카드가 나온 횟수})}{n}, \ n\text{은 카드를 뽑은 총 횟수}$$

$n = 10$일 때, 두 덱에서 빨간 카드가 나온 상대빈도를 계산한 결과는 다음과 같다.

	학생 A	학생 B	학생 C
덱 1	3/10	4/10	6/10
덱 2	2/10	4/10	3/10

뽑는 횟수가 증가함에 따라 빨간 카드가 나오는 상대빈도가 어떻게 될 것인가를 잘 이해하기 위해 학생 3명의 뽑기 횟수를 합하여 데이터세트를 만들 수 있다. 그 결과 다음과 같은 상대빈도를 구할 수 있다.

	데이터 수합
덱 1	13/30
덱 2	9/30

이 상대빈도를 살펴본 결과, 빨간 카드를 뽑은 총 횟수가 덱 1에서는 약 43%였고, 덱 2에서는 약 30%였음을 알 수 있다. 상대빈도는 학생마다 다르다. 확률에 관한 아이디어(확률 개념)는 뽑은 횟수가 증가함에 따라 이러한 상대빈도가 어디로 안정화되는지를 살펴보는 것이다. 다시 말하면, 확률은 (극한을 이용한 식으로 나타낸 바와 같이) 뽑은 횟수가 무한히 증가함에 따른 상대빈도의 값이다. 30명의 학생들이 두 개의 덱에서 각 10장의 카드를 뽑는 시행을 수행한 결과로부터 얻은 데이터를 결합하여(각 덱에서 300회를 뽑음), 학생들은 다음과 같이 빨간 카드를 뽑는 상대빈도를 확인하였다.

	데이터 수합
덱 1	153/300
덱 2	81/300

데이터 수합 결과로부터 학생들은 덱 1에서 빨간색이 뽑히는 것이 거의 절반

($\frac{153}{300}=0.51$)에 가깝다는 것을 알 수 있다. 카드를 뽑는 횟수를 늘려 데이터에 추가할수록, 각 무작위 결과(빨강 또는 검정)가 동일한 확률을 갖기 때문에 공정한 결과로 여겨진 것처럼, 덱 1에서 빨간 카드를 뽑는 상대빈도가 절반으로 고정될 것이라 예측할 수 있다. 덱 2의 경우, 카드를 더 많이 뽑을수록 상대빈도는 약 $0.27 \times \frac{81}{300}$로 안정화될 것이다.

공정하다는 것을 50대 50으로 본다면, 위의 결과로부터 덱 1이 공정하다고 하는 것은 충분히 타당하다. 한편, 시뮬레이션을 통해 얻은 데이터로부터 덱 2는 경험적 확률이 27%라는 것을 알 수 있는데, 결과가 50대 50이어야 공정하다고 할 수 있다면 이러한 확률은 공정하다고 하기에는 이례적인 것으로 보인다. 따라서 학급의 시뮬레이션은 덱 2가 공정한 덱이 아니라는 것을 보여준다. 덱 2의 경우, 시뮬레이션 결과를 기반으로 할 때 빨간 카드를 뽑을 가능성과 검은 카드를 뽑을 가능성이 같지 않다.

데이터 수합 표는 상대빈도(경험적 확률)를 알려주지만, 앞서 정의된 확률을 나타내지는 않는다. 확률을 결정하기 위해, 학생들은 두 덱에서 각각 시행을 무한히 계속해야 한다.

요약

「탐구 3A.1: 어떤 카드가 공정할까?」에서 주요 개념은 다음과 같다.

1. 무작위 사건의 확률은 무작위 과정을 여러 번 반복한 후 그 사건이 발생할 장기적인 가능성이다.
2. 확률은 무작위 사건의 예측 가능한 패턴을 설명한다.
3. 확률은 어떤 사건이 그럴듯하고 비정상적인지를 수량화한다.
4. 무작위 사건은 등확률성을 만족하거나 만족하지 않는 결과를 가질 수 있다.

첫 번째 탐구의 주요 초점은 학생과 교사가 확률의 정의를 이해하는 것, 그리고 경험적 확률을 이용하여 실제 확률을 추정하는 방식, 무엇이 일어날 법하고 무엇이 그렇지 않은지를 통계적으로 예측하는 데 경험적 확률을 활용하는 방식을 깨닫는 것에 있다. 우리는 학생과 교사가 단기적으로는 결과를 예측할 수 없고, 장기적으로는 예측할 수 있다는 점을 이해하기를 원한다. 카드 뽑기(카드 놀이 또는 색인 카드), 동전 던지기, 주사위 던지기는 확률의 정의를 가르치는 전통적인 방법이다. 이들은 교실에서 쉽게 이용

가능한 전형적인 교구들이기 때문이다. 통계에서는 우리가 볼 수 있는 주어진 데이터로부터 발생할 가능성에 기반하여 결과의 가능성을 추정한다. 결과가 일어날 확률은 장기적 상대빈도이다. 시뮬레이션을 통해 이 해석은 통계학자들에게 이러한 추정치를 구하는 방법을 제공한다. 다음의 탐구를 통해 확률 개념을 무작위 과정으로부터 나온 결과의 장기적 상대빈도로 발전시키고, 확률을 추정하기 위해 시뮬레이션을 사용하는 아이디어를 발전시키자.

탐구 3A.2 : 블루베리 팬케이크

탐구 목표: 장기적 상대빈도 아이디어를 확률의 정의로 강화하고, 도구를 활용하여 무작위 과정을 시뮬레이션한다.

블루베리 팬케이크 하우스(BPH)는 판매하는 모든 팬케이크에 적어도 하나의 진짜 블루베리가 들어간다는 것에 자부심을 갖는다. 그들은 “블루베리가 없는 팬케이크는 사라져야 한다!”라는 슬로건을 내걸었다. BPH는 고객들이 실제로 블루베리가 들어 있는 팬케이크를 먹을 수 있다는 점을 광고하고 싶다. BPH는 블루베리가 얼마나 많은 빈도로 들어 있는지 예측 비율을 제공하고 싶다. BPH는 팬케이크에 들어 있는 블루베리의 수가 다양하다는 것을 알고 있다. 변이성은 집단, 묶음마다 달라진다. BPH는 수천 개의 팬케이크를 요리하는 것 대신 6학년 학급에 이 상황을 모델링하고 BPH 광고에 사용할 수 있는 비율을 구하도록 요청하였다. BPH에서는 6개의 팬케이크에 블루베리 20개를 사용한다고 한다. 또한 BPH는 로봇 팔을 사용하여 요리한다고 한다. 로봇 팔은 각각의 팬케이크를 만들기 위해 특정한 크기의 국자를 이용하여 큰 그릇 안에 담겨 있는 반죽을 퍼낸다.

학급에 제기된 탐구 질문은 다음과 같다.

팬케이크를 6개 주문하였을 때, 블루베리가 없는 팬케이크를 얻을 확률은 얼마인가?

이 질문에 답하기 위해, 학급에서는 20개의 블루베리로 6개의 팬케이크를 만드는 로봇 팔의 무작위 과정을 모델링하기 위한 재료 사용 방법에 대해 브레인 스토밍해야 한다. 한 학생은 다음과 같은 아이디어를 갖고 있다.

1. 여섯 개의 팬케이크를 나타내도록 1, 2, 3, 4, 5, 6이 표시된 6개의 원 모양의 시트를 배포한다.
2. 각 학생에게 주사위를 제공한다.

로봇 팔이 그릇에 국자를 집어넣고 반죽에서 무작위로 선택된 부분을 국자에 채운다고 가정하자. 시뮬레이션을 수행하기 위해, 학급은 무작위 과정에 대한 기본 가정을 해야 한다. 학급에서 모델링해야 하는 무작위 과정은 20개의 블루베리를 6개의 팬케이크에 할당하는 것이다. 이 과정은 다음과 같은 방법으로 모델링할 수 있다:

1. 첫 번째 블루베리를 생각해보자. 주사위를 던지고, 어떤 값이 나오든, 나온 수가 표시된 원 모양의 시트에 블루베리를 놓는다.
2. 각 블루베리에 대해 이 과정을 반복한다(20회).

이러한 방식으로, 각 학생은 BPH에서 일어나는 것처럼 20개의 블루베리를 팬케이크에 할당하는 무작위 과정을 **시뮬레이션**한다. 예를 들어, 한 학생이 그림과 같은 결과를 얻었다고 가정해보자. 이때 각 별 모양은 블루베리 하나를 나타낸다.

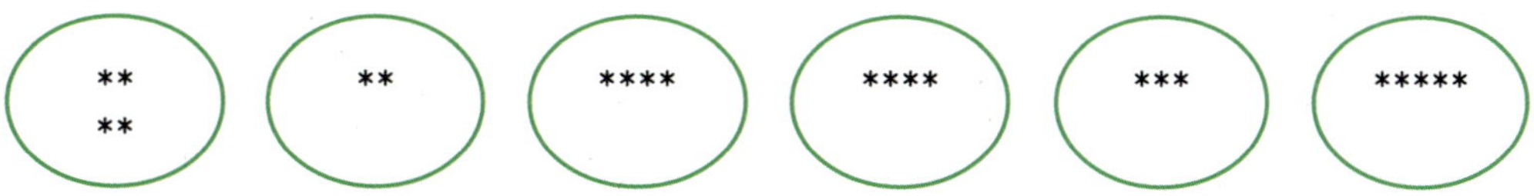

이 그림에서 모든 팬케이크는 최소 2개의 블루베리가 들어 있다. 각 시뮬레이션에 대해 팬케이크에 포함된 블루베리의 수를 기록할 수 있다.

이로부터, 각각의 팬케이크에 블루베리가 없을 수도 있는지, 아니면 모든 팬케이크에 블루베리가 적어도 하나는 들어 있는지를 확인할 수 있다. 시뮬레이션이 하나의 블루베리가 아닌 20개의 블루베리를 모두 할당한다는 것에 주목하는 것이 중요하다. 이 학급은 20개의 블루베리를 사용하는 6개의 팬케이크를 요리하는 과정을 반복하고 있다. 6개의 팬케이크를 만드는 시뮬레이션에서, 학생들은 각각의 팬케이크 중 블루베리가 들어 있지 않은 경우가 있었는지, 혹은 모든 팬케이크에 블루베리가 적어도 1개 이상 들어 있는지를 기록할 수 있다. 30회의 시뮬레이션 결과를 기록한 표는 다음과 같다.

학생	블루베리가 없는 팬케이크 존재 여부에 대한 시뮬레이션 결과
1	모든 팬케이크에 적어도 하나의 블루베리가 있음
2	모든 팬케이크에 적어도 하나의 블루베리가 있음
3	모든 팬케이크에 적어도 하나의 블루베리가 있음
4	모든 팬케이크에 적어도 하나의 블루베리가 있음
5	모든 팬케이크에 적어도 하나의 블루베리가 있음
6	모든 팬케이크에 적어도 하나의 블루베리가 있음
7	모든 팬케이크에 적어도 하나의 블루베리가 있음
8	모든 팬케이크에 적어도 하나의 블루베리가 있음
9	모든 팬케이크에 적어도 하나의 블루베리가 있음
10	모든 팬케이크에 적어도 하나의 블루베리가 있음
11	모든 팬케이크에 적어도 하나의 블루베리가 있음
12	모든 팬케이크에 적어도 하나의 블루베리가 있음
13	모든 팬케이크에 적어도 하나의 블루베리가 있음
14	모든 팬케이크에 적어도 하나의 블루베리가 있음
15	모든 팬케이크에 적어도 하나의 블루베리가 있음
16	블루베리가 없는 팬케이크가 있음
17	모든 팬케이크에 적어도 하나의 블루베리가 있음
18	모든 팬케이크에 적어도 하나의 블루베리가 있음
19	모든 팬케이크에 적어도 하나의 블루베리가 있음
20	모든 팬케이크에 적어도 하나의 블루베리가 있음
21	모든 팬케이크에 적어도 하나의 블루베리가 있음
22	모든 팬케이크에 적어도 하나의 블루베리가 있음
23	모든 팬케이크에 적어도 하나의 블루베리가 있음
24	모든 팬케이크에 적어도 하나의 블루베리가 있음
25	블루베리가 없는 팬케이크가 있음
26	모든 팬케이크에 적어도 하나의 블루베리가 있음
27	모든 팬케이크에 적어도 하나의 블루베리가 있음
28	모든 팬케이크에 적어도 하나의 블루베리가 있음
29	모든 팬케이크에 적어도 하나의 블루베리가 있음
30	모든 팬케이크에 적어도 하나의 블루베리가 있음

위 표로부터 이 학급에서 블루베리가 없는 팬케이크가 나오는 상대빈도는 $\frac{2}{30}=0.067$이다. 시뮬레이션에서 학생들은 단 두 가지 경우에만 블루베리가 없는 팬케이크가 하나 이상 나오는 결과를 얻었다. 한편, 학급의 데이터는 20개의 블루베리 중 3개가 포함된 팬케이크를 적어도 하나 얻는 가능성이 매우 높다거나, 하나의 블루베리가 포함된 팬케이크를 얻을 가능성이 매우 낮다는 것도 나타낼 수 있다.

여기서 0.067이라는 수치는 블루베리가 없는 팬케이크가 적어도 하나 이상 나오는 경험적 확률이다. 이는 이론적 확률이 아니다. 이론적 확률을 구하려면 로봇 팔은 20개의 블루베리로 6개의 팬케이크를 무한히 만들어야 한다. 팬케이크를 만드는 로봇 팔을 이용하여 실제 실험을 수행하는 것은 불가능하다; 따라서 시뮬레이션을 이용해야 한다. 경험적 확률로부터 블루베리가 없는 팬케이크를 얻는 상대빈도의 장기적인 패턴을 엿볼 수 있다. 경험적 확률은 장기적으로 이론적 확률에 수렴할 것이다. 이는 큰 수의 법칙의 본질이며, 이에 대해서는 다음 탐구에서 더 논의할 것이다.

학생들의 연구에 따르면, BPH에서 6개의 팬케이크를 주문할 때 모든 팬케이크에 적어도 하나의 블루베리가 들어 있는 경우는 93% 이상이다.

이 탐구에서 우리는 주사위를 사용하여 무작위로 할당되는 블루베리를 시뮬레이션 해보았다. 팬케이크에 블루베리를 할당하는 무작위 과정이 주사위를 사용하여 모델링된다. 팬케이크에 블루베리가 없을 확률은 이 과정의 장기적인 결과로 주어진다. 이 예에서의 확률은 수학적으로 계산될 수 있었다. 통계는 무작위성에서 결론을 도출하는 것에 중점을 두고, 확률은 어떤 사건이 일어날 법한지, 혹은 일어나지 않을 법한지를 보여준다.[2]

요약

「탐구 3A.2: 블루베리 팬케이크」에서 주요 개념은 다음과 같다.

1. 확률은 어떤 사건이 일어날 법하고 어떤 사건이 잘 일어나지 않을 것 같은지를 보여준다.
2. 시뮬레이션은 물리적인 도구(예를 들어, 주사위)나 소프트웨어를 이용하여 무작위 과정을 모방하는 작업이다. 시뮬레이션은 무작위 과정의 한 모델이다.
3. 확률을 알 수 없을 때, 시뮬레이션은 장기적인 패턴을 확인하는 데 사용될 수 있다.
4. 무작위 과정의 결과에 대한 경험적 확률은 시행 횟수에 대한 그 결과의 상대빈도이다.
5. 무작위 과정의 결과에 대한 이론적 확률은 시행 횟수가 무한히 커질 때 시행 횟수에 대한 그 결과의 상대빈도이다.
6. 확률은 실세계 시나리오를 모델링하는 데 사용될 수 있다.

2 결과(outcome)는 무작위 과정을 수행한 후 발생할 수 있는 하나의 개별적인 결과이다. 사건(event)은 결과들의 집합이다.

두 탐구에서 확률에 대한 한 가지 해석을 무작위 사건의 장기적 상대빈도로 소개하였다. 또한 두 탐구에서 우리는 확률을 추정하기 위해 (하나는 카드를 사용하고 다른 하나는 주사위를 사용하는) 간단한 시뮬레이션을 이용하였다. 우리의 시뮬레이션은 무작위 과정을 모델링하였으며 전체 패턴을 보는 데 도움이 된다. 다음의 세 탐구에서는 무작위 과정을 모델링하는 데 시뮬레이션 사용의 유용성을 강조하고, 시뮬레이션을 여러 번 반복하는 데 사용되는 통계 소프트웨어를 소개한다. 그리고 이러한 개념을 견고히 다지기 위해 할 수 있는 세 가지 예를 제공한다. 그러나 세 가지 탐구 모두 목표가 비슷하며, 시간이 부족할 경우 이들 중 하나만 해도 무방하다.

탐구 3A.3 : 마지막 바나나

탐구 목표: 확률을 추정하기 위해 시뮬레이션을 사용하여 의사 결정을 한다.

무인도에 두 사람이 있고, 그들은 누가 마지막 바나나를 차지할 것인지 게임을 통해 결정하기로 하였다. 섬에는 두 개의 주사위가 있고, 두 플레이어가 각각 하나의 주사위를 던진다. 나온 눈의 수 중 1, 2, 3, 4가 가장 높은 수일 경우, 플레이어 A가 이긴다. 나온 눈의 수 중 5, 6이 가장 높은 수일 경우, 플레이어 B가 이긴다.[3]

탐구 질문은 다음과 같다.

어느 플레이어가 이길 것인가?

3 아래 그림은 TED Ed talk(www.youtube.com/watch?v=Kgudt4PXs28)에서 발췌하였다.

게임을 시작하면서 학생들이 어떤 플레이어가 되고 싶은지 선택하게 할 수 있다. 학생들은 하나의 주사위를 던져 5나 6이 나와야 승자가 되는 플레이어 B에 비해, 1, 2, 3, 4가 나올 가능성이 더 높기 때문에 플레이어 A를 선택하는 경향이 있을 것이다. 학생들은 플레이어 A가 승자가 될 확률이 2/3이고 플레이어 B가 승자가 될 확률이 1/3이라고 믿을 것이다.

학생들이 짝을 지어 게임을 하고, 게임을 20번 시뮬레이션하도록 할 수 있다. 20번의 시뮬레이션 게임을 한 결과를 정리하면 다음과 같다.

가장 높게 나온 눈의 수	승자
4	A
4	A
6	B
5	B
6	B
6	B
5	B
4	A
1	A
1	A

가장 높게 나온 눈의 수	승자
6	B
6	B
5	B
5	B
2	A
1	A
6	B
1	A
1	A
6	B

이 예에서 게임은 20번 시뮬레이션되었다. 우리는 20번 중 플레이어 A가 9번 승리하고, 플레이어 B가 11번을 이긴다는 것을 알 수 있다. 이 결과로 인해 학생들은 플레이어 B가 되고 싶다고 생각할까?

더 자세히 알아보기 위해, 각 파트너의 세트에서 수집한 모든 데이터를 합하여 학급에서 A가 승리할 비율과 B가 승리할 비율을 계산하는 것으로 시작할 수 있다. 고급반에서는 즉시 소프트웨어를 사용하여 게임을 10000번 시뮬레이션할 수 있다. 교사는 이 탐구에서 학급의 데이터를 합하는 추가 단계가 필요한지 또는 학생들이 이 시점에서 공학 도구를 사용하도록 개념적으로 준비가 되었는지 교육적으로 판단해야 한다. 개념에 대한 더 많은 연습이 필요한 학급의 경우, 학급의 데이터를 합하는 단계를 진행하는 것이 좋다. 만약 아이디어를 토론하고 발표하는 것에 익숙하다면 교사는 많은 횟수의 시뮬레이션을 위해 소프트웨어를 사용하는 단계로 바로 이동할 수 있다. TinkerPlots와 같은 통계 소프트웨어를 이용하여 게임을 10000번 시뮬레이션할 수 있다. 다음 화면은 가능한 결과들을 보여준다.

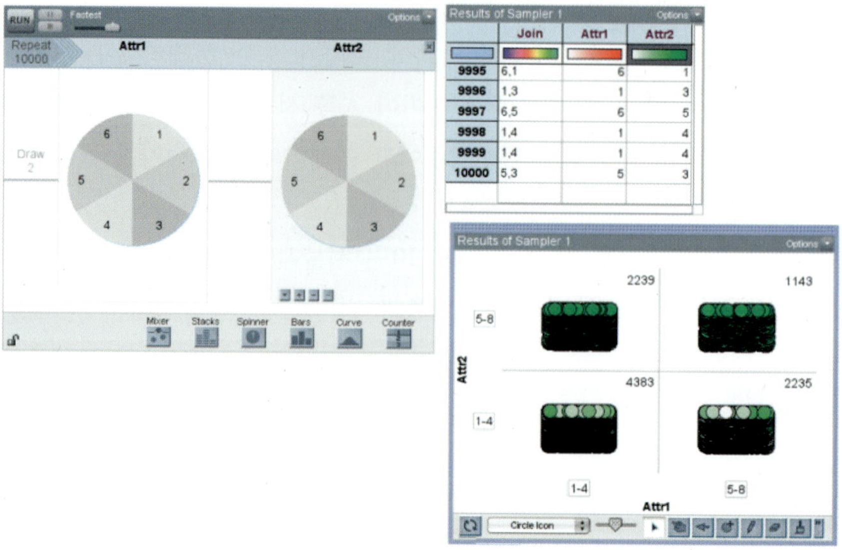

이 TinkerPlots 창에서 수행한 작업은 2개의 주사위를 던지는 시뮬레이션과 가능성이 동일하도록, 6개의 결과가 있는 2개의 스피너를 설정한 것이다. 스피너를 10000번 돌리면 주사위 1에서 5 또는 6이 나오고 주사위 2에서는 나오지 않는 횟수가 2239번이라는 것을 알 수 있다. 또한 주사위 2에서는 5 또는 6이 나오고 주사위 1에서는 나오지 않은 횟수는 2235번이며, 두 주사위에서 모두 5 또는 6이 나온 횟수는 1143번이다. 또한, 두 주사위에서 모두 5와 6이 나오지 않는 횟수는 4383번이다. 따라서 이 시뮬레이션에서 플레이어 A가 승리할 경험적 확률은 $\frac{4383}{10000} = 0.44$이고 플레이어 B가 승리할 경험적 확률은 $\frac{2239 + 1143 + 2235}{10000} = 0.56$이다.

이 문제는 확률에 관한 공식과 규칙을 사용하여 이론적 확률을 계산하여 접근할 수도 있다. 이를 위해 먼저 두 개의 주사위를 던지는 무작위 결과를 모아 **표본공간**(sample space)을 정의한다. **표본공간**은 무작위 결과로 가능한 모든 결과의 집합이다. 이 경우 두 개의 주사위를 던질 때 다음과 같은 결과를 얻을 수 있다.

(1,1) (1,2) (1,3) (1,4) (1,5) (1,6)
(2,1) (2,2) (2,3) (2,4) (2,5) (2,6)
(3,1) (3,2) (3,3) (3,4) (3,5) (3,6)
(4,1) (4,2) (4,3) (4,4) (4,5) (4,6)
(5,1) (5,2) (5,3) (5,4) (5,5) (5,6)
(6,1) (6,2) (6,3) (6,4) (6,5) (6,6)

빨간색은 플레이어 A가 이기는 경우이며, 그 외는 플레이어 B가 이기는 경우이다. 플레이어 A는 36가지의 가능한 결과 중 이기는 경우가 16가지이다. 따라서 P(A가 승리) $= \frac{16}{36} = 0.45$이다.

또한 우리는 플레이어 B가 이기는 경우는 나머지 20가지라는 사실을 확인할 수 있다. 그러므로 P(B가 승리)$= \frac{20}{36} = 0.55$이다. 시뮬레이션에서 계산된 경험적 확률은 이론적 확률인 0.55에 매우 가깝다는 것을 알 수 있다.

이러한 이론적 확률을 계산하는 또 다른 방법은 배열 모델에서처럼 결과의 목록을 파악하는 것이다. 이러한 모델은 초등학교에서 곱셈을 지도할 때 자주 사용된다. 이 문제에서 우리는 빨간색 결과는 A가 승리할 때를, 그 외의 경우 B가 승리할 때를 나타낸다. 이로부터 우리는 다음을 알 수 있다.

P(A가 승리)=P(주사위 1이 1, 2, 3, 4)×P(주사위 2가 1, 2, 3, 4)

위 식은 두 독립사건의 확률을 곱한 것이다. 한 사건의 결과가 다른 사건의 결과에 영향을 미치지 않을 때 두 사건이 **독립**(independent)이라 한다. 주사위를 던지는 경우, 첫 번째 주사위의 결과는 두 번째 주사위의 결과에 영향을 미치지 않는다. 종속사건의 예로 카드 한 덱에서 먼저 스페이드를 뽑는 사건과 다음에 스페이드를 뽑는 사건을 들 수 있다. 덱에서 이미 한 장의 카드가 뽑혔기 때문에 두 번째 카드를 뽑을 때 확률이 변한다. 이 사건들은 서로 종속이다. Unit 3A의 후반부에서 이원배치표를 이용하여 사건의 독립성에 대해 더 논의한다.

이 배열에서 P(주사위 1이 1, 2, 3, 4)$= \frac{4}{6}$이고, P(주사위 2가 1, 2, 3, 4)$= \frac{4}{6}$이다. 따라서 P(A가 승리)$= \left(\frac{4}{6}\right) \times \left(\frac{4}{6}\right) = 0.45$이다.

배열 표현을 사용하면 A가 승리하는 경우와 B가 승리하는 경우가 표본공간 전체를 이루기 때문에 P(A가 승리)+P(B가 승리)=1임을 알 수 있고, 따라서 P(B가 승리)=1−0.45=0.55임을 알 수 있다. 그러므로 이 탐구는 시뮬레이션을 통해 확률의 곱셈 공식을 지도하는 방법을 보여준다.

계산된 이론적 확률은 10000번 시뮬레이션한 후 얻은 경험적 확률에 거의 가까워진다. 이로부터 학생들은 플레이어 B가 되고 싶다고 확신할 것이다.

이 탐구 활동에 관한 비디오 영상[4]을 확인할 수 있다.

4 https://ed.ted.com/lessons/the-last-banana-a-thought-experiment-in-probability-leonardo-barichello#review

또한 이 링크에는 9개의 후속 질문들이 제시되어 있다(6번부터 9번까지의 질문은 180쪽 **더 알아보기의 1번** 문항으로 각색되어 있다.).

이 활동은 여러 차례 개발되었다(TED Ed talk[5]에도 제시되어 있다.). 또한 2017년 가을 캘리포니아 수학 컨퍼런스에서 동 타이슨(Dong Tyson)도 이를 소개하였다.

이 탐구에 추가하여 교사는 큰 수의 법칙을 심화하여 지도할 수 있다. 이는 학교 교육과정에 제시되어 있지 않지만, 교사들이 도입하고 지도할 수 있다. 이 탐구는 큰 수의 법칙을 게임으로 설명한다. 큰 수의 법칙은 시행 횟수를 무한히 반복함에 따라 무작위 과정의 특정 결과의 상대빈도가 이론적 확률을 향하는 경향이 있다는 것이다. 이 예에서, n번의 시행에서 A가 게임을 이기는 상대빈도는 $\frac{A_n}{n}$(A_n은 A가 이긴 횟수이며 n은 총 시행 횟수)이다. 이때 큰 수의 법칙은 다음과 같다.

$$\lim_{n\to\infty} \mathrm{P}\left(\left|\frac{A_n}{n} - p\right| > \epsilon\right) = 0$$

이때, p는 A가 이길 이론적 확률(이 게임에서는 0.45)이다.

이는 상대빈도 $\frac{A_n}{n}$과 p가 서로 다를 확률이 0에 가까워진다는 것을 의미한다. 큰 수의 법칙은 경험적 확률과 이론적 확률을 연결한다는 점에서 중요하다.

요약

「탐구 3A.3: 마지막 바나나」에서 주요 개념은 다음과 같다.

1. 시뮬레이션을 통해 계산한 경험적 확률은 시뮬레이션을 실행한 횟수가 증가함에 따라 이론적 확률에 수렴한다.
2. 시뮬레이션을 활용하여 복잡한 상황에서 확률을 어떻게 추정하는지 설명한다.
3. 사건 X와 Y가 서로 독립이면 $\mathrm{P}(X\cap Y) = \mathrm{P}(X)\cdot\mathrm{P}(Y)$이다.
4. 여사건의 확률 공식은 $\mathrm{P}(X) = 1 - \mathrm{P}(X^c)$이다.

5 www.youtube.com/watch?v=Kgudt4PXs28

탐구 3A.4 : 확률 게임판[6]

탐구 목표: 시뮬레이션을 통해 복잡한 상황에서의 확률 개념을 도입한다.

학교의 발전지원위원회는 기금을 모으기 위한 게임을 만들고 있다. 게임을 하기 위해 부모들은 티켓을 구입한다. 티켓 1장당 게임에 1회 참여할 수 있다. 나무못 판을 만들고 플레이어는 보드의 상단에 하나의 공을 놓으면, 공은 일부 경로를 따라가며 보드 하단의 통에서 멈추게 되는 것이 위원회가 설계한 게임[7]이다.

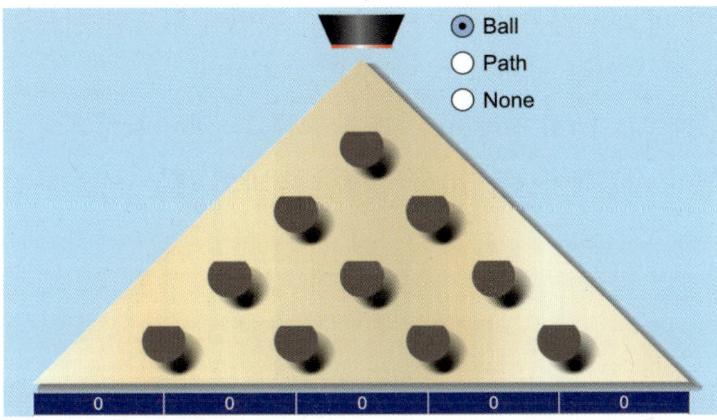

못은 공이 못을 지나 왼쪽으로 떨어지거나 오른쪽으로 떨어질 가능성이 같도록 배치되었다. 하단에 있는 통은 상품이 있을 수도 있고 없을 수도 있다. 총 2개의 상품을 하단에 배치해야 한다. 학생들은 상품을 받을 가능성이 낮고, 상품을 받지 않을 가능성이 높은 게임을 만들고 싶어 한다. 학생들은 다음의 탐구 질문을 만들었다.

승리할 확률을 가장 낮게 하려면 두 상품을 어디에 놓아야 할까?

탐구 질문에 답을 하기 위해, 학생들은 게임판에 몇 개의 공을 떨어뜨리는 시뮬레이션을 하기로 하였다. 학생들이 설계한 시뮬레이션은 다음과 같은데, 먼저 각 학생들은

6 이 활동은 아이오와 센트럴 대학의 웬디 베버(Wendy Weber)가 개발한 활동을 재구성한 것이다.

7 그림 출처는 https://phet.colorado.edu/sims/html/plinko-probability/latest/plinko-probability_en.html 이다.

공이 갈 수 있는 모든 경로를 보여주는 게임판 다이어그램과 동전 그리고 하나의 공을 받는다. 학생들이 사용하는 게임판은 다음 그림과 같다.

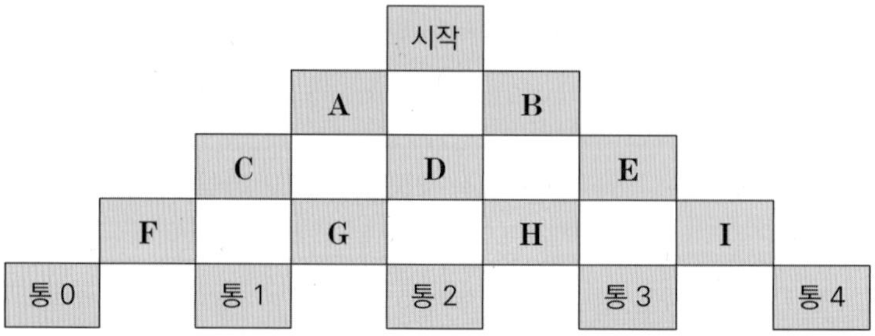

모든 학생들은 시작 칸에 공을 둔다. 아래로 내려가기 위해 학생들은 동전을 던져야 한다. 만약 앞면이 나오면 공은 오른쪽으로 가며 뒷면이 나오면 왼쪽으로 간다. 플레이어들은 하단의 통에 도착할 때까지 이 과정을 계속한다.

각 플레이어는 게임을 10회 실행한다. 플레이어들은 게임마다 공이 도착한 통에 표시를 한다. 두 학생이 시뮬레이션을 20회 실행한 결과의 예는 다음과 같다.

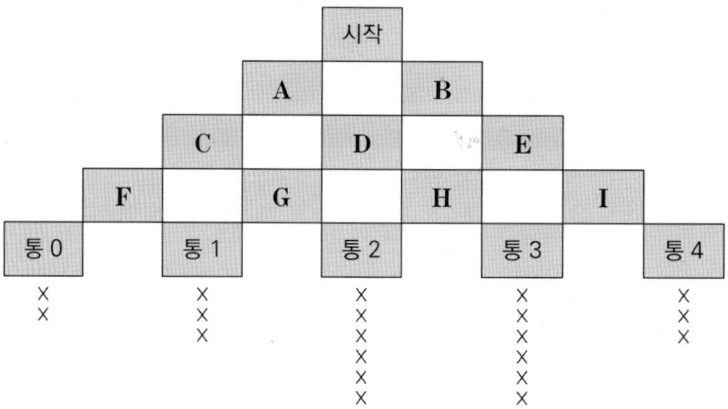

20회의 시뮬레이션 게임을 기반으로 학생들은 각 통에 도착하는 상대빈도를 계산할 수 있다. 제시된 시뮬레이션 게임의 경우 상대빈도는 다음과 같다.

- 통 0에 도착하는 상대빈도 $\frac{2}{20} = 0.10$
- 통 1에 도착하는 상대빈도 $\frac{3}{20} = 0.15$
- 통 2에 도착하는 상대빈도 $\frac{6}{20} = 0.30$

- 통 3에 도착하는 상대빈도 $\frac{6}{20} = 0.30$
- 통 4에 도착하는 상대빈도 $\frac{3}{20} = 0.15$

짝을 이루어 시뮬레이션을 실행한 후 학생들은 그 결과를 하나의 데이터세트로 합치기로 하였다. 학급에서 구한 상대빈도는 다음과 같다.

- 통 0에 도착하는 상대빈도 $\frac{23}{300} = 0.077$
- 통 1에 도착하는 상대빈도 $\frac{84}{300} = 0.280$
- 통 2에 도착하는 상대빈도 $\frac{100}{300} = 0.333$
- 통 3에 도착하는 상대빈도 $\frac{76}{300} = 0.253$
- 통 4에 도착하는 상대빈도 $\frac{17}{300} = 0.057$

시뮬레이션을 300회 실행한 결과는 실제로 많은 횟수이지만, 학생들은 이러한 상대빈도가 횟수를 계속 늘려도 장기적으로 유지되는지 궁금해했다. 이를 해결하기 위해 학생들은 온라인 게임[8]을 찾았다. 학생들은 이 시뮬레이션을 10000번 실행하였고 그 결과는 다음과 같다.

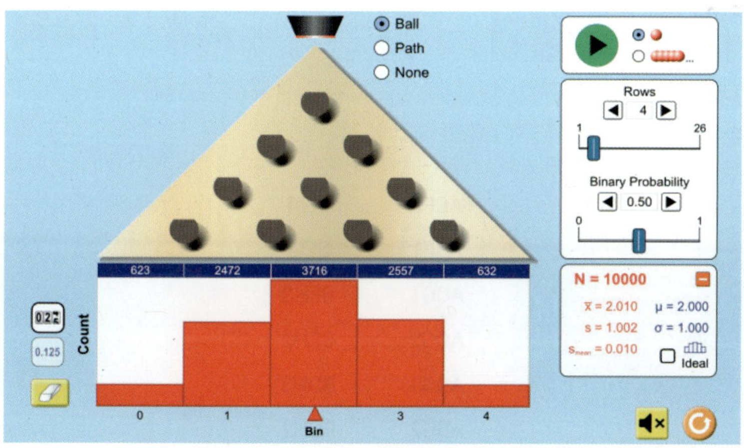

8 https://phet.colorado.edu/en/simulation/plinko-probability

이러한 대규모 시뮬레이션에서 상대빈도와 경험적 확률은 다음과 같이 계산된다.

- $P(\text{통 } 0) = \dfrac{623}{10000} = 0.062$
- $P(\text{통 } 1) = \dfrac{2472}{10000} = 0.247$
- $P(\text{통 } 2) = \dfrac{3716}{10000} = 0.372$
- $P(\text{통 } 3) = \dfrac{2557}{10000} = 0.256$
- $P(\text{통 } 4) = \dfrac{632}{10000} = 0.063$

이는 공이 각 통에 도착할 경험적 확률을 나타낸다. 다음으로, 공식과 규칙을 사용하여 이론적 확률을 계산할 수 있다. 이후 경험적 확률이 이론적 확률에 얼마나 가까운지 비교할 수 있다.

이를 위해 학생들은 시작점에서 도착점까지의 모든 가능한 경로로 이루어진 표본공간을 구성한다.

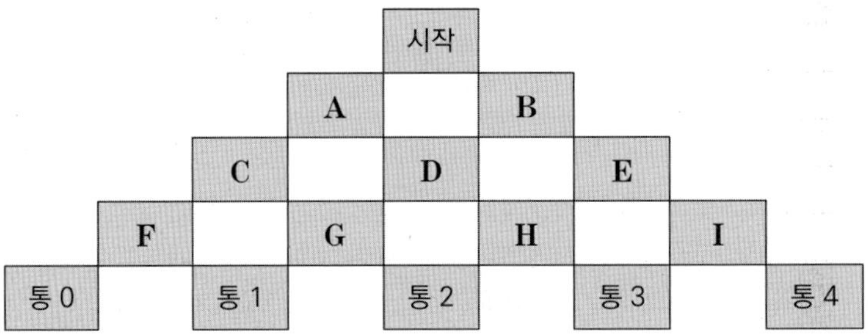

통으로 가는 16개의 경로는 다음과 같다.

ACF0	BEI4
ACF1	BEI3
ACG1	BEH3
ACG2	BEH2
ADG1	BDH3
ADG2	BDH2
ADH2	BDG2
ADH3	BDG1

가장 먼저 주목해야 할 것은 각 경로가 선택될 가능성은 균등함(등확률성이 성립함)에도 불구하고, 다른 통에 도착할 확률은 균등하지 않다는 것이다. 대신 우리는 공이 통 0보다 통 2에 도착하는 경로가 더 많다는 것을 알 수 있다. 실제로 통 0과 통 4에 도착하는 경로는 하나이며 통 1과 3에 도착하는 경로는 4가지, 통 2에 도착하는 경로는 6가지이다. 이로부터 이론적 확률을 다음과 같이 계산할 수 있다.

- $P(\text{통 } 0) = P(\text{통 } 4) = \frac{1}{16} = 0.0625$
- $P(\text{통 } 1) = P(\text{통 } 3) = \frac{4}{16} = 0.25$
- $P(\text{통 } 2) = \frac{6}{16} = 0.375$

우리는 이러한 이론적 확률이 10000번의 시뮬레이션에서 찾은 경험적 확률에 의해 매우 잘 근사되었음에 주목한다. 이로부터 학생들은 통 0과 통 4에만 상품을 넣기로 결정한다.

이 탐구에서 교사는 더 많은 행을 추가함으로써 플린코 보드[9]의 일반화를 통해 이항계수와 파스칼의 삼각형의 연결성을 탐구할 수 있다. 온라인 시뮬레이션 앱을 이용하여 플린코 보드의 행을 늘리거나 줄일 수 있다. 이 탐구의 보드에는 5개의 통이 있는 4개의 행이 있다. 행이 7개라면 공이 특정 통에 들어갈 확률은 얼마인가? 행이 10개라면? 50개라면? 세기 규칙과 패턴을 인식함으로써 우리의 결과를 각 행의 경우에 일반화할 수 있다.

먼저, 플린코 보드에 n개의 행이 있는 경우, 맨 아래에 있는 통은 몇 개인가? 정답은 $n+1$개의 통이 있다.

다음으로, 앞의 4개 행의 예에서 하단까지 가는 16개의 가능한 경로가 있다는 것을 확인하였다. 우리는 모든 경로를 나열해 보면서 이를 확인하였으나, 4개의 행에 대해 총 $2^4 = 16$개의 경로가 있다는 것을 알 수 있다. 일반적으로 n개의 행의 경우, 이는 총 2^n개의 가능한 경로가 있다는 것을 의미한다. 이는 이론적 확률의 분모를 알려준다.

분자의 경우, 각 통으로 가는 경로의 수를 표현해야 한다. 이전과 같이 $n+1$개의 통을 0부터 $n+1$까지 레이블을 지정할 수 있다. 시뮬레이션을 통해, 중간의 통들에 더 많은 공들이 도착한다는 것을 알 수 있고, 통에 이르는 경로의 수가 중간의 통을 중심으로 대칭이라는 것을 알 수 있다. 이로부터, 우리는 통 0으로 이어지는 경로의 수는 통

9 (역주) 위와 같이 못을 박고 공을 떨어뜨리는 게임에 사용되는 판을 플린코 보드(Plinko board)라 한다.

$n+1$로 이어지는 경로의 수와 같을 것이고, 통 1은 통 n과 같고, 통 2는 통 $n-1$과 같다는 것을 알 수 있다.

먼저 행의 수를 줄이고 통으로 가는 경로의 수를 확인할 수 있다. 예를 들어, 두 개의 행이 있는 플린코 보드에서 통 0으로 가는 하나의 경로, 통 1로 가는 두 경로, 통 2로 가는 하나의 경로가 있다.

이 보드에 하나의 행을 더 추가하면 다음 규칙이 있다.

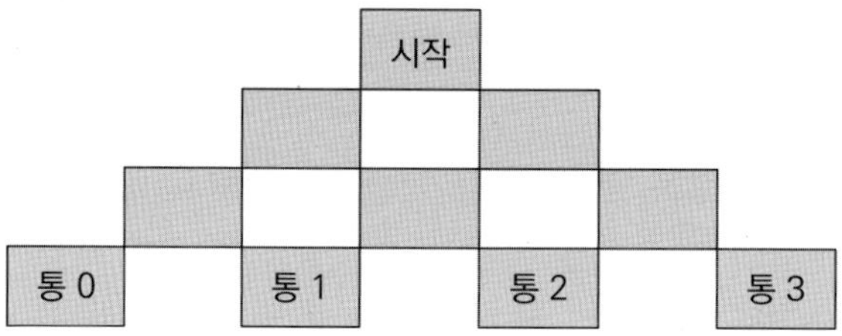

이 플린코 보드에서 통 0으로 가는 경로 하나, 통 1로 가는 경로 3개, 통 2로 가는 경로 3개, 통 3으로 가는 경로 하나를 다시 계산할 수 있다.

이때 우리는 친숙한 패턴인 파스칼의 삼각형이 나타나는 것을 관찰할 수 있다. 사실, 4개의 행이 있는 플린코 보드에서 통 0으로 가는 경로는 1개, 통 1로 가는 경로는 4개, 통 2는 6개, 통 3은 4개, 통 4는 1개이다. 이는 정확히 파스칼의 삼각형의 다음 행이다. 파스칼의 삼각형에 대한 지식을 활용하여 n행 플린코 보드에서 $n+1$개의 통들로 가는 경로의 수를 알 수 있다. 이는 이항계수로 지정되어야 한다. 따라서 n행 플린코 보드에서 통 k로 가는 경로의 수는 다음과 같다.

$$\mathrm{C}(n,\ k) = {}_n\mathrm{C}_k = \frac{n!}{k!(n-k)!}$$

이항계수와 파스칼의 삼각형 사이의 연결성은 확률과 쉽게 연결될 수 있는 추가적인 수학적 아이디어이다. 이러한 연결은 본질적으로 통계적이지 않다, 그러나 이는 수학 교사와 수학교육 연구자들이 수학과 확률을 더 깊이 연결하는 방법을 제공한다. 이러한 개념을 탐구하는 것은 흥미롭지만 본 탐구의 주요 초점은 이항정리 또는 파스칼의 삼각형을 도출하는 것이 아니다. 대신 시뮬레이션이 확률을 계산하는 데 얼마나 유용한지를, 횟수를 반복함에 따라 경험적 확률이 이론적 확률로 향하는 경향이 있음을 설명하는 것이 주된 초점이다.

요약

「탐구 3A.4: 확률 게임판」에서 주요 개념은 다음과 같다.

1. 확률 계산은 의사 결정에 도움을 준다.
2. 많은 횟수의 시뮬레이션을 수행하기 위해 소프트웨어를 이용하기 전에 손으로 시뮬레이션을 수행하는 것은 개념적으로 이해하는 데 도움이 된다.

탐구 3A.5 : 시험지를 무작위로 돌려주기

탐구 목표: 이론과 시뮬레이션을 통해 확률적 모델링을 하고 확률 계산을 한다.

고등학교 교사인 제시카는 최근 자신의 통계 수업에서 시험을 치르고 시험지를 걷어 채점을 진행하였다. 이 과정에서 네 장의 시험지가 이름 없이 제출되었다는 사실을 발견하였다. 제시카가 시험지를 학급 학생들에게 돌려주었을 때 이름을 적지 않은 네 명의 학생은 시험지를 받지 못하였다. 이때, 제시카는 네 명의 학생에게 네 장의 시험지를 무작위로 나누어주기로 결정하였고, 이 학생들이 각자 자신의 시험지를 돌려받게 되기를 바랐다. 그는 각 학생들이 자신의 시험지를 받을 가능성이 얼마인지가 궁금하였고, 다음의 질문을 학생들에게 하기로 결정하였다.

네 명의 학생들 모두 정확한 시험지를 얼마만큼의 빈도로 받게 될까?

이 질문을 다음과 같이 바꾸어 말할 수 있다.

네 명의 학생들이 모두 정확한 시험지를 받을 확률은 얼마인가?

이 시나리오는 확률적 모델링을 강조한다. 탐구 질문이 확률 계산을 요구하지만 이 시나리오의 기본 아이디어는 무작위성이다. 학생들은 무작위로 시험지를 돌려받는다. 이 과정이 무작위 과정이다. 시험지를 돌려주는 이 무작위 과정의 결과는 각 학생이 정확한 시험지를 받을지 모르기 때문에 예측할 수 없다. 4개가 일치할 확률의 계산은 시험지를 되돌려주는 무작위 과정이 계속하여 반복될수록 4개가 정확하게 일치하는 가능성을 확인하는 것에 기반을 둔다.

이 수업에서 제시카는 시험지를 반복적으로 돌려주는 무작위 과정을 시뮬레이션할 수 있고, 각 시뮬레이션 후 몇 개가 일치하는지를 관찰하거나 이론적인 규칙을 사용하여 4개가 일치할 확률을 직접 계산할 수 있다. 그는 처음에는 손으로, 그 다음에는 소프트웨어를 사용하여 과정을 반복적으로 시뮬레이션한다. 그런 다음 그는 시뮬레이션을 통해 얻은 경험적 확률이 확률에 관한 규칙과 공식을 사용하여 계산한 이론적 확률에 얼마나 가까운지를 비교할 수 있다.

손으로 시뮬레이션하기 위해 제시카는 네 장의 카드를 가져와 각 시험지를 나타내도록 1부터 4까지 레이블을 지정하고, 4명의 학생을 나타내기 위해 막대 그림에 각 1부터 4까지 레이블을 지정한다([그림 1] 참고). 그는 레이블을 보지 않고 카드를 섞은 후 사람들에게 카드를 나누어준다. 카드의 번호가 학생의 레이블과 일치하는 횟수를 수로 표현할 것이다. 그림에서 2번 사람이 일치하는 카드를 받은 유일한 사람이기 때문에 일치 횟수는 1임을 알 수 있다.

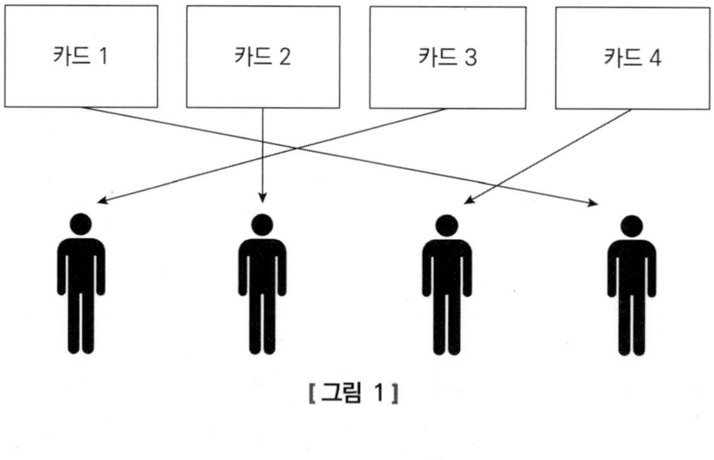

[그림 1]

다음으로 제시카는 이 무작위 과정을 25번 반복한다. 각 시도마다 일치 횟수를 구할 수 있고, 일치 횟수가 0인 경우, 1인 경우, 2인 경우, 3인 경우, 그리고 4인 경우가 발생할 때마다 각각 빗금으로 표시할 수 있다. 탐구 질문에 답하기 위해, 일치 횟수가 4인 경우는 총 몇 번이었는지를 구하여 이를 100으로 나눈다. 이 탐구에서 소프트웨어를 바로 사용할 수 있다. 예를 들면, 시뮬레이션을 수행하기 위해 다음과 같이 R을 사용할 수 있다.

```
permutations <- permutations (n = 4, r = 4, v = 1:4, repeats.allowed = F)
```

먼저 제시카는 시험지 돌려주기를 한 번 시뮬레이션한다.

```
sample_permutations <- sample(permutations, size = 1, replace = TRUE)
```

그리고 그는 100번의 시험지 돌려주기를 시뮬레이션하려 한다. 그는 먼저 소프트웨어에 시뮬레이션을 바르게 설정하기 위해 표본공간을 생각한다. 시뮬레이션에서 나올 수 있는 모든 가능한 조합들을 고려하기 위해, 표본공간이 만들어진다. **표본공간**은 무작위 과정의 모든 가능한 결과들의 목록이다. 이 시나리오에서는 학생 4명이 있기 때문에 각 시험지에 해당하는 네 개의 "슬롯"이 있다. 교사가 첫 번째 학생에게 시험지 1, 두 번째 학생에게 시험지 2, 세 번째 학생에게 시험지 3, 네 번째 학생에게 시험지 4를 준다고 가정하자. 학생 네 명이 모두 정확한 시험지를 받는다면 결과로 1234가 나올 것이며 첫 번째 학생이 시험지 1, 두 번째 학생이 시험지 3, 세 번째 학생이 시험지 4, 네 번째 학생이 시험지 2를 받는다면 1342가 나올 것이다. 이 경우는 학생 1명만 정확한

결과	일치된 수	결과	일치된 수
1234	4	3124	1
1243	2	3142	0
1324	2	3214	2
1342	1	3241	1
1423	1	3412	0
1432	2	3421	0
2134	1	4123	0
2143	0	4132	1
2314	1	4213	0
2341	0	4231	2
2413	0	4312	0
2431	1	4321	0

시험지를 받았다. 가능한 24개의 결과로 표본공간을 만들고, 아래와 같이 표에 각 결과와 일치된 수를 기록할 수 있다.

이 표에서 네 개의 시험지가 모두 일치하는 결과는 한 번(결과 1234)만 발생하였음을 알 수 있다. 두 시험지가 일치한 결과는 5번(결과 1243, 1324, 1432, 2134, 4231) 발생하였다. 하나의 시험지가 일치한 결과는 9번(결과 1342, 1423, 2314, 2431, 3124, 3214, 3241, 4132, 4213) 발생하였으며 하나도 일치하지 않은 결과 역시 9번(결과 2143, 2341, 2413, 3142, 3412, 3421, 4123, 4312, 4321) 발생하였다. 세 명이 정확한 시험지를 받으면 네 번째 학생이 정확한 시험지를 받지 않는 것은 불가능하다는 사실에 주목해볼 필요가 있다. 따라서 세 명만 정확한 시험지를 받을 확률은 0이다.

이 과정을 여러 번 시뮬레이션하여 결과 1234가 몇 번 발생하는지 확인할 수 있다. 이 시뮬레이션은 코드, 소프트웨어 또는 온라인 셔플 생성기(shuffling generator)[10]를 사용하여 수행할 수 있다. 예를 들어, R에서 시뮬레이션을 25회 시행하려면 다음의 코드를 사용하면 된다.

```
sample_permutations <- sample(permutations, size = 25, replace = TRUE)
```

R에서 시뮬레이션을 10000번 시행하여 얻은 결과는 다음과 같다.

```
allcorrect <- sample_permutations[, 1] == 1 & sample_permutations[, 2] == 2 &
 sample_permutations[, 3] == 3 & sample_permutations[, 4] == 4
table(allcorrect)
FALSE   TRUE
 9604     396
```

R에서는 10000번의 시행 중 순열 1234가 무작위로 396번 발생하였다. 시뮬레이션을 수행하면 확률을 직관적으로 설명할 수 있다. 시뮬레이션으로부터 결과 1234의 경험적 확률은 $\frac{396}{10000}$이다. 여기서 우리는 R로 코딩한 시뮬레이션을 보여주었지만 코딩에 익숙하지 않은 교사와 학생들은 다른 소프트웨어나 온라인 도구를 이용하여 시뮬레이션을 할 수 있다. 이 코드는 시뮬레이션의 하나의 예로 제공한 것일 뿐이다.

소프트웨어를 사용하여 시뮬레이션을 수행하는 대신, 이론[11]을 이용하여 확률을 계산

---

10 예를 들어, www.dcode.fr/permutations-generator

11 이 문제는 이 책의 범위를 벗어나는 확률변수(random variable)를 사용하여 공식화할 수 있다. 확률변수 X를

할 수도 있다. 이 시나리오에서 제시카는 표에 제시된 바와 같이 네 명의 학생들이 시험지를 받는 모든 가능한 경우를 나열할 수 있다. 예를 들어, 첫 번째 학생은 한 번의 배부에서 1, 2, 3, 4의 시험지를 받을 수 있다. 첫 번째 학생이 어떤 시험지를 받느냐에 따라 두 번째 학생은 남은 세 가지의 시험지 중 하나를 받는다. 세 번째 학생은 남은 두 가지의 시험지 중 하나를 받으며, 마지막 학생은 마지막까지 남은 시험지를 받는다. 이는 가능한 결과가 $4 \times 3 \times 2 \times 1 = 24$가지 있다는 것을 의미한다(첫 번째 시험지는 선택지 4개, 두 번째 시험지는 선택지 3개, 세 번째 시험지는 선택지 2개, 네 번째 시험지는 선택지 1개).

이 24가지의 가능한 시험지 배부 중 4명 모두에게 정확한 시험지가 배부되는 경우, 즉 첫 번째 학생이 시험지 1, 두 번째 학생이 시험지 2, 세 번째 학생이 시험지 3, 네 번째 학생이 시험지 4를 받는 경우는 하나뿐이다. 즉, 4명 모두에게 정확한 시험지가 배부될 확률은 $\frac{1}{24}$이다.

시험지가 모두 일치하지 않는 경우를 세어 일치 횟수가 0일 확률을 계산하면 $\frac{9}{24}$이다. 마찬가지로, 시험지가 한 명의 학생과 일치하는 경우를 세어 일치 횟수가 1일 확률을 계산하면 $\frac{8}{24}$이다. 일치 횟수가 2일 확률은 $\frac{6}{24}$이다.

보다 형식적으로, 다음과 같은 식을 쓸 수 있다.

$$\mathrm{P}(\text{일치 횟수 } 4) = \frac{1}{24}$$

우리는 이 이론적인 확률이 실제로 시뮬레이션을 10000번 수행했을 때의 경험적 확률과 거의 같다는 점을 확인하였다. 단기적으로는 손으로 100회 시뮬레이션하여 $\frac{4}{100}$의 확률을 확인하였으며 이 확률은 시행 횟수를 10000번으로 늘림에 따라 $\frac{1}{24}$로 정착되었다. 우리는 무작위 과정의 시뮬레이션 횟수를 늘렸고, 경험적 확률은 확률 공식을 사용하여 구한 이론적 확률로 수렴하였다.

또한 수업에서 교사는 시험지를 무작위로 돌려주지 말고, 학생들은 항상 시험지에 자

정확히 배부된 시험지의 수로 정의하자. 확률변수는 가능한 24개의 결과를 모은 표본공간에서 집합 $\{1, 2, 3, 4\}$으로의 함수이다. 확률변수는 시험지와 학생이 정확하게 일치한 횟수이다. 이때 확률은 P(일치 횟수 4) $= \mathrm{P}(X=4) = \frac{1}{24}$과 같은 방식으로 형식화될 수 있다. 앞서 언급한 바와 같이 확률변수는 이 책의 범위를 벗어난다. 확률변수에 관한 이론적 공식에 대해 더 알고 싶은 독자들은 다른 책을 참고할 수 있다.

신의 이름을 쓰는 것을 잊지 말아야 한다는 점을 인식하도록 해야 한다.

앨런 로스먼(Allan Rossman)과 베스 챈스(Beth Chance)는 유사한 시나리오(병원에 있는 아기에게 레이블이 없어, 산모에게 무작위로 배정되는 상황)에 대한 애플릿[12]을 만들었다.

이 애플릿은 많은 시행을 시뮬레이션하고, 그 결과를 볼 수 있도록 한다.

요약

「탐구 3A.5: 시험지를 무작위로 돌려주기」에서 주요 개념은 다음과 같다.

1. 무작위 과정은 개별 결과를 예측할 수 없는 과정이다. 그러나 이 과정을 여러 번 반복하면 결과에 예측 가능한 패턴이 나타난다.
2. 확률은 예측 가능한 패턴을 설명하고, 통계는 데이터에서 실제로 보이는 것과 예상되는 것을 비교하여 이러한 예측된 패턴을 사용한다.
3. 확률 모델링은 무작위 과정의 장기적 결과를 설명하는 모델을 제공한다.

이전 탐구에서는 몇 가지 중요한 아이디어를 보여주었다. 첫 번째 핵심 개념은 확률이 무작위 과정 또는 무작위 현상과 관련되어 있다는 것이다. 무작위 현상의 잠재적인 결과를 이해하는 통계적 맥락에서 확률에 대해 이야기한다. 이 무작위 사건은 시뮬레이션할 수 있는 (또는 데이터를 수집할 수 있는) 많은 가능한 결과들을 가질 수 있다. 이렇게 수집된 데이터는 통계와 연결된다. 통계는 데이터가 발생할 가능성을 이해하기 위해 데이터를 조사할 것을 요구하며, 이는 결과적으로 데이터를 어떻게 분석하고 해석할 것인지를 이해하는 데 도움이 된다.

둘째, 이러한 탐구는 장기적 상대빈도로서의 확률 아이디어를 다시 강조한다. 앞서 살펴본 예들은 사건의 장기적 상대빈도가 이론적 확률로 "안정화"된다는 점을 설명한다. 이는 데이터를 조사하여 추정하는 통계에서 기본적인 아이디어이다. 통계적인 결론을 도출하기 위해 수집된 데이터에서 실제로 보이는 것과, 데이터에서 확인해야 하는 예상되는 장기적인 패턴을 비교할 수 있다.

마지막으로, 우리는 보다 복잡한 실세계 상황을 모델링하는 시뮬레이션의 유용성을 보여주기 위해 시뮬레이션을 통해 일반적으로 연구되는 확률에 대한 법칙(확률의 덧셈

12 www.rossmanchance.com/applets/randomBabies/RandomBabies.html

정리 공식, 조건부확률 공식)을 소개하였으며 가능성이 높거나 낮은 것에 대한 의사 결정과 통계적 예측을 어떻게 하는지를 보여주었다.

탐구 3A.6 : 축구장에서의 연습 게임

탐구 목표: 시뮬레이션을 통해 확률의 덧셈정리를 도입한다.

새로운 고등학교 축구팀이 결성되었다. 선수들에게 동기를 부여하기 위해 코치는 훈련이 끝날 때마다 재미있는 게임을 할 계획이다. 게임은 코너킥으로 골을 넣는 것과 공중 드리블을 하는 것이다. 점수를 얻기 위해서는 다음 중 하나를 성공해야 한다.

- 코너킥으로 직접 골을 넣기
- 최소 6회 공중 드리블하기

팀에서는 훈련을 할 때마다 게임을 한다. 시즌 동안 100회의 훈련이 진행된다.

게임을 하기 전에 벨라는 집 옆에 있는 운동장에서 연습을 했다. 코너킥을 10번 시도하였고 그중 2번의 골을 넣었다. 또한 그는 드리블을 10번 시도하여 그중 7번은 공을 떨어뜨리지 않고 6회의 공중 드리블을 성공시켰다. 그리고 그는 집으로 돌아가 이 예비 연습을 기초로 100회의 시뮬레이션을 설정하여 게임에서 이길 확률을 계산하였다. 그는 다음과 같은 탐구 질문을 선정하였다.

벨라가 게임에서 점수를 얻을 확률은 얼마인가?

벨라는 공학 도구를 사용하여 매 훈련이 끝난 후에 진행되는 자신의 게임을 시뮬레이션한다. 그는 게임에서 두 가지 요소를 독립적으로 시뮬레이션한다. 코너킥과 드리블 기술 사이에는 관련이 없다는 중요한 가정을 한다. 따라서 두 가지 과제는 시뮬레이션에서 독립적이다. 먼저, 그는 코너킥을 하는 것에서의 가능성을 나타내기 위해 스피너를 설정한다. 연습을 기초로 코너킥으로 직접 골을 넣는 것에 20%의 가능성이 있다고 가정한다. 다음으로, 6회의 공중 드리블이 성공할 가능성을 나타내기 위해 스피너를 설정한다. 연습에서 그는 70%의 가능성으로 성공했다. 각 연습에서 그가 게임에 참여하는 것을 나타내기 위해 스피너를 만들어 손으로 돌려보았다. 시뮬레이션은 다음과 같은 이원배치표를 만들어낸다.

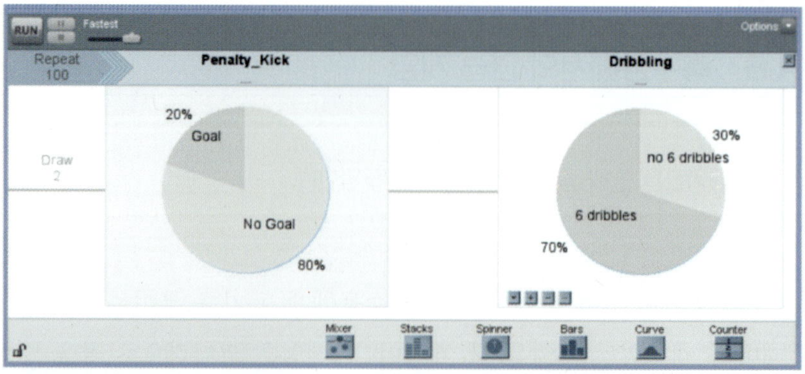

Results of Sampler 1 Options

	Join	Penalty...	Dribbling
95	No Goal,...	No Goal	no 6 drib...
96	No Goal,...	No Goal	no 6 drib...
97	No Goal,...	No Goal	6 dribbles
98	No Goal,...	No Goal	no 6 drib...
99	No Goal,...	No Goal	6 dribbles
100	No Goal,...	No Goal	no 6 drib...

이원배치표에서 벨라는 P(코너킥 골 또는 드리블 6회)를 계산할 수 있다. 그의 성공에는 서로 다른 세 시나리오가 있는데, 코너킥으로 골을 넣었지만 드리블은 성공하지 못한 경우, 드리블은 성공했지만 코너킥으로 골을 넣지 못한 경우, 그리고 코너킥으로 골을 넣고 드리블도 성공한 경우가 있다. 이원배치표에서 왼쪽 상단(4), 왼쪽 하단(20), 오른쪽 하단(51)이 이를 나타낸다. 그러므로 확률은 다음과 같이 구할 수 있다.

$$P(\text{코너킥 골 또는 드리블 6회}) = \frac{20+4+51}{100} = \frac{75}{100}$$

이원배치표에서 이 확률을 구하는 또 다른 방법은 다음을 참고하는 것이다.

$$\begin{aligned} &P(\text{코너킥 골 또는 드리블 6회}) \\ &= P(\text{코너킥 골}) + P(\text{드리블 6회}) - P(\text{코너킥 골 그리고 드리블 6회}) \\ &= \frac{24}{100} + \frac{71}{100} - \frac{20}{100} = \frac{77}{100} \end{aligned}$$

벨라는 확률을 계산하기 위해 시뮬레이션을 사용하는 대신 확률의 덧셈정리를 사용할 수 있었다. 확률의 덧셈정리를 적용할 때 벨라는 예비 연습에서 추정된 확률만 사용할 수 있다.

확률의 덧셈정리로 다음을 구할 수 있다.

$$\begin{aligned}&\text{P(코너킥 골 또는 드리블 6회)}\\&=\text{P(코너킥 골)}+\text{P(드리블 6회)}-\text{P(코너킥 골 그리고 드리블 6회)}\\&=0.2+0.7-\text{P(코너킥 골 그리고 드리블 6회)}\\&=?\end{aligned}$$

벨라가 가진 정보를 이용하여 곱사건의 확률을 구하기 위해서는, 확률의 곱셈정리를 적용할 수 있도록 "코너킥 골"과 "드리블 6회"라는 두 사건이 서로 독립이라고 가정해야 한다.

$$\text{P(코너킥 골 그리고 드리블 6회)}=\text{P(코너킥 골)}\times\text{P(드리블 6회)}$$

이제 확률은 다음과 같이 계산된다.

$$\begin{aligned}&\text{P(코너킥 골 또는 드리블 6회)}\\&=\text{P(코너킥 골)}+\text{P(드리블 6회)}-\text{P(코너킥 골 그리고 드리블 6회)}\\&=0.2+0.7-0.2\cdot 0.7\\&=0.9-0.14\\&=0.76\end{aligned}$$

우리가 확인할 수 있듯이, 100번의 시뮬레이션에서 확인한 경험적 확률은 확률에 대한 법칙을 사용하여 얻은 값에 매우 가깝다. 확률에 대한 이러한 법칙을 **확률의 덧셈정리**라 하며, 식으로 나타내면 두 사건 X와 Y에 대하여 $\mathrm{P}(X\cup Y)=\mathrm{P}(X)+\mathrm{P}(Y)-\mathrm{P}(X\cap Y)$가 성립한다. 만약 두 사건 X와 Y가 독립이라면, 이전 탐구에서 언급된 바와 같이 $\mathrm{P}(X\cap Y)=\mathrm{P}(X)\times\mathrm{P}(Y)$이다. 두 사건이 종속인 경우에는 시뮬레이션이 다르게 모델링되는데, 그러한 모델을 만들려면 두 사건의 종속 관계가 어떻게 형성되어 있는지에 대한 사전 정보가 필요하다.

요약

「탐구 3A.6: 축구장에서의 연습 게임」에서 주요 개념은 다음과 같다.

1. 두 사건 X와 Y에 대하여 다음과 같이 확률의 덧셈정리가 성립한다.
   $\mathrm{P}(X \cup Y) = \mathrm{P}(X) + \mathrm{P}(Y) - \mathrm{P}(X \cap Y)$
2. 만약 두 사건 X와 Y가 독립이면, $\mathrm{P}(X \cap Y) = \mathrm{P}(X) \times \mathrm{P}(Y)$이다.
3. 시뮬레이션은 복잡한 확률적 시나리오를 모델링하고 이해하는 데 도움이 된다.

탐구 3A.7 : 질병 진단하기

탐구 목표: 시뮬레이션을 통해 조건부확률을 도입한다.

패혈증은 학교에서 흔히 볼 수 있는 바이러스 질환이다. 이 바이러스에 감염되었는지를 추적하기 위해 의사는 신속항원검사를 실시한다. 신속항원검사는 의사가 진단을 하는 데 도움을 주기도 하지만, 이따금 잘못된 결과가 나오기도 한다. 구체적으로, 실제로 패혈증에 걸렸는데 검사 결과가 음성으로 나오거나(위음성) 패혈증에 걸리지 않았는데 검사 결과가 양성으로 나올 수 있다(위양성). 의사로서 이러한 위양성과 위음성을 이해하는 것은 환자에게 위험도를 정확히 설명하기 위해 중요하다.

의사가 한 질문은 다음과 같다.

신속항원검사 결과가 양성인데 패혈증에 걸리지 않았을 확률은 얼마인가?

의사는 이 확률을 계산하는 데 도움이 되는 몇 가지 정보를 알고 있다.[13]

1. 병원에서 신속항원검사를 받은 사람 100명 중 75명은 실제로 패혈증에 걸렸으며 인후 배양으로 확인되었다.
2. 신속항원검사의 **민감도**는 95%이다.
3. 신속항원검사의 **특이도**는 98%이다.

13 www.medicinenet.com/rapid_strep_test/article.htm 참고

검사의 **민감도**(sensitivity)는 바이러스에 감염된 환자를 정확히 식별하는 능력을 말한다. 이는 신속항원검사가 100명의 감염된 환자 중 95명을 양성으로 판정함을 의미한다. 100명의 감염된 환자 중 5명은 검사에서 음성 판정을 받는다. 이를 "위음성"이라 한다.

검사의 **특이도**(specificity)는 바이러스에 감염되지 않은 환자를 정확하게 식별하는 능력을 말한다. 이는 신속항원검사가 100명의 감염되지 않은 환자 중 98명을 음성으로 판정할 것이라는 것을 의미한다. 100명의 감염되지 않은 환자 중 2명은 검사에서 양성 판정을 받으며, 이를 "위양성"이라 한다.

탐구를 진행하기 위해, 의사는 2단계 시뮬레이션을 설정하기 시작한다. 가방에 든 다양한 색의 공을 이용하여 손으로 시뮬레이션하거나 많은 횟수의 시행을 시뮬레이션하기 위해 바로 공학 도구를 이용하는 방식으로 이 상황을 모델링할 수 있다. 우리는 손으로 하는 시뮬레이션을 간략히 언급한 후 공학 도구를 이용하여 시뮬레이션한 것을 자세히 설명한다.

이 시나리오를 시뮬레이션하려면 의사는 300개의 공과 3개의 가방이 필요하다. 첫 번째 가방은 패혈증의 감염 여부를 모델링하므로 이 가방에는 25개의 초록색 공과 75개의 빨간색 공, 총 100개의 공을 넣는다. 빨간색 공은 패혈증에 걸린 사람들을 의미하며 초록색 공은 패혈증에 걸리지 않은 사람들을 의미한다.

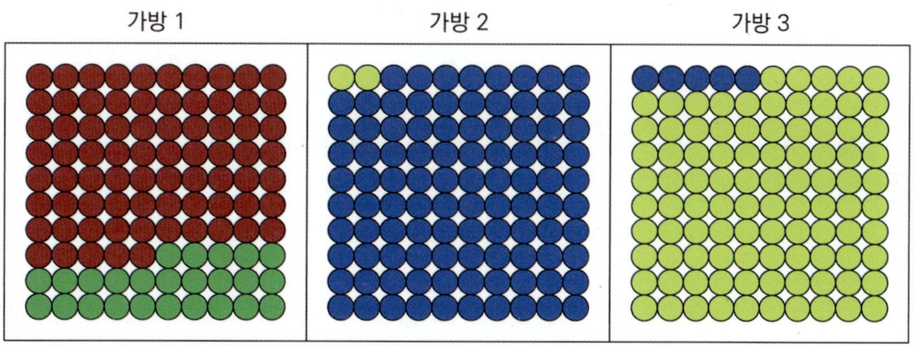

다음 가방에도 100개의 공을 넣는다. 2개의 노란색 공과 98개의 파란색 공, 총 100개를 넣는다. 이 가방은 감염되지 않은 사람이 검사를 했을 때의 잠재적인 결과를 나타낸다. 파란색 공은 음성이 나오는 것을, 노란색 공은 양성이 나오는 것을 나타낸다. 마지막 가방에도 남은 100개의 공을 넣는다. 이 가방은 감염된 사람이 검사를 했을 때의 잠재적인 결과를 나타낸다. 이 경우, 검사가 양성일 가능성은 95%이므로 95개의 노란색 공을, 음성이 나올 가능성은 5%이므로 5개의 파란색 공을 넣는다.

이 설정에서 학생들은 먼저 가방 1에서 공을 뽑고, 그 결과에 따라 가방 2 또는 3에서 공을 뽑는 2단계 시뮬레이션을 시작할 수 있다. 예를 들어, 학생은 다음과 같이 공을 뽑을 수 있다.

가방 1에서의 선택: 초록 → 가방 2에서의 선택: 노랑

또는

가방 1에서의 선택: 빨강 → 가방 3에서의 선택: 노랑

학생들은 공을 선택하고, 다시 가방에 넣고 섞는 이러한 과정을 손으로 시뮬레이션할 수 있다. 다음 이원배치표는 각 가능한 결과의 빈도가 어떠한지를 나타낸다.

	검사 결과 음성	검사 결과 양성
미감염		
감염		

네 가지 가능한 범주형 결과(미감염이면서 검사 결과 음성; 미감염이면서 검사 결과 양성; 감염이면서 검사 결과 음성; 감염이면서 검사 결과 양성)가 있다.

소프트웨어를 바로 이용하려 한다면 TinkerPlots와 같이 공으로 설계한 것과 비슷한 시뮬레이션을 사용할 수 있다. 화면의 세 스피너는 각각 위에서 언급한 가방을 나타낸다.

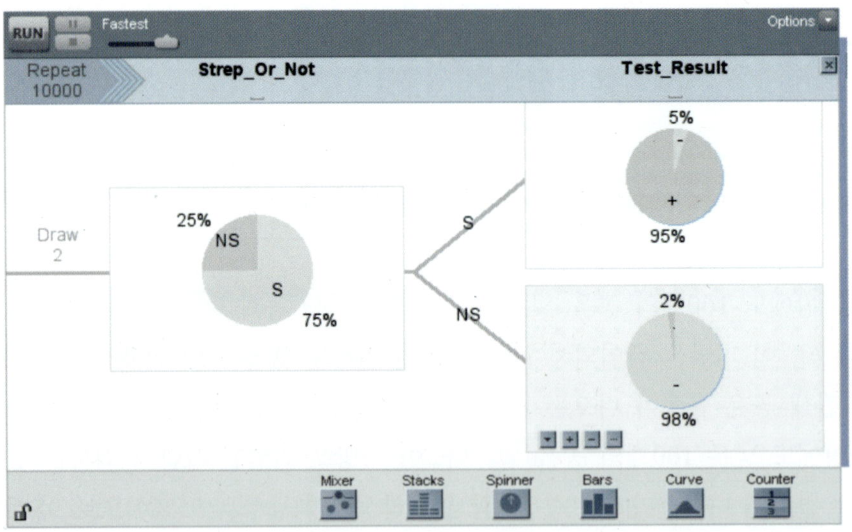

TinkerPlots에서는 몇 초 만에 시뮬레이션을 10000번 실행하여 다음과 같은 이미지를 확인할 수 있다.

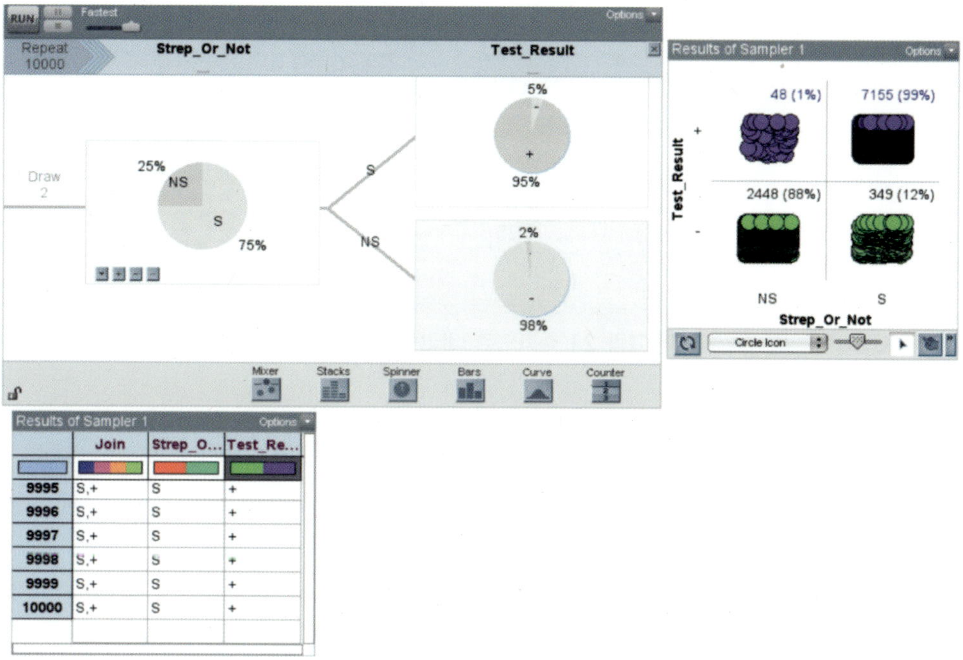

다음 표는 일어날 수 있는 네 가지 가능한 결과들을 정렬하여 나타낸다. 우리는 이 결과들을 이전에 보았던 것과 유사한 분할표로 넣을 수 있다. 이 표는 네 가지 범주형 결과의 빈도를 나타낸다.

	검사 결과 음성	검사 결과 양성	합계
미감염	2448	48	2496
감염	349	7155	7504
합계	2797	7203	10000

"당신의 검사 결과는 양성입니다"라고 말하는 상황에서, 우리는 분할표(이원배치표라고도 함)에서 검사 결과 양성에 해당하는 열에 의존하게 된다. "미감염"에 해당하는 행과 교차되는 부분을 통해 7203명 중 48명은 미감염임에도 양성 판정을 받는다는 것을 알 수 있다.

$$\mathrm{P}(\text{양성인데 미감염}) = \mathrm{P}(\text{미감염} \mid +) = \frac{48}{7203} = 0.0066$$

가능한 모든 결과를 보기 위해 [그림 2]와 같이 수형도를 사용하여 모델링할 수도 있다.

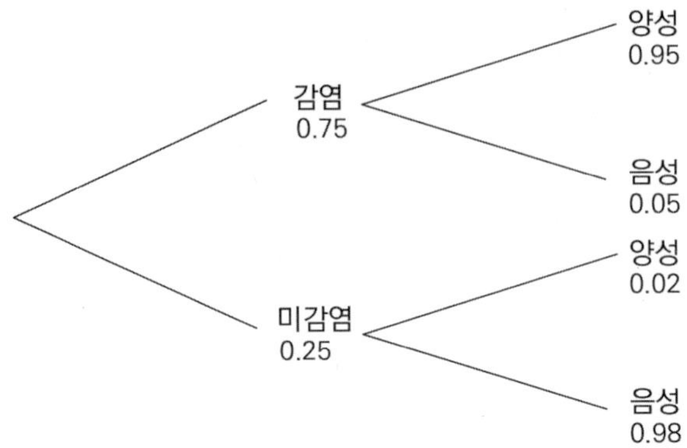

[그림 2] 수형도로 나타낸 검사 결과

[그림 2]에서, 다음의 네 가지 가능한 결과들을 확인할 수 있다.

- 감염이면서 검사 결과 양성
- 감염이면서 검사 결과 음성
- 미감염이면서 검사 결과 양성
- 미감염이면서 검사 결과 음성

첫 번째 경로의 확률은 P(감염 그리고 +)= P(감염∩+)=0.75×0.95

두 번째 경로의 확률은 P(감염 그리고 −)= P(감염∩−)=0.75×0.05

세 번째 경로의 확률은 P(미감염 그리고 +)= P(미감염∩+)=0.25×0.02

네 번째 경로의 확률은 P(미감염 그리고 −)= P(미감염∩−)=0.25×0.98

확률은 조건부확률 공식, 즉 두 사건 X와 Y에 대하여 $\mathrm{P}(X|Y) = \frac{\mathrm{P}(X \cap Y)}{\mathrm{P}(Y)}$임을 이용하여 계산할 수도 있다.

이 문제에서는 다음과 같이 확률을 구하는 데 위 공식을 활용할 수 있다.

$$\mathrm{P}(\text{미감염}|+) = \frac{\mathrm{P}(\text{미감염} \cap +)}{\mathrm{P}(+)}$$

조건부확률 공식을 사용하여 다음과 같이 확률을 계산한다.

$$P(\text{미감염}|+) = \frac{P(\text{미감염} \cap +)}{P(+)} = \frac{(0.25 \times 0.02)}{(0.25 \times 0.02) + (0.75 \times 0.95)} = 0.0069$$

이는 검사 결과가 양성으로 나왔는데 패혈증에 걸리지 않았을 확률이 0.69%라는 것을 보여준다. 조건부확률 공식을 사용할 때는 결과를 시뮬레이션할 필요가 없다. 조건부확률 공식은 이론적 확률을 알려주며 시뮬레이션을 통해 계산된 확률은 경험적 확률이다. 이 확률들이 매우 유사하다는 것에 다시 주목할 필요가 있다. 실제 시뮬레이션에서는 확률이 0.0066이고, 이론적 계산을 통해 얻은 확률은 0.0069인데 이 두 값은 거의 같다. 경험적 확률이 이론적 확률에 수렴한다는 것을 알 수 있다.

시뮬레이션은 이와 같이 더욱 복잡한 상황에서 우리가 과정을 "보게끔" 도움을 주고 계산을 통해 구한 확률이 실제로 맞다는 확신을 준다. 간단한 확률의 예에서 우리의 직관은 도움을 주지만, 복잡한 시나리오에서는 직관이 정확하지 않은 경우가 많다. 그러나 시뮬레이션을 통해 우리는 계산 과정에 대해 스스로 확신할 수 있고 학생들이 확신케 할 수도 있다. 이는 학생들이 단순히 공식을 암기할 것이라 기대하는 것에 머무르게 하는 대신, 학생들을 위한 풍부한 활동을 제공해준다.

요약

「탐구 3A.7: 질병 진단하기」에서 주요 개념은 다음과 같다.

1. 두 사건 X와 Y에 대하여 조건부 확률은 $P(X|Y) = \frac{P(X \cap Y)}{P(Y)}$이다.
2. 복잡하고 직관적이지 않은 상황에서의 시뮬레이션은 확률을 명확히 하고 확신을 갖는 데 큰 도움을 제공한다.
3. 시뮬레이션을 시나리오의 모델로 사용함으로써 복잡한 확률적 결과를 이해하는 데 도움이 된다.
4. 이원배치표와 수형도로 시각화한 것을 이용하면 공식을 적용하는 것보다 조건부 확률에 대한 개념적 이해를 도모할 수 있다.

더 알아보기

1. A라는 사람과 B라는 사람이 무인도에 있고, 그곳에 바나나 한 개가 있다고 가정하자. 그들은 각각 주사위를 가지고 있고, 누가 이 마지막 바나나를 먹을지 결정하기 위해 게임을 해야 한다. 게임은 다음과 같이 진행된다. 각 플레이어는 주사위를 던지고 나온 결과들을 곱한다. 만약 곱이 6의 배수이면 플레이어 A가 이긴다. 만약 곱이 6의 배수가 아니면 플레이어 B가 이긴다. 당신은 어느 플레이어가 될 것인가?

2. 다음 시나리오에 대한 시뮬레이션을 설계하여라. 손으로 20회의 시뮬레이션을 반복 수행하여라. 시나리오와 관련된 이론적 확률을 계산하고 앞서 구한 경험적 확률과 이론적 확률 사이의 관계에 대해 논의하시오.

> 한 교사 단체 내의 교육과정 위원회에서는 2인으로 이루어진 산하의 소위원회를 구성하려 한다. 소위원회에서 활동할 수 있는 8명의 후보가 있으며, 4명은 남부 출신이고 4명은 북부 출신이다. 위원회에서는 지역 대표성을 확보하기 위해 남부와 북부에서 각 1명씩 선택되기를 희망한다. 2인 소위원회가 지역 대표성을 확보할 가능성은 얼마인가? 같은 질문을 다음과 같이 바꾸어 표현할 수 있다.
>
> **2인 소위원회가 한 명의 남부 위원과 한 명의 북부 위원으로 구성될 확률은 얼마인가?**

Unit 3A의 탐구는 시뮬레이션을 이용하여 깊이 있고 철저하게 확률을 도입한다. Unit 3A에서의 탐구는 확률을 이용하여 실세계 상황의 데이터를 모델링하고, 경험적 확률을 이용하여 무엇이 일어날 법하고 무엇이 그렇지 않은지에 대해 추정하고 통계적으로 예측하게 한다. 나아가 이를 통해 확률과 통계 간의 연결성을 드러내고자 한 것이다. 다시 말하지만, 통계는 무작위성에 기반을 두어 결론을 도출하는 방법이며 확률은 무작위성을 모델링하고 수량화하는 도구를 제공한다.

우리는 복잡한 확률적 시나리오에서 직관이 정확하지 않은 경우가 자주 발생한다는 사실을 알고 있다. 시뮬레이션은 복잡한 상황에서 결과를 탐색하고 우리의 직관을 확인하는 방법을 제공한다. Unit 3A에서 앞서 소개된 공학 도구로 시뮬레이션을 사용하는 것은 소프트웨어의 기능에 의존한다는 점을 알아야 한다.

소프트웨어를 사용할 수 없었던 과거에는 확률을 계산했을 때 무작위 과정을 여러 번(예를 들어, 10000번) 시뮬레이션하는 것이 거의 불가능했다. 따라서 오늘날에 비해 공식과 이론적인 규칙에 더 의존하곤 했다. 시뮬레이션의 장점은 대학생뿐만 아니라 유·초·중·고 학생들도 확률적 모델링을 접할 수 있도록 한다는 것이다.

시뮬레이션은 주 규준 중 중학교 수준에서, 확률에 대한 법칙은 고등학교 수준에서 명시적으로 언급된다. Unit 3A의 탐구는 규준을 따르는 모든 학년에서 사용할 수 있다. 학생들이 시뮬레이션 과정을 충분히 이해하도록, 먼저 각 시뮬레이션을 손으로 수행한 뒤에 공학 도구로 이동하는 것을 제안한다.

다른 애플릿과 소프트웨어를 이용하여 시뮬레이션을 수행할 수 있다. StatCrunch, TinkerPlots, Stapplet.com 외에도 몇 가지 온라인 시뮬레이션 게임을 소개하였다. 앞서 소개된 소프트웨어가 유용하기는 하지만, 이러한 시뮬레이션을 수행하는 데 이것들만 사용할 수 있는 것은 아니다. 탐구의 예는 시뮬레이션이 시나리오를 모델링하기 위해 어떻게 설정되어야 하는지를 설명하기 위한 것이며, 이후에는 어느 소프트웨어에서든지 시뮬레이션을 수행할 수 있다.

참고 문헌

Martin, W. G. (2000). *Principles and standards for school mathematics*. Volume 1. National Council of Teachers of Mathematics.

National Governors Association (2010). Common core state standards. Washington, DC.

Unit 3B

통계에서의 확률

이제 확률 개념과 확률 시뮬레이션 아이디어에 익숙해졌으므로 이러한 아이디어가 통계에서 어떻게 사용되는지 이해할 수 있다. 통계에서는 데이터 수집의 구성 요소로 **무작위 표집**과 **무작위 할당**이라는 두 가지 방식으로 무작위성을 활용한다. 표본을 어떻게 구성할지 결정할 때 무작위 선택을 적용하면 편향을 줄이는 데 도움이 된다. **편향**(bias)은 표본을 구성할 때 특정 개체들을 (우연적으로가 아니라) 체계적으로 선호하는 것을 말한다. 이론상 무작위 선택은 목표 모집단을 대표하는 표본을 생성한다. 즉, 표본의 데이터 분포는 전체 모집단의 데이터 분포와 유사하다. 연구에서 단위들을 무작위로 할당하면 잠재적인 교란변수의 영향을 균형 있게 조정하고 변수 간의 인과관계를 설정하기 위한 기초가 제공된다. 이것들은 모두 데이터를 수집할 때 사용되는 무작위 과정이다. 이러한 무작위 과정은 데이터를 사용하여 의사 결정, 추리 및 일반화를 수행하고 원인과 결과를 보여줄 수 있기 때문에 통계의 기초가 된다. **추리**는 표본을 사용하여 모집단에 대한 정보를 추정하고 일반화할 수 있음을 말한다. **원인과 결과** 또는 인과관계는 하나의 처치 또는 조건이 다른 처치 또는 조건을 발생시킨다는 것을 의미하는 진술이다. 즉, 한 변수의 값의 변화는 다른 변수의 값의 변화를 만들어낸다.

무작위 표집(random sampling)[14]은 통계적 추리를 위한 기둥 역할을 한다. 예를 들어, 한 집단의 지원자와 함께 수행한 연구 결과를 더 큰 모집단으로 일반화할 수 없다. 더 많은 난민이 정치적 망명을 통해 미국에 입국하는 것을 허용해야 하는지 여부에 대한 미국 사람들의 생각이 궁금하다고 가정해보자. 여론조사가 이미 미국에 거주하고 있는 난민 혈통의 사람들만을 대상으로 하는 경우, 난민 혈통의 사람들이 일반 미국 거주자보다 더 많은 난민을 받아들여야 한다는 데 동의할 가능성이 높기 때문에 해당 여론조사 결과를 더 큰 모집단으로 일반화시킬 수 없다. 중대한 국면에 대한 사람들의 의견에 대해 정확한 통계를 생성하려면 원칙적으로 미국 인구를 대표하는 표본을 생성하는 무작위 표본의 사람들을 대상으로 여론조사를 실시해야 한다.

14 (역주) 우리나라 고등학교 수학과 교육과정에서는 '임의추출'이라는 용어를 사용한다. 그러나 수학에서 '임의'는 any나 arbitrary의 번역어로 주로 사용되기 때문에, 이 책에서는 random sampling을 나타내는 용어로서 '무작위 표집'이 더 적절하다고 판단하였다.

무작위 할당(random assignment)은 인과관계를 세우기 위한 기둥 역할을 한다. 은퇴 여부를 고민하고 있는 60대 초반의 남성, 디트릭의 사례를 살펴보자. 디트릭은 친구들과 은퇴할 가능성에 대해 이야기를 하고 있는데, 그중 한 사람이 은퇴한 사람들은 은퇴하지 않은 사람들보다 일찍 죽을 가능성이 더 높다고 말한다. 친구의 결론을 정당화하기 위해 디트릭은 은퇴한 사람이 은퇴하지 않은 사람보다 빨리 죽을 가능성이 더 높은지 여부를 보여주는 연구를 찾아야 한다. 연구에서 특히 은퇴가 조기 사망으로 이어진다는 인과적 주장을 하려면 조기 퇴직 또는 정년 퇴직이라는 두 가지 가능한 상황 중 하나에 연구 대상을 무작위로 할당해야 한다. 윤리적인 문제 때문에 실제로 수행할 수 있는 무작위 할당 실험의 유형이 제한될 수도 있다. 예를 들어, 사람들에게 조기 퇴직을 강요할 수 없으므로 이 연구는 비윤리적인 것으로 간주될 수 있다. 만약 이러한 연구가 가능하다면 조기 퇴직자의 사망 비율과 정년 퇴직자의 사망 비율에 유의한 차이가 있는지 분석해야 인과관계의 주장을 만들어낼 수 있다. 그러나 디트릭이 그의 친구에게 주장의 근거를 물었을 때 친구는 자신이 알고 있는 많은 사람들에게 일어난 일이라고 진술했다. 그는 일찍 은퇴한 친구는 일찍 죽고, 늦게 은퇴한 친구는 더 늦게 죽는 것을 관찰했다. 이를 통해 친구는 조기 은퇴가 조기 사망의 원인이 된다는 결론을 내렸다. 디트릭의 친구는 일화적인 데이터에 의존하고 있다. 누군가는 건강이 좋지 않아서 조기 퇴직을 했을 수도 있고, 조기 퇴직자 중 누군가는 더 나은 건강 관리를 위한 경제력을 지녔을 수도 있지만, 일화적 데이터는 이러한 잠복변수를 고려하지 않는다. 사람들의 말을 주의 깊게 들어보면 그 말 속에 함축된 의미의 타당성을 고려하지 않고 항상 이러한 유형의 결론을 내리는 것을 알 수 있다. 따라서 무작위 할당에 대해 알고 이것이 결론을 도출하는 데 어떤 역할을 하는지 이해하는 것은 합리적인 의사 결정을 내리기 위해 매우 중요하다.

Unit 3B.a와 Unit 3B.b에서는 최신 뉴스 기사에서 볼 수 있는 무작위 표집 및 무작위 할당 아이디어를 소개하는 사례연구를 제시한다. 또한, 무작위 표집 및 무작위 할당과 관련된 탐구 방법을 제시하고, 통계에서 확률과 무작위성이 우리에게 제공하는 것을 탐색한다.

Unit 3B.a. 통계에서의 확률: 무작위 표집

통계적 추리는 모집단에 대한 결론을 도출하기 위해 해당 모집단에서 추출한 표본으로부터 얻은 정보만을 사용하는데, 통계에서는 이러한 추리를 도출하기 위해 확률을 사용한다. 무작위 표집은 추리를 위한 기본적인 조건을 제공한다. Unit 3B.a에서는 무작위 표집과 추리를 도출하는 데 무작위 표집의 중요성을 논의한다.

모집단에 대한 정보를 수집하려고 하지만 해당 모집단이 너무 커서 (1) 모집단 내 각 개체의 정보를 직접 구할 수 없거나 (2) 각 개체의 정보를 확인할 수 있는 자료가 없다고 가정해보자. 전체 모집단의 특성에 대한 이해를 돕기 위해 해당 모집단의 부분집합에서 정보를 수집할 수 있다. 통계에서 모집단의 부분집합을 표본이라고 하며 표본을 선택하는 가장 좋은 방법을 아는 것은 중요한 과정이다. 예를 들어, 어느 학교의 관리자는 '포켓몬고' 게임이 학생들을 활발하게 움직이게 하는지 여부에 대한 학생의 의견을 구하고자 한다. 관리자가 현재 운동팀에 소속된 학생에게만 의견을 묻는 경우, 관리자는 표본에 있는 학생들의 생각으로부터 고등학교에 있는 모든 학생이 포켓몬고 게임은 학생들을 활발하게 움직이게 해준다고 결론을 내릴 수 있다. 그러나 질문을 받은 학생들은 학교의 모든 학생 중에 특수한 부분집합이기 때문에 포켓몬고 게임이 학생들을 활발하게 움직이게 하는 것에 대한 관리자의 결론을, 해당 고등학교에 있는 전체 학생으로 일반화할 수는 없다.

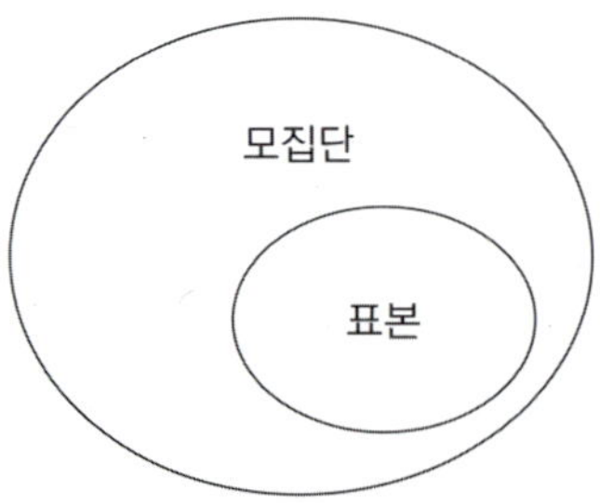

사례연구 6 여론조사

사람들은 보통 표본에서 얻은 정보를 사용하여 전체 모집단에 대한 결론을 내리고 일반화한다. 그러나 이를 정확하게 수행하려면 표본에는 모집단의 특성과 일치하는 모종의 특성이 있어야 한다. 표집 방법은 다양하다. 예를 들어 관심사인 모집단이 미국의 성인 유권자인 경우, 설문조사에 적극적으로 참여한 사람에게 본인의 정치적 아이디어에 대한 질문에 응답해줄 것을 요청하거나 특정 정당에 등록된 유권자 목록을 가져와 해당 목록에 포함된 사람들을 대상으로 설문조사를 실시할 수 있다. 2016년 6월 갤럽 웹사이트에 게시된 도널드 트럼프와 힐러리 클린턴의 이미지를 비교하는 사례연구 기사[15]를 살펴보자([부록 1] 참고).

이 기사는 2015년 8월부터 2016년 6월까지 각 후보자의 순호감도 변동에 대해 설명한다. 기사에서 **순호감도**는 호의적인 입장에서 설문에 참여한 사람들의 비율에서 비호의적인 입장을 취하는 사람들의 비율을 뺀 것으로 정의된다. 이 기사는 유권자 대상 여론조사가 얼마나 양극화될 수 있는지 보여주기 위해 각 후보자에 대해 단순히 호의적인 사람들의 수 또는 호의적인 사람들의 비율이 아닌 후보자의 순호감도에 대해 논의한다. 호의적인 견해와 비호의적인 견해의 차이는 각 후보자에 대한 유권자의 견해 차이의 추정값을 제공한다.

이 기사에 따르면, 설문조사는 "미국 갤럽 데일리 설문조사에서 2016년 6월 13일부터 19일까지 실시한 전화 인터뷰를 기반으로 했으며, 미국 50개 주 전체와 워싱턴 DC에 거주하는 18세 이상의 성인 3560명을 무작위로 추출한 표본을 대상"으로 실시되었다.

단순 무작위 표본은 주어진 크기의 가능한 모든 표본 각각이 선택될 가능성(확률)이 동일하다는 조건하에서 무작위로 선택된 표본을 말한다. 따라서 가능한 모든 표본 각각은 선택될 가능성이 동일하다. 게다가 단순 무작위 표집에서는 모집단의 각 개체도 선택될 가능성(확률)이 동일하다. 이 책에서는 단순 무작위 표본을 "무작위 표본"이라고 부를 것이다. 학교 교육과정의 범위를 벗어나기는 하지만 무작위성을 활용하여 표본을 선택하는 다른 종류의 전략이 있다는 점에 유의하자.

6명의 사람들이 저녁 식사에 초대되어 갔는데 식탁이 4인용이라 자리가 부족한 관계로 2명은 주방에서 식사를 해야 하는 상황을 가정해보자. 이 6명은 부엌에서 저녁 식사를 할 2명을 무작위로 선택하기로 결정했다. 이를 위해 그들은 6개의 이름을 6개의 작은 카드에 각각 작성하고 각 카드를 두 번 접은 다음 모자에 집어넣었다. 그런 다음 그것들을 잘 섞어서 2개의 카드를 선택했다. 이렇게 선택된 2명은 부엌에 앉아서 저녁 식

15 www.gallup.com/poll/193043/trump-image-slips-clinton-holds-steady.aspx?g_source=ELECTION_2016&g_medium=topic&g_campaign=tiles

사를 하게 될 것이다. 저녁 식사에 초대된 6명의 손님 모두 각각 부엌에 앉아 식사할 확률은 같고, 2명으로 구성될 수 있는 가능한 표본들 또한 각각 선택될 가능성 또한 같기 때문에 이것은 단순 무작위 표본의 한 예이다. 여기서 무작위 표본이 아닌 경우는 가장 화려한 신발을 신고 있는 2명을 선택해서 부엌에 앉도록 하는 것이다. 남성용 신발은 여성용 신발보다 무채색일 가능성이 높기 때문에 이러한 선택 방식은 무작위라고 볼 수 없다. 따라서 저녁 식사에 참석한 여성이 남성에 비해 부엌에서 식사할 대상으로 선택될 가능성이 더 높다.

장기적으로 볼 때 표본을 무작위로 추출하면 **선택 편향**(표집 편향이라고도 함)을 유발하지 않는다. 편향의 한 유형으로 선택 편향은 표집 방법으로 인해 특정 유형의 결과로 치우치는 것을 말한다. 2016년 미국 대선 후보에 대한 갤럽의 여론조사에 따르면 무작위 표본으로 성인 3560명이 선택되었다. 예를 들어, 이러한 성인이 소셜 미디어 사이트의 설문조사를 통해 선택되면 특정한 사람들만 설문조사에 응답하는 데 시간을 할애하고 특정한 사람들만 인터넷에 접속할 수 있기 때문에 편향이 발생할 수 있다. 이 표본은 사람들에게 설문조사에 자원해서 참여하도록 요청했기 때문에 투표할 수 있는 모든 성인 모집단에서 무작위로 선택된 것이 아니다. 이러한 유형의 표집은 우연적인 문제가 아니라 체계적인 문제를 유발할 것이며, 만약 전체 유권자 모집단에서 무작위로 표집이 이루어졌다면 이러한 체계적인 문제는 최소화되었을 것이다.

표본이 모집단을 대표하지 않는 경우 다른 유형의 선택 편향이 발생할 수 있다. 표본이 무작위로 선택되더라도 의도한 모집단을 대표하지 않을 수 있다. 예를 들어, 성인 3560명이 모두 매우 부유한 사람이거나 모두 여성으로 구성된 그룹과 같은 특정한 모집단에서 무작위로 선택되는 경우, 부자는 도널드 트럼프를 선호하고 여성은 힐러리 클린턴을 선호하는 경향이 있기 때문에 표집 편향이 존재할 수 있다. 이것은 체계적으로 한 후보자에게 유리한 결과를 야기할 수 있다. 여성이 여성 모집단에서 무작위로 선택되었을 수도 있지만 여기서는 표본에서 얻은 결과를 모집단 전체로 추리하는 데 관심이 있다. 따라서 특정 모집단에서만 조사를 하면 결과가 편향되어 의도한 모집단에 대한 추리를 할 수 없다.

인구통계학적으로 특정한 집단에서 정보를 수집하였다면, 뉴스 기사를 통해 그 연구 결과를 발표하는 것은 최선의 선택이 아니다. 그 연구 결과로는 더 큰 모집단(이 경우, 미국 유권자)에 대한 추리를 할 수 없기 때문이다. 갤럽 여론조사의 목적은 표본에서 얻은 정보를 사용하여 두 후보에 대한 일반적인 유권자들의 호감도에 대해 추리하는 것이다. 표본이 편향되었다면 여론조사는 이를 수행할 수 없다.

무작위 표집은 표집 편향을 최소화하기 때문에 모집단에 대해 보다 신뢰할 수 있고 대표성을 띠는 추리를 이끌어낼 수 있다. 그러나 무응답이나 응답의 진실성과 같은 다른 것들에 의해 발생 가능한 편향을 인식할 수 있어야 한다. 예를 들어, 학교에서 일어나는 성행위에 대해 설문조사를 실시할 경우, 나쁜 경험이 있는 학생은 우편으로 설문조사를 받았을 때 설문조사에 대한 응답을 회신하지 않을 가능성이 더 높고, 인터뷰를 한다고 해도 진실한 답변을 하지 않을 가능성이 더 높다. 이러한 경우에는 응답에 편향을 야기할 것이다.

갤럽 기사는 "전국 성인의 전체 표본을 기반으로 한 결과의 경우, 표집오차의 한계는 95% 신뢰수준에서 ±2%p"라는 진술문에서 추리를 적용한다. **오차한계**(margin of error)는 통계량의 변이성을 측정한 값이다. 모집단에서 표본을 반복 추출하는 경우, 오차한계는 모수의 실제 값과 비교할 때 결과로 나온 통계량에 예상되는 변이성을 측정하여 나타낸다. 이것은 표본에서 구한 통계량에 모종의 오차를 덧붙여 모집단으로 추리할 수 있음을 알려준다. 오차한계는 표집으로 인한 잠재적 변이성을 양화함으로써 우리가 표본에서 구한 기술통계량을 이용하여 모집단을 추리할 수 있도록 만들어준다.

갤럽 기사의 마지막 단락에서는 무작위 표본이 실제로 어떻게 추출되었는지를 설명한다. "전국 성인으로 구성된 각 표본에는 휴대전화 응답자 60%, 유선전화 응답자 40%의 최소 할당량이 포함되어 있으며 지역 내 시간대별로 추가 최소 할당량이 있다. 유선전화와 휴대폰 번호는 무작위 숫자 다이얼 방식을 사용하여 선택된다." 이것은 데이터의 출처를 이해할 수 있게 해주기 때문에 유용한 정보이다. 표본을 구성하기 위해 전화번호 목록을 이용하였다. 40%의 경우 유선전화에서 무작위로 번호가 선택되었고 60%의 경우 휴대전화 목록에서 무작위로 번호가 선택되었다. 이 무작위 표집 과정을 통해 3560명의 성인을 무작위로 추출한 후 전화상으로 설문조사를 실시했다. 이 과정은 무작위였기 때문에 표집 편향을 최소화하였고, 추리에 수학적인 정리를 적용함으로써 의도한 모집단인 모든 성인 유권자에 대한 결과로 일반화할 수 있었다.

체계적인 표집 편향은 표본을 무작위로 추출할 때 최소화된다. 표집 편향이 있는 경우, 표본에서 얻은 결과를 모집단으로 일반화할 수 없다. 통계에서 무작위 표집은 표본을 사용하여 모집단에 대한 추리를 이끌어내는 능력을 결정짓는 중요한 개념이다. 편향이 있는 표본을 사용하면 더 큰 모집단에 대해 추리할 수 없다.

요약

「사례연구 6: 여론조사」에서 주요 개념은 다음과 같다.

1. 단순 무작위 표본은 동일한 크기의 가능한 모든 표본 각각이 선택될 확률이 같은 조건하에서 추출된 하나의 표본을 말한다.
2. 무작위 표집은 추출된 표본 내 표집 편향을 최소화하며, 무작위 표집으로 추출된 표본은 모집단을 대표하는 경향이 있다.

탐구 3B.a.1 : 단어 표집하기[첫 번째][16]

탐구 목표: 표본통계량을 계산하고, 표집분포를 비형식적으로 도입하며, 무작위 표집을 확률 및 통계적 추리와 연결짓는다.

앞선 사례연구에서는 표본에서 얻은 정보를 이용하여 더 큰 모집단에 대해 추리할 때 표집 편향을 피할 수 있는 방법으로 무작위 표집이라는 아이디어를 도입했다. 이번 탐구에서는 무작위 표집 아이디어를 살펴보고, 그것이 우리에게 무엇을 제공해주는지에 대해 더욱 깊이 탐색해볼 것이다.

누가 쓴 글인지 알 수 없는 원고가 발견되었다. 몇몇 역사가들은 에이브러햄 링컨이 이 원고를 작성한 것이 아닌지 궁금해한다. 그들은 문체가 비슷한지 판단하기 위해 에이브러햄 링컨이 쓴 것으로 알려진 글인 게티즈버그 연설을 분석하기로 결정한다. 먼저 게티즈버그 연설문에서 사용한 단어의 길이를 탐구한다.

다음과 같은 탐구 질문을 제기하는 것에서 출발한다.

게티즈버그 연설에서 사용된 단어들의 길이는 대략 얼마인가?

1863년 에이브러햄 링컨 대통령이 한 게티즈버그 연설에 포함된 268개 단어의 모집단을 살펴보자.

16 https://askgoodquestions.blog/2019/11/11/19-lincoln-and-mandela-part-1/에서 논의되는 Allan Rossman과 Beth Chance에서 각색된 활동이다.

Four score and seven years ago, our fathers brought forth upon this continent a new nation: conceived in liberty, and dedicated to the proposition that all men are created equal.

Now we are engaged in a great civil war, testing whether that nation, or any nation so conceived and so dedicated, can long endure. We are met on a great battlefield of that war.

We have come to dedicate a portion of that field as a final resting place for those who here gave their lives that that nation might live. It is altogether fitting and proper that we should do this.

But, in a larger sense, we cannot dedicate, we cannot consecrate, we cannot hallow this ground. The brave men, living and dead, who struggled here have consecrated it, far above our poor power to add or detract. The world will little note, nor long remember, what we say here, but it can never forget what they did here.

It is for us the living, rather, to be dedicated here to the unfinished work which they who fought here have thus far so nobly advanced. It is rather for us to be here dedicated to the great task remaining before us, that from these honored dead we take increased devotion to that cause for which they gave the last full measure of devotion, that we here highly resolve that these dead shall not have died in vain, that this nation, under God, shall have a new birth of freedom, and that government of the people, by the people, for the people, shall not perish from the earth.

이번 탐구 목적을 위해 게티즈버그 연설에서 사용한 단어를 모집단으로 고려하고 관심사인 변수를 연설에서 사용한 단어의 길이로 설정한다. 단어 길이의 평균이 얼마인지 확인하기 위해 연설문 내 모든 단어의 길이를 계산하고 평균(관심사인 모집단의 값)을 계산할 수 있다. 혹은, 그 대신에 통계적 활동으로서 연설문에서 사용된 단어들 중에서 표본을 추출할 수 있고, 만약 그 표본이 적절한 것이라면 표본에서 얻은 결과를 모집단으로 일반화할 수 있다. 실생활에서 표본 정보를 사용하여 결과를 더 넓은 모집단으로 일반화하려고 할 때, 일반적으로는 모집단 전체에 대한 정보를 알 수 없다는 점을 유의해야 한다. 첫 번째 표집 방법의 경우, 맨눈으로 표본을 추출하고 이 표본을 사용하여 모집단 내 단어의 일반적인 길이를 추정하는 방법을 보여줄 것이다.

연설문에서 단어 10개를 표본으로 추출하는 것으로 시작해보자. 이를 위해 펜이나 연필을 이용하여 단어 10개에 동그라미 표시를 해 보자. 단어 10개를 선택한 후, 지시문을 계속 읽어나간다.

예를 들어, 다음 단어에 동그라미 표시를 했다고 가정해보자.

liberty, civil, battlefield, dedicate, poor, nobly,
honored, freedom, government, people

각 단어에 대해 단어의 글자 수를 세고 기록한다.

단어	liberty	civil	battlefield	dedicate	poor	nobly	honored	freedom	government	people
길이 (글자 수)	7	5	11	8	4	5	7	7	10	6

이 표본에서 단어 길이의 평균은 일곱 글자이다. 이것은 전체 연설에서 단어의 평균 길이에 대한 적절한 추정값일까?

이 질문에 답하려면 위에서 동그라미 표시를 한 단어 10개가 모집단 내 268개 단어의 길이를 대표하는지 질문해보아야 한다. 단어를 표집하는 동안 모종의 편향이 존재하는가? 표본은 무작위로 추출되었나? 이러한 질문에 대한 답을 탐구해보자. 교사들은 두 개의 점그래프를 그렸다. 상단에 있는 점그래프는 눈대중으로 추출한 표본의 평균을 보여주고, 아래 쪽에 있는 점그래프는 소프트웨어를 이용하여 선택한 무작위 표본의 평균을 보여준다.

무작위 선택과 자가 선택의 점그래프

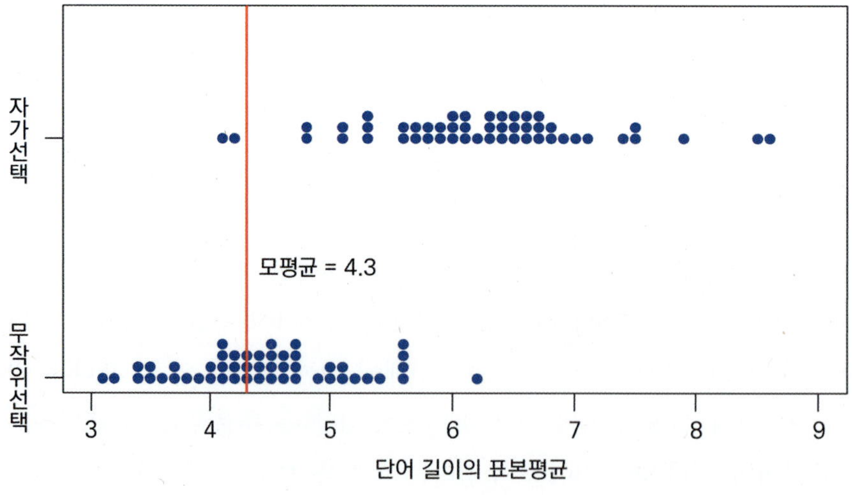

위의 그림을 통해 눈대중으로 추출하는 자가 선택 방법이 소프트웨어를 이용하여 선택한 무작위 표본에서 나온 것보다 훨씬 더 큰 표본평균을 생성했음을 알 수 있다. 이러한 결과는 우리의 눈이 긴 단어에 끌린다는 것을 보여준다. 이 표본의 경우, 각 단어가 동일한 확률로 선택되는 대신 크기에 대한 편향을 가지고 긴 단어가 더 높은 확률로 선택된다.

무작위 표집을 더욱 깊이 탐색하기 위해 게티즈버그 연설의 모든 단어를 스프레드시트에 입력한 다음 단어 10개를 무작위로 표집할 수 있다. 예를 들어, 스프레드시트는 다음 이미지와 같을 것이다.

	A	B	C	D
1	Word	Length		
2	Four	4		
3	score	5		
4	and	3		
5	seven	5		
6	years	5		
7	ago	3		
8	our	3		
9	fathers	7		
10	brought	7		

게티즈버그 연설의 평균 단어 길이가 뽑힌 표본에 따라 어떻게 달라지는지 알아보기 위해 컴퓨터 소프트웨어를 활용하여 크기 10인 무작위 표본을 생성하고 각 표본의 평균을 계산하도록 할 수 있다. 즉, 무작위로 10개의 단어를 선택하고 평균 단어 길이를 계산하는 과정을 여러 번 반복하면 표본평균은 어떻게 분포할까? 이전과 같이 평균 단어 길이가 7이 될 확률은 얼마일까?

다음 점그래프의 각 점은 크기가 10인 표본 하나에 대한 평균 단어 길이를 보여준다. 소프트웨어는 각각 10개의 단어로 구성된 서로 다른 표본 1000개를 선택했기 때문에 점그래프는 점 1000개의 분포를 보여준다.

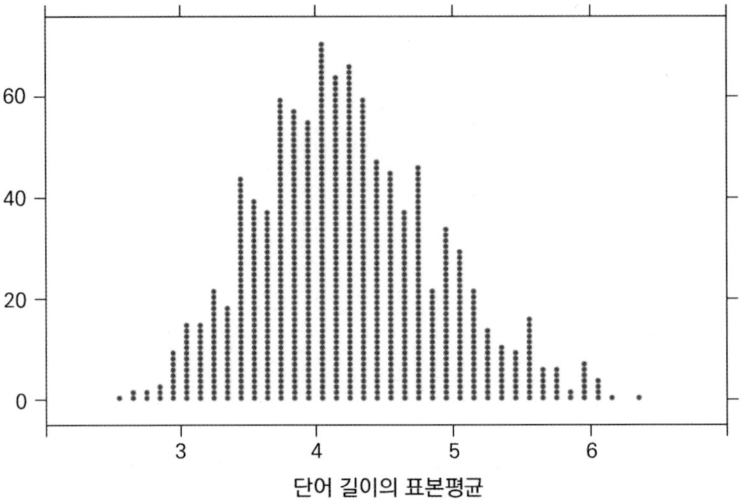

예를 들어, 단어 길이의 평균이 6인 표본은 4개 있지만, 단어 길이의 평균이 7인 표본은 없다. 이러한 결과가 놀라운가? 그렇다면 왜 그런가? 그렇지 않다면 왜 그렇지 않은가? 점그래프에서 크기가 10인 무작위 표본들의 평균이 4.3에 중심을 두고 있음을 알 수 있다. 그러나 표본평균의 값은 표본마다 많은 변이성을 내포한다. 동일한 크기의 표본을 추가로 더 추출하면 점그래프가 4.3을 중심으로 분포하고 있음이 더욱 명확해진다. 여기서 중심은 표본평균의 평균이다. 이는 장기적으로 볼 때 표본평균의 평균이 4.3 부근에 놓인다는 것을 나타낸다. 표본평균의 평균과 통계적 확률 개념을 연결짓는 것은 Unit 3C에서 더 자세히 설명한다.

앞서 단어 10개로 구성된 표본들 중 단어 길이의 평균이 7인 것은 시뮬레이션한 표본 1000개 중 하나도 없는 것으로 나타났다. 즉, 단어 길이의 평균이 7인 표본을 얻을 확률은 0 또는 거의 0에 가깝다. 물론 이 확률은 표본이 무작위로 추출되었다는 사실에 근거한다.

동그라미 표시를 하여 추출한 단어 10개로 구성된 표본은 무작위 표본일까? 아니다. 우리는 단어를 무작위로 선택했다고 생각했지만 'we'나 'a'처럼 짧은 단어는 표집에서 간과되었다. 이 표본이 진정으로 무작위가 되도록 하려면 게티즈버그 연설의 각 단어에 1부터 268까지 숫자를 할당한 다음, 제비뽑기를 하거나 난수 생성기를 사용하여 숫자 10개를 선택하면 된다. 다음 표에서 무작위 표본의 경우 단어 길이의 평균은 4.3이다.

무작위 수	84	62	102	142	57	195	97	17	226
단어	gave	of	this	will	met	dedicated	proper	conceived	we
길이 (글자 수)	4	2	4	4	3	9	6	9	2

게티즈버그 연설의 모든 단어는 모집단 전체를 구성한다. 따라서 점그래프에서 볼 수 있는 패턴을 게티즈버그 연설에 있는 단어 전체로 구성된 모집단의 실제 단어 길이 평균과 비교할 수 있다. 이 모집단의 단어 길이 평균은 4.295이다. 표본 1000개를 추출하여 그린 점그래프에서, 선택된 수많은 무작위 표본들의 평균이 약 4.3임을 알 수 있다. 즉, 표본평균의 평균은 4.3이다. 표본평균의 평균은 실제 모집단 평균에 가까운 것으로 보인다. 이 아이디어는 Unit 3C에서 더 자세히 알아볼 것이다. 이 게티즈버그 연설에 대한 탐구는 유한 모집단에서 무작위 표본을 반복적으로 선택하여 표본평균(이 경우, 단어 길이의 평균) 값들의 패턴을 확인할 수 있음을 보여준다.

게티즈버그 연설에서 확률 개념은 두 가지 방식으로 나타난다. 첫째, 연설의 각 단어가 선택될 가능성이 실제로 동일한지 (즉, 더 긴 단어가 선택될 가능성이 더 크지는 않은지) 확인하는 과정에서 확률 개념이 나타난다. 둘째, 이 예에서는 무작위 과정의 장기적인 결과로서 확률 개념을 다룬다. 장기적으로 표본평균의 평균이 확률적으로 수렴하는 값인 4.3은 실제 모집단의 단어 길이 평균에 가깝다.

요약

「탐구 3B.a.1: 단어 표집하기[첫 번째]」에서 주요 개념은 다음과 같다.

1. 표본통계량은 표본마다 다를 수 있다. 표본마다 표본통계량의 분포를 시각화하기 위해 점그래프를 이용할 수 있다.
2. 단순 무작위 표집은 표집 결과 각각이 선택될 확률은 동일하다는 사실을 보장한다. 무작위 표집이 아닌 경우, 그 표본으로부터 모집단에 대한 결론을 도출하는 것은 타당하지 않을 수 있다.

더 알아보기

1. 여성 의류 매장인 앤지패션에서는 미국 여성이 1년 중 앤지패션 메이커의 옷을 구입하는 횟수가 몇 번인지 알고자 한다. 앤지패션을 이메일로 구독하고 있는 여성 중 1500명의 표본을 추출하여 분석한 결과로부터 그중 80%가 앤지패션에서 1년에 4~6회 정도 쇼핑을 한다고 보고했다. 이 80%라는 수치는 앤지패션에서 1년에 4~6번 쇼핑하는 미국 여성의 실제 비율에 대한 현실적인 추정값이라고 볼 수 있는가? 그렇다면 그러한 이유는 무엇이고, 그렇지 않다면 그렇지 않은 이유는 무엇인가?

2. 미국 교육부에서는 운전을 하는 동안 문자 메시지를 보내는 행위의 위험성에 대해 알리는 교육을 조회 시간에 실시하라고 모든 공립 고등학교에 공문을 발송하였다. 조회가 끝난 후 학생들은 운전을 하는 동안 문자를 하지 않겠다고 다짐하는 서약식도 진행하였다. 이 프로그램이 효과가 있는지 확인하기 위해 운전 중 문자 메시지를 보내지 않겠다고 서약한 학생 1000명에게 3개월 후 연락을 취했다. 1000명의 표본 중 130명이 지난 3개월 동안 운전 중 문자를 보내지 않은 것으로 나타났다. 여기서 모집단과 표본은 무엇일까? 이 데이터를 기반으로 교육부의 기획이 성공적이었다고 결론내릴 수 있을까? 그렇다면 그러한 이유는 무엇이고, 그렇지 않다면 그렇지 않은 이유는 무엇인가?

3. 어느 학군의 교육청 장학사가 여름방학 동안 얼마나 많은 교사가 아르바이트를 하는지 궁금해한다고 가정해보자. 그 장학사는 여름방학 동안의 계획에 대해 해당 학군에 소속된 모든 교사에게 물어볼 시간이 없으므로 표본을 뽑아서 이들을 대상으로 연락하고자 한다.
   a. 이 과제를 수행하고자 하는 장학사에게 어떤 방법을 제안하겠는가?
   b. 표본을 무작위로 뽑는 것이 중요한가? 그렇다면 그러한 이유를 말하고, 그렇지 않다면 그렇지 않은 이유를 말하시오.

Unit 3B.b. 확률: 무작위 할당

Unit 3B.b의 첫 번째 절에서는 추리에 관한 진술을 만드는 기본 아이디어에 초점을 맞추었다. 통계에서 또 다른 중요한 개념은 인과관계에 관한 진술을 하는 것이다. 인과관계에 관한 진술을 하는 것은 수많은 통계 연구의 목표이다. 한 변수가 다른 변수에 어떤 영향을 미칠 수 있는지 이해하기 위해 많은 연구와 실험을 설계한다. 예를 들어, 사교육을 받는 것이 학생들의 수학 성적을 높일 수 있는지 또는 특정 약을 복용하는 것이 특정 질병을 가진 환자를 치료할 수 있는지 여부를 탐구하기 위해 연구를 설계할 수 있다.

이러한 질문을 탐구하려면 연구에 참여하는 피험자를 다른 조건에 무작위로 할당해야 한다. 수학 과외의 경우 피험자는 고등학생이 될 수 있으며 이들을 두 조건에 무작위로 할당시킬 수 있다. 한 조건은 수학 과외를 받는 것이고 다른 조건은 과외를 받지 않는 것이다. 그런 다음, 과외를 받은 학생의 성적과 과외를 받지 않은 학생의 성적을 비교해볼 수 있다. 약물의 효과에 관한 연구의 경우, 특정 질병에 걸린 환자 집단이 피험자가 될 수 있으며 약을 투여하는 집단 또는 약을 투여하지 않는 집단으로 무작위로 할당될 수 있다. 그런 다음 약을 투여한 환자와 약을 투여하지 않은 환자의 질병이 어떻게 진행되었는지 살펴봄으로써 약의 효과를 검사할 수 있다.

한 유형의 행동이나 개입이 다른 유형에 어떤 영향을 미치는지 이해하려고 한다고 해보자. 즉, 두 행동 사이의 인과관계를 탐색하는 데 관심이 있다. 그리고 인과관계의 결론을 내리기 위해 실험 연구를 수행할 수 있다. Unit 1에서 관찰 연구와 실험 연구의 차이점을 살펴보았다. **실험 연구**는 연구자가 연구의 일부 조건을 조절하는 것이다. 이러한 유형의 연구에서 연구자는 데이터를 수집하기 위해 단순히 관찰만 하지 않는다. 대신 연구자는 어떤 처치를 가하거나 개입을 하거나 혹은 절차나 프로그램을 시행한 후 그 결과를 관찰한다. 관찰 연구와 달리 실험 연구에서는 연구자가 어떤 처치를 가하고 결과를 측정한다. **실험 연구**에서는 실험 대상에 처치를 가한 다음 원하는 결과에 따라 그 대상을 측정한다. 연구자는 실험 연구를 통해 처치의 변화가 반응 변수에서 상응하는 변화를 초래했는지 여부를 연구한다. 인과관계에 관한 진술을 하려면 관찰 대상을 다른 처치나 조건에 **무작위 할당**해야 한다. 실험 연구의 처치 또는 조건은 해당 실험에서 연구 중인 요인으로 정의될 수 있다. 예를 들어, 연구자는 온라인 수학 과외 프로그램이 대면 과외만큼 학생의 성취도를 높이는 데 효과적인지 여부를 이해하는 데 관심이 있다고 가정해보자. 연구자는 실험을 수행하기 위해 한 학교에서 학생들을 모집한 다음 대면 방식의 수학 과외와 온라인 방식의 수학 과외 둘 중 하나를 받도록 **무작위 할당**할 수 있다. 여기서 대면 과외 또는 온라인 과외를 받는 과외 유형이 처치에 해당한다.

무작위 할당은 동전 던지기와 같은 무작위 과정을 통해 피험자를 대면 과외와 온라인 과외 중 어디에 할당할지 여부를 결정하는 것을 의미한다. 이 연구는 학생의 성취도를 분석하기 때문에 각 학생 집단이 모종의 특성을 갖지 않도록 하기 위해 학생들을 두 가지 유형의 사교육에 무작위로 할당하는 것이 중요하다. 예를 들어, 학생이 자신이 받을 과외 프로그램을 직접 선택할 수 있다고 할 때 온라인 과외를 선택하는 학생들은 일반적으로 컴퓨터에서 많은 시간을 보내는 학생일 가능성이 높다. 이는 온라인 과외가 컴퓨터 사용에 익숙한 학생들에게만 성취도를 높이는 데 효과적일 수 있기 때문에 연구의 편향으로 이어질 수 있다. 학생들을 무작위로 두 집단에 할당하면 컴퓨터에 대한 배경지식과 같은 외부 요인의 영향을 완화시킬 수 있다. 두 처치 집단 각각에는 다양한 컴퓨터 경험을 가진 학생들이 있을 것이기 때문이다. 예를 들어, 100명의 지원자를 대상으로 한 체중 감량 연구를 가정해보자. 연구자는 지원자들을 무작위로 두 가지 조건으로 할당한다. 하나는 새로운 식단이, 다른 하나는 현재 식단이 적용된다. 사람이 경험할 수 있는 체중 감소량에 영향을 미칠 수 있는 요인은 여러 가지가 있는데, 예를 들어 운동량이나 평소 식사량이 이에 해당한다. 무작위 할당의 경우 이러한 요인들은 실험군과 대조군 식단에 균등하게 분포되어야 한다. 즉, 두 조건 모두에서 운동량의 분포는 유사해야 한다. 이것은 어떤 잠재적 영향 요인에도 마찬가지로 적용된다. 실험 연구에서 연구자는 어떤 그룹이 어떤 처치를 받을지도 무작위로 할당한다. 무작위 할당의 목표는 측정되지 않은 변수가 특정 집단에 특별한 영향을 미치지 않도록 집단들 간에 균형을 맞추는 장치로서 역할하는 것이다.

사례연구 7 치실의 효과

합리적인 데이터 소비자가 되려면 실험 결과로부터 인과관계를 논의할 수 있게 하는 무작위 할당의 가치를 고려할 수 있어야 한다. 충치와 잇몸 질환 예방을 위한 치실질의 효과를 다룬 다음 **뉴욕타임즈** 기사[17]를 살펴보자([부록 2] 참고).

17 www.nytimes.com/2016/08/03/health/flossing-teeth-cavities.html?mwrsm=Email&_r=1

이 기사는 농림부와 보건복지부가 제공한 식생활 지침에서 치과 의사와 연방 정부 모두가 치실 사용이 충치와 잇몸 질환을 예방할 수 있다고 제안했지만, 이러한 인과관계가 적절하지 않은 방법으로 도출된 것임을 지적하고 있다. 이 기사는 전문가들 사이에서 치실 사용이 충치나 잇몸 질환을 감소시키는 것으로 나타나지 않았다는 것이 "공공연한 비밀"임을 언급하고 있다.

이 기사는 코크런 데이터베이스(Cochrane Database of Systematic Reviews)에 발표된 '1~3개월 후 치실 사용이 치태 감소에 미치는 효과를 조사한 12개의 무작위 대조 실험'을 언급하고 있다. "**무작위 대조 연구**"라는 말은 이 12개 연구에서 3개월 동안 치실을 사용하는 조건과 치실을 사용하지 않는 조건 중 어느 하나로 사람들을 무작위 할당하여 연구를 진행했음을 의미한다. 이러한 유형의 연구에서는 잠재적인 교란변수로 인해 연구 참여자를 '치실 사용' 집단에 무작위로 할당하고 나머지 연구 참여자를 '치실 미사용' 집단에 할당하는 것이 중요하다. 여기서 잠재적인 교란변수의 예로는 연구 초기에 연구 참여자들의 잇몸 질환 수준 차이가 해당될 수 있다. 연구자는 심각한 잇몸 질환이 있는 연구 참여자 전부가 동일한 처치집단에 배정되는 것을 원치 않을 것이다. 다른 수준의 잇몸 질환에 대해서도 마찬가지이다. 연구자는 무작위 할당을 통해 두 집단 간의 다양한 잇몸 질환 수준에 균형을 맞춘다. 연구 참여자의 치아를 검사하여 1개월 표시와 3개월 표시에 치태의 양을 기록했다. 이 기사는 치실 사용이 잇몸 질환이나 치은염에 어느 정도 도움이 되는 것으로 나타났지만 증거가 부족하다는 점을 지적하였다. 증거가 부족하다는 것은 치실을 사용하는 사람들의 집단과 그렇지 않은 사람들의 집단 사이에 차이가 그렇게 크지 않다는 것을 의미하거나, 일부 연구에서는 두 집단 사이에 차이가 없고 일부에서는 희미한 차이만 발견했음을 의미할 수 있다. 연구 참여자의 잇몸 질환에는 약간의 차이가 있었을지 모르지만 치태의 양은 두 집단 간에 큰 차이가 없었다.

이후 이 기사에서는 불소를 이용한 양치질의 "충치 예방" 효과가 입증되었다고 말한다. 이는 무작위 할당이 사용되었음을 함의하는 인과적 결론을 의미한다. 사람들은 장기간에 걸쳐 불소 처치 또는 비처치를 받았고 다른 시점에서 그들의 충치 양을 측정했다. 불소 처치 집단과 비처치 집단 사이의 충치 양에 차이가 커서 불소 치료와 충치 감소 사이의 인과관계에 대해 매우 강력한 증거를 제공했다.

불소와 충치 사이의 연관성이 발견되었지만, 불소와 잇몸 질환 또는 충치 사이의 관계는 통계적으로 유의한 것으로 밝혀지지 않았다. 이 기사에서는 한 의사와 인터뷰한 내용을 바탕으로 이를 언급하고 있다. 세바스찬 시안쇼 박사의 의견은 "앞으로 잇몸 질환과 충치에 대한 불소의 영향을 검증하기 위해 더 장기간의 무작위 연구가 수행되어야 한다"고 제안하였다. 현재까지 수행된 연구에 따르면 단기적으로는 효과를 보지 못할 수도 있지만 장기적인 연구를 통해 20년 후 효과를 찾아볼 수 있다. 장기간에 걸친 무작위 실험의 한 가지 문제점은 연구를 수행하는 것이 현실적이지 않을 수 있다는 것이다. 따라서 엄격한 연구가 부족함에도 불구하고 치과 의사들은 여전히 사람들에게 치실 사용을 권장한다.

이 사례연구는 무작위 실험을 수행할 때의 몇 가지 어려움을 보여준다. 이러한 어려움들이 인과관계를 주장하는 데 필수적인 중요한 기준이지만, 보통 현실에서 실행하기가 매우 어렵다. 통계에서 무작위 할당의 중요성은 인과관계를 주장할 수 있게 한다는 데 있다.

요약

「사례연구 7: 치실의 효과」에서 주요 개념은 다음과 같다.

1. 실험 연구는 연구자가 연구에서 어떤 조건을 조정하거나 부과하는 것이다.
2. 연구자는 실험 연구를 통해 원인과 결과를 연구할 수 있다. 인과관계 진술을 하려면 관찰 대상을 다른 처치에 무작위로 할당해야 한다.
3. 실험 연구에서 무작위 할당은 피험자를 처치에 할당하기 위해 우연 절차를 사용함을 의미한다.

탐구 3B.b.1 : 돌고래와 함께 수영하기

탐구 목표: 어떤 통계적 수치가 우연에 의해 발생한 것인지, 아니면 실험에서 가한 처치로 인해 발생했는지 여부를 결정하는 데, 그 통계적 수치의 장기적인 확률적 패턴을 어떻게 활용할 수 있는지를 설명한다.

연구자들은 우울증에 대한 치료법으로 돌고래와 함께 수영하는 것의 효과를 조사한 논문을 발표했다. 구체적으로, 그들은 다음과 같은 탐구 질문에 답하는 것을 목표로 했다.

돌고래와 함께 수영하면 우울증을 완화하는 데 도움이 될까?

2005년 'British Medical Journal'에 게재된 이 논문(Antonioli & Reveley, 2005)[18]은 우울증 진단을 받은 환자 30명을 두 집단에 무작위로 할당한 실험에 대해 논의한다. 환자 30명 중 15명은 돌고래와 함께 수영하는 집단에 할당되었고 나머지 15명은 돌고래와 함께 수영하지 않는 집단에 할당되었다. 이 논문에 따르면, 피험자들을 두 집단에 무작위로 할당하는 이유는 **교란변수**(confounding variables)의 영향을 완화하고 균형을 유지하는 데에 도움이 되기 때문이다. 교란변수는 연구 중인 변수에 영향을 미치므로 탐구 중인 변수들 사이의 실제 관계를 잠재적으로 감추는 변수이다. 예를 들어, 코코아 판매와 화장지 판매는 동시에 증가하고 감소하기 때문에 둘 사이에 어떤 연관성이 있는 것으로 보일 수 있다. 그러나 여기서 기온은 교란변수이다. 코코아 판매와 화장지 판매는 모두 기온과 관련이 있지만 둘 사이에는 아무 관련이 없다. 따라서 기온은 두 변수 간의 실제 관계를 가린다. 이 탐구에서 연구자들은 돌고래와 함께 수영하는 것과 우울증 사이에 인과관계를 밝히고 싶었기 때문에 실험 연구를 수행하였다.

탐구 질문에 답하기 위해 돌고래와 함께 수영한 집단 내 우울증이 감소한 사람의 수와, 돌고래와 함께 수영하지 않은 집단 내 우울증이 감소한 사람의 수 사이에 얼마나 차이가 나는지 살펴볼 필요가 있다. 연구자는 두 집단 내 우울증 개선 사이의 차이를 고려하고, 그 차이가 연구 참여자들을 처치 집단에 무작위 할당한 결과 발생한 우연 변이성에 의한 것인지, 아니면 실제로 돌고래와 함께 수영한 결과 때문인지 이해하고자 하였다. 이를 위해 두 집단 간 차이의 장기적인 패턴을 살펴보고자 한다. 바로 여기에서 확률의 역할이 등장한다. 학생들의 탐구를 돕기 위해 다음과 같은 질문을 고려해볼 수 있다.

무작위적인 우연을 가정하면 관찰된 증상의 차이가 얼마나 자주 발생할 수 있을까? 무작위적인 우연으로만 발생할 수 있는 전형적인 차이는 얼마일까?

이 연구의 결과는 연구 참여자 30명 중 13명이 연구가 완료되었을 때 우울증이 개선된 것으로 나타났다. 돌고래와 함께 수영하는 것이 우울증에 영향을 미치지 않는다고 가정할 때, 개선된 연구 참여자 13명 중 돌고래와 함께 수영한 집단에 몇 명이 포함될 것이라고 생각하는가? 이 질문에 접근하는 한 가지 방법은 돌고래와의 수영이 우울증에

18 http://archive.is/I3Bow에서 확인할 수 있다.

아무런 영향을 미치지 않는다고 가정하면 어떻게 되는지 이해하는 것이다.

돌고래와 함께 수영하거나 돌고래와 함께 수영하지 않은 후, 돌고래와 함께 수영한 사람과 그렇지 않은 사람 사이에 우울증이 개선된 사람의 수에 차이가 없었다고 가정해 보자. 이것이 사실이라면 장기적으로 실험을 계속 반복했을 때 돌고래와 함께 수영한 집단과 그렇지 않은 집단 사이에 우울증이 개선된 사람 수의 평균 차이가 0에 가까울 것이라 예상할 것이다. 이러한 결과는 두 집단 간에 차이가 없다는 증거가 된다. 차이가 0인 것에 대해 생각하는 또 다른 방법은 돌고래와 함께 수영한 집단과 돌고래와 함께 수영하지 않은 집단 각각에서 우울증이 개선된 사람의 수가 거의 같다는 것이다. 차이가 없다는 것은 총 우울증이 개선된 13명 중 대략 6~7명, 즉 다음 그림에 제시된 것처럼 두 집단 각각에 13명의 절반이 있을 것으로 예상된다는 것을 의미한다. 집단의 크기가 같기 때문에 13의 절반에 가까울 것으로 예상할 수 있다. 집단의 크기가 다르면 절반이 아닐 것이다. 이 문제에 대한 시뮬레이션을 설계할 때 이 아이디어에 대해 다시 한 번 논의할 것이다.

돌고래와 수영한 집단에서 증상이 완화된 사람	돌고래와 수영하지 않은 집단에서 증상이 완화된 사람

그러나 실제 연구에서는 우울증이 개선된 환자 13명 중 10명이 돌고래와 함께 수영한 집단에서 나왔다. 따라서 두 집단 간의 개선을 나타내는 수의 차이는 10−3=7이다. 이 차이를 우연 변이성만으로 설명할 수 있을까? **두 집단 사이에 아무런 차이도 없다면** 이러한 차이가 우연에 의해 나올 법한 결과라고 할 수 있을까? 다시 말해, 두 집단 간 우울증 수준에 차이가 없다면 장기적으로는 각 집단에서 우울증이 개선된 환자의 수가 6~7명 정도 나올 것이라 예상할 수 있는 상황인데, 단기적으로는 한 집단에서 우울증이 개선된 환자가 10명이 나올 수도 있는 것일까? 돌고래와 함께 수영하는 것이 그렇지 않은 것과 우울증 개선에 아무런 차이가 없다고 가정할 때, 우울증이 개선된 환자 13명 중 10명이 무작위로 돌고래와 함께 수영한 집단에 속할 가능성은 얼마일까? 근본적으로, 돌고래와 함께 수영하는 것이 우울증에 영향을 미치지 않는다면, 관찰된 차이 값 7이 연구 참여자들을 두 집단에 무작위 할당 처리한 결과로서 나올 법한 값인지 여부에

의문을 제기하는 것이다.

이러한 가능성과 이 차이의 장기적 패턴에 대한 모종의 직관을 얻기 위해 해당 실험에 대한 시뮬레이션을 설계하고 여러 번 수행하여, 각 시행의 차이를 기록하고 어떤 차이가 발생할 가능성이 높고 낮은지를 판단할 수 있다. 그런 다음 시뮬레이션에서 얻은 정보를 이용하여 실험 연구에서 관찰된 차이(여기에서는 돌고래와 함께 수영한 집단에서 환자 10명의 증상이 완화되고, 돌고래와 함께 수영하지 않은 집단에서 환자 3명의 증상이 완화된 상황)가 나타날 가능성이 희박한 것인지 여부를 결정할 수 있다. 실험 연구에서 관찰한 차이가 발생할 가능성이 매우 희박할 경우, 돌고래와 함께 수영하는 것이 실제로 환자의 우울증을 개선하는 데 기여할 수 있다는 결론을 내릴 수 있다.

아래 설명은 이 실험을 시뮬레이션하는 한 가지 방법이다.

> 우울증이 개선된 환자 13명 각각은 한 개의 동전 던지기를 통해 두 집단 중 어느 하나에 무작위로 할당되었을 것이다. 던진 동전이 앞면이면, 이 환자는 돌고래와 함께 수영하는 집단에 할당된다. 동전이 뒷면이면, 이 환자는 돌고래와 함께 수영하지 않는 집단에 할당된다. 장기적으로 보면 6.5명, 즉 6~7명이 돌고래와 함께 수영하는 집단에 할당되어야 한다. 두 집단 중 하나에 우울증이 개선된 환자들을 할당한 후 각 집단에 있는 환자 수를 집계할 수 있다. 이것을 1000번 반복하여 장기적으로 무슨 일이 일어날 것으로 예상되는지를 살펴보고자 한다. 직접 손으로 동전을 던져서 반복 실험을 수행할 수 있지만 시간이 너무 오래 걸리고 지루하기 때문에 대신 소프트웨어를 이용하여 시뮬레이션을 실행할 수 있다. 돌고래와 함께 수영하는 집단과 돌고래와 함께 수영하지 않는 집단은 각각 15명으로 모두 같은 크기이기 때문에, 동전 한 개를 이용하는 이 시뮬레이션이 효과적이라는 점에 주목할 필요가 있다. 한편 각 집단에 사람 수가 같지 않다면 동전 모델을 이용하여 시뮬레이션을 할 수 없다. 대신 카드와 같은 교구를 사용하여 시뮬레이션을 해야 한다. 카드로 시뮬레이션을 하려면 여전히 우울증 증상을 보이는 사람과 증상이 완화된 사람을 각각 빨간색 카드와 검은색 카드로 지정해야 한다. 이때 동전을 던지는 대신 카드를 잘 섞어 배분해야 한다.

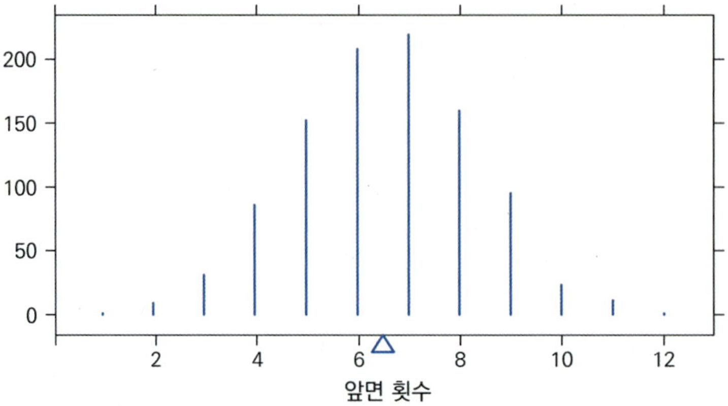

위의 히스토그램은 우울증이 개선된 환자 13명을 무작위로 할당하였을 때 그중 몇 명이 돌고래와 함께 수영하는 집단에 속하는지를 보여준다. 여기서 '공정한 동전을 던진다'의 의미는 환자를 돌고래와 함께 수영하는 집단 또는 돌고래와 함께 수영하지 않는 집단에 무작위로 할당시켰을 때 두 집단 각각에 배정될 확률이 동일함을 의미한다. 위 히스토그램은 돌고래와 함께 수영하는 집단에서 볼 수 있을 것이라 예상되는 우울증 개선 환자가 대략 6~7명임을 확인할 수 있게 한다. 6명과 7명이 가장 높은 빈도를 보이며 막대그래프에서 받침점으로 표시된 것처럼 막대그래프의 균형점이 평균 6.5 주변에 있기 때문에 이를 확인할 수 있다. 히스토그램을 보면 돌고래와 함께 수영한 집단에서 우울증이 개선된 환자가 10명 이상 나타나는 빈도는 얼마인가?

이 시뮬레이션을 1000번 반복한 결과 돌고래와 함께 수영한 사람들의 집단에 우울증이 개선된 환자가 10명 이상 포함되는 빈도는 대략 35회(또는 전체 중 3.5%)임을 알 수 있다.

이것은 우울증이 개선된 환자 13명을 두 집단에 무작위 할당했을 때 돌고래와 함께 수영한 집단에 10명이 포함되는 결과가 매우 이례적임을 나타낸다. 즉, 돌고래와 함께 수영한 집단에서 우울증이 개선된 환자 10명을 관찰하는 일은 우연 현상이 아님을 설명하는 강력한 증거이며, 돌고래와 함께 수영한 집단의 참여자들은 실제로 우울증이 개선되었음을 나타낸다. 실제로 돌고래의 영향으로 연구 참여자의 우울증이 완화되었다는 매우 강력한 증거가 있다. 이러한 아이디어는 고등학교의 통계 심화과정에서 볼 수 있는 무작위 검정(randomization test), p값, 가설 검정에서 형식화하여 다루어진다.

Strayer와 Matuszewski(2016)는 카드 한 벌을 사용하여 이 예를 직접 손으로 수행하는 방법에 대해 설명하였다. 해당 논문은 NCTM 웹사이트[19]에서 확인할 수 있다.

이 예는 확률이 통계에서 어떻게 사용되는지에 대한 또 다른 연결을 보여준다. 돌고래와 함께 수영한 집단에서 우울증 개선 환자 수의 장기적인 확률적 패턴을 알면 연구 결과가 실제로 우연에 의한 것이 아님을 확인할 수 있다. 그러나 실제로 실험 연구에서 실험은 한 번만 수행된다는 사실을 상기해야 한다. 연구자는 실험을 계속해서 반복하지 않으며 연구 참여자들을 처치 집단에 여러 번 할당하지 않는다. 이러한 시뮬레이션과 장기적인 확률적 패턴을 고려하는 목적은 단 한 번의 실험에 동일한 통계적 이해를 적용하고 해당 실험의 결과를 사용하여 두 처치 집단 간에 관찰된 차이가 우연히 발생할 가능성을 판단하는 것이다. 실험 결과가 우연히 발생한다고 말하기에 이례적인 것이라면 인과 관계를 확립할 증거를 확보하게 된다. 즉, 돌고래와 함께 수영하면 우울증이 개선된다.

요약

「탐구 3B.b.1: 돌고래와 함께 수영하기」에서 주요 개념은 다음과 같다.

1. 두 집단 간의 차이에서 보이는 장기적인 패턴을 알면, 그 차이가 우연히 발생했는지 또는 실험에 가한 처치에 의해 차이가 유도되었는지를 판단할 수 있다.
2. 장기적인 상대빈도로서의 확률 개념은 원인과 결과의 맥락에 적용될 수 있다.
3. 무작위 할당은 잠재적인 교란변수의 영향을 상쇄하기 위해 사용된다.

참고 문헌

Rossmann, A. (2019). #19 Lincoln and Mandela, part 1. *Ask Good Questions*, November 11. https://askgoodquestions.blog/2019/11/11/19-lincoln-and-mandela-part-1/.

Strayer, J. & Matuszewski, A. (2016). Statistical literacy: Simulations with dolphins. *Mathematics Teacher, 109*(8): 606-11.

19 https://pubs.nctm.org/view/journals/mt/109/8/article-p606.xml

Unit 3C

표집분포와 부트스트랩

Unit 3B에서는 확률이 통계와 연결되는 방식에 초점을 맞추었다. Unit 3C에서는 이 연결을 더욱 분명하게 제시한다. 통계에서는 모집단에 접근할 수 없는 상황이 자주 발생한다. 하지만 우리는 수치형 변수 또는 범주형 변수에 의해 정의된 모집단의 어떤 특성에 대해 알고 싶을 때가 있다. 모집단에 관한 변수를 모평균 또는 모비율과 같은 모수를 사용하여 요약할 수 있다. 우리는 모집단에서 추출한 표본에만 접근할 수 있으며, 모집단에 대한 결론을 추정하기 위해 표본을 사용해야 한다. 모집단에 관한 어떤 주장을 내세우고 모집단에 대한 정보를 제공하는 것이 통계에서 중요한 목표이지만, 이를 위해서는 표본으로부터 수집한 정보를 모집단에 어떻게든 연결해야 한다.

이 추리 문제에 대해 고려해야 할 두 가지 주된 접근법이 있다. 첫 번째는 정규분포를 사용하여 신뢰구간을 설정하는 고전적인 방법이고, 두 번째는 기술적인 부분이 강조되는 부트스트랩이 있는데 이는 현대적인 방법이다. Unit 3C에서는 현대 통계학에서 추리에 접근하는 방식에 대해 전체적으로 조망할 수 있도록 두 가지 방법을 모두 논의한다. 정규분포를 이용하여 추리 방법의 기초를 세우고 중심극한정리를 도출하는 것에서 시작하여, 부트스트랩을 이용하여 추리를 위한 기초를 다지는 것으로 마무리한다.

표본을 모집단에 연결하기 위해서는 고전적인 접근과 부트스트랩 접근 방식 모두 (1) 모집단의 무작위 표본 접근 및 선택, (2) 무작위 표본으로부터의 정보를 사용하여 모집단에 관한 추리 도출, 이 두 중요한 단계를 거쳐야 한다. 이전의 탐구에서는 이론을 구축하고 이해도를 높이기 위해 모집단에서 다수의 무작위 표본을 반복적으로 추출했지만, 실제로는 추리를 도출하기 위해 단 **하나**의 표본만 선택한다. 이 과정은 다음과 같은 그림으로 표현된다.

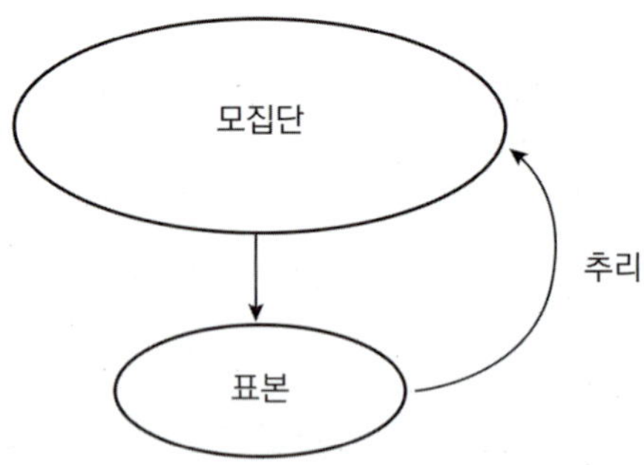

모집단의 **모수**에 대한 정보를 좀 더 구체적으로 알아보자. 모수는 수치형 변수에 대한 모집단의 평균 또는 범주형 변수에 대한

특정 범주의 모비율과 같이 어떤 방식으로든 정량화할 수 있는 모집단에 대한 특성이다. 모집단을 추리하기 위해 **표본통계량**(예를 들어, 표본평균 또는 표본비율)을 사용한다. 따라서 모수는 모집단의 수준에서 고려되고, 통계량은 표본의 수준에서 고려된다.

표집변이성(sampling variability)은 서로 다른 표본에서 나타나는 표본통계량의 변이성을 의미한다. 예를 들어, 한 사람이 모집단에서 표본을 추출하여 해당 표본의 평균을 계산했다고 가정하자. 만약 다른 표본을 추출하였다면 해당 표본에서 계산된 평균은 일치하지 않을 가능성이 크다. 예컨대, Unit 3A, 3B에서는 시뮬레이션을 이용하여 표본의 분포를 나타내는 점그래프를 그렸다. 아래에 제시된 점그래프는 단어 길이의 표본평균이 각각의 표본마다 다름을 의미한다. 여기서 각 점은 표본평균을 나타낸다. 이와 같이 각 표본에서 구한 평균들이 다양하게 나타나는 특성을 표본평균의 표집변이성이라고 한다.

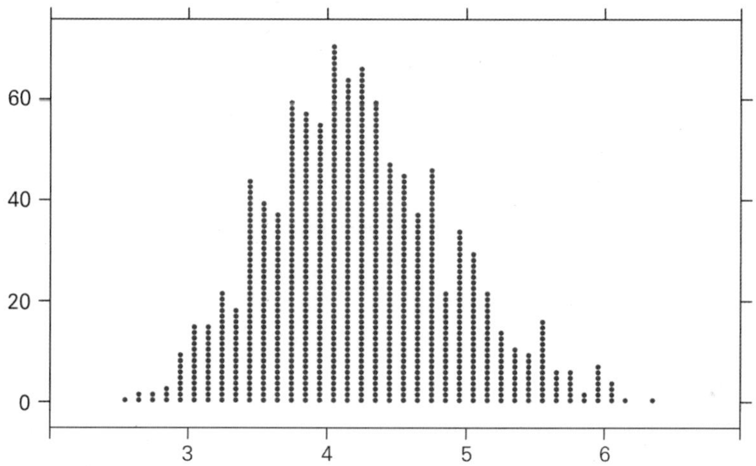

모집단에서 동일한 크기의 무작위 표본을 반복적으로 선택하는 경우, 표본평균 또는 표본비율과 같은 표본통계량은 표본마다 다르다. 이렇게 서로 다른 표본에서 나타나는 변이성을 통계량의 표집변이성이라고 한다. 통계량의 표집분포는 서로 다른 표본에서 나타나는 변이성을 설명한다.

표본평균이 표본마다 반드시 같지는 않지만, 특정한 값은 다른 값보다 나타날 가능성이 매우 크다. 실제로 일부 표본통계량의 분포는 특정한 패턴이 있는 것을 알 수 있다. 표본통계량의 분포를 **표집분포**(sampling distribution)라고 한다.

지금까지 두 가지 다른 유형의 분포, 즉 모집단 분포와 표본(또는 데이터) 분포를 다루었다. Unit 3C에서는 '**표집분포**'를 중점적으로 다룬다. 표집분포는 모집단에서 동일한 크기의 가능한 모든 표본을 추출한 다음, 가능한 모든 표본에 대한 표본통계량의 값을 계산하고 기록함으로써 만들어진다. 완전한 표집분포를 구성하기 위해서는 가능한 모든 표본에 대한 표본통계량의 값을 계산해야 한다. 만약 모든 표본이 표현되지 않는다면, 여기서 생성된 분포를 **근사표집분포**라고 부른다. 시뮬레이션을 통해 근사표집분포를 구할 수 있다. 게티즈버그 연설에 대한 표본평균의 점그래프는 근사표집분포의 사례를 제공한다. 근사표집분포는 가능한 모든 표본의 표본평균을 포함하지는 않지만, 통계량의 어떤 값이 특이하고 어떤 값이 일반적인지에 대한 정보를 제공한다. 따라서 근사표집분포는 일반적인 표본통계량과 특이한 표본통계량을 관찰할 수 있는 틀을 제공한다.

일반적으로 표집분포는 통계량으로 나올 수 있는 값과 해당 값이 발생하는 빈도에 대한 정보를 제공한다. 따라서 표집분포를 알면 단일 표본의 데이터를 기반으로 모집단에 대한 추리를 이끌어낼 수 있다. 이 통계량이 얼마나 일반적인 값인지, 혹은 얼마나 이례적인 값인지에 대한 정보를 알 수 있다면, 단 하나의 표본통계량만 알고 있어도 모집단의 모수 값을 추정할 수 있다.

표집분포는 표본과 모집단을 연결지어주는 핵심 아이디어이다. 표본과 모집단을 연결하려면 표집분포의 중요한 특징으로서 다음 두 질문에 대한 답을 알고 있어야 한다. '통계량에 대한 표집분포의 모양을 예측할 수 있는가? 표집분포의 중심과 퍼짐을 예측할 수 있는가?'

표본과 모집단이 어떻게 연결되는지를 이해하기는 다소 어렵지만 Unit 3C에서는 이 과정을 단계별로 살펴볼 것이다. Unit 3C의 목표는 표집변이성에 대해 학습하는 것, 직접 구한 표본통계량을 바탕으로 표집분포를 탐구하는 것, 그리고 모집단에 관한 추리를 이끌어내기 위해 표집분포를 어떻게 이용해야 하는지를 이해하는 것이다. 구체적으로, Unit 3C에서는 표본평균과 표집분포에 초점을 맞출 것이다.

Unit 3C에서 중요하게 다루는 이론적인 정규분포에 관한 몇 가지 배경 정보를 이야기하고자 한다. 정규분포는 봉우리가 하나 있는 대칭 형태의 종 모양 분포로서 특별한 성질을 니고 있으며, 자연에서 쉽게 발견할 수 있고 통계학에서도 자주 사용된다. 정규분포는 평균과 표준편차에 의해서만 결정되며, 그 모양은 다음과 같다.

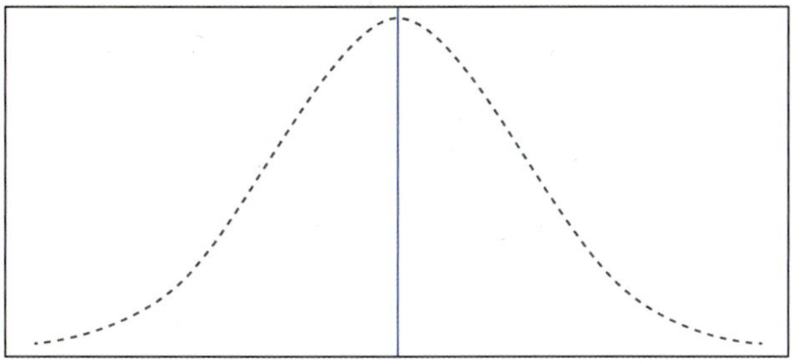

정규분포에서 곡선 아래의 넓이는 확률을 나타낸다. 예를 들어 어떤 값이 a와 b 사이에 있을 확률은 아래와 같이 색칠된 부분의 넓이로 표시된다.[20]

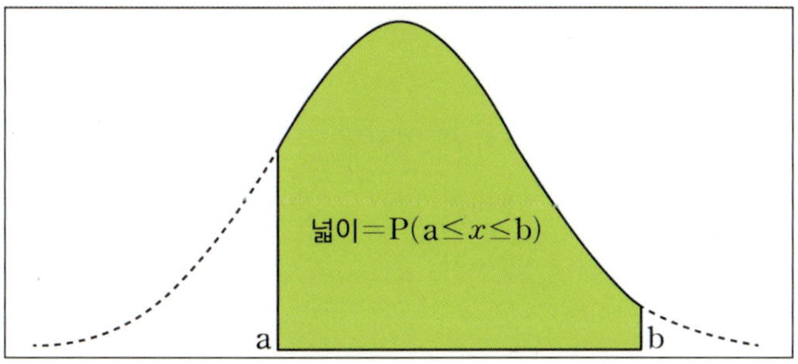

정규분포의 평균은 종 모양의 중심을 나타내는 것으로 μ로 표시한다. 표준편차는 σ로 표시하고, 평균에서 어느 정도 떨어져 있는지를 나타낸다. 종 모양의 대칭 분포에는 평균, 표준편차, 확률과 관련하여 다음[21]과 같은 몇 가지 특성이 있는데, 이를 대개 경험 법칙(empirical rule)이라고 한다.

20 a와 b 사이의 곡선 아래의 넓이는 a와 b를 포함하더라도 그 값이 같다는 점에 유의한다. 이는 한 점에서 곡선 아래의 넓이가 0이기 때문이다. 즉, $P(a<x<b) = P(a \le x \le b)$이다.

21 그림 출처는 https://commons.wikimedia.org/wiki/File:Empirical_Rule.PNG이며, Dan Kerneler가 만든 원본은 CCBY-SA-4.0이고, Creative Commons 라이센스로 Wikimodia Commons를 통해 작성되었다.

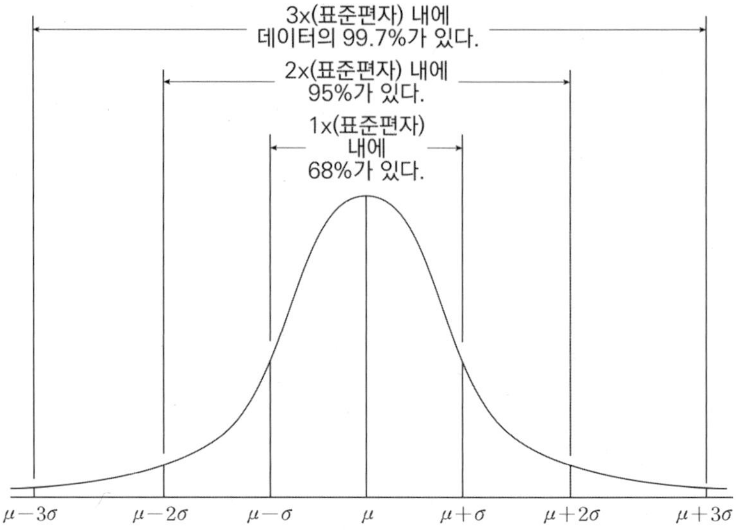

- 분포를 이루는 데이터 중 최대 68%가 평균을 중심으로 1×(표준편차) 범위에 속한다.
- 분포를 이루는 데이터 중 최대 95%가 평균을 중심으로 2×(표준편차) 범위에 속한다.
- 분포를 이루는 데이터 중 최대 99%가 평균을 중심으로 3×(표준편차) 범위에 속한다.

위 문장을 수학적으로 표현하면 다음과 같다.

- 어떤 값이 구간 $(\mu-\sigma,\ \mu+\sigma)$에 포함되어 있을 확률은 68%이다.
- 어떤 값이 구간 $(\mu-2\sigma,\ \mu+2\sigma)$에 포함되어 있을 확률은 95%이다.
- 어떤 값이 구간 $(\mu-3\sigma,\ \mu+3\sigma)$에 포함되어 있을 확률은 99%이다.

종 모양의 대칭 분포가 정규분포를 따른다면 이러한 특성은 더욱 명확하다.

- 분포를 이루는 데이터의 68%가 평균을 중심으로 1×(표준편차) 범위에 속한다.
- 분포를 이루는 데이터의 95%가 평균을 중심으로 1.96×(표준편차) 범위에 속한다.
- 분포를 이루는 데이터의 99%가 평균을 중심으로 2.576×(표준편차) 범위에 속한다.

이제 위에서 언급된 정규분포의 성질을 이용하여 첫 번째 탐구를 시작한다.

탐구 3C.1 : 단어 표집하기[두 번째]

탐구 목표: 통계량의 표집변이성을 도입하고, 시뮬레이션을 통해 통계량에 대한 근사표집분포를 구성한다.

탐구를 통해 모집단에서 여러 개의 표본을 무작위 표집하여 근사표집분포를 만들고, 이를 이용하여 통계량의 어떤 값이 나올 법한 것이고 어떤 값이 이례적인 것인지를 판단한다. 다음과 같은 탐구 질문을 생각해보자.

게티즈버그 연설에서 크기가 10인 표본을 추출할 때, 단어 길이의 평균으로 어떤 값이 나올 법한 것이고 어떤 값이 이례적인 것일까?

게티즈버그 연설에 관한 탐구에서 크기가 10인 표본을 추출하고, 1000개의 표본에서 구해진 10개 단어의 길이에 대한 평균을 계산하는 과정을 시뮬레이션하였다. 무작위 표집으로 크기가 10인 표본 1000개를 추출한 뒤, 각 표본에서 구한 단어 길이의 평균들을 점으로 나타내어 점그래프로 표현하였다.

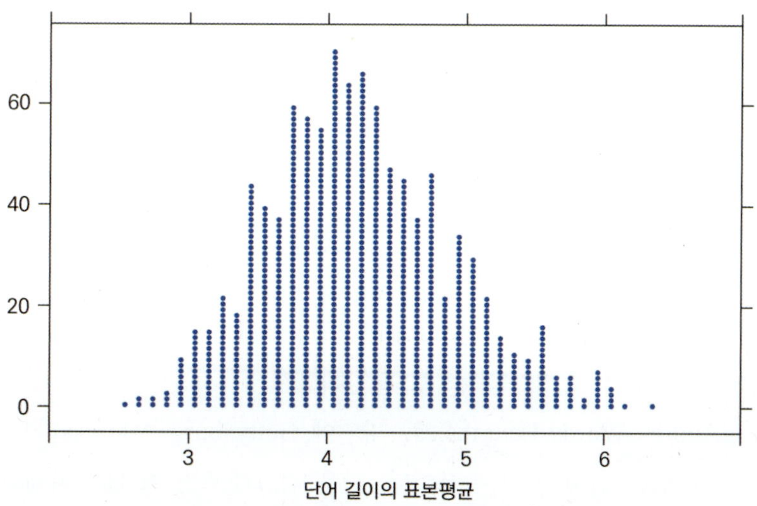

크기가 10인 표본들로부터 구한 단어 길이의 평균들이 이루는 근사표집분포

점그래프를 통해 표본으로부터 구한 단어 길이의 평균이 대체로 3.5에서 5.5 사이임을 알 수 있다. 평균이 3 이하인 경우와 6 이상인 경우는 흔치 않다. 또한, 점그래프를

통해 크기가 10인 무작위 표본 1000개로부터 구한 단어 길이의 평균 중 7 이상인 것, 2 이하인 것은 존재하지 않는다는 사실을 확인할 수 있다. 이처럼 근사표집분포를 관찰하여 표본평균들이 보여주는 패턴을 전반적으로 조망할 수 있는데, 이때 표본평균은 탐구 질문과 연결되는 통계량이다. 점그래프로 시각화된 근사표집분포가 가능한 모든 표본을 이용하여 나타낸 완전한 표집분포를 나타내는 것은 아니지만, 우리가 구한 표본통계량인 표본평균으로 어떤 값이 특이한 것이고 어떤 값이 일반적인 것인지에 대한 정보를 제공한다.

표집분포는 무작위 표본이 모집단으로부터 반복적으로 추출되는 경우, 통계량으로 나올 수 있는 값이 무엇이며, 이 값들이 얼마나 자주 나오는지를 보여준다. 또한, 어떤 통계량이 표집분포에서 자주 나오는 값이라면 그 통계량은 일반적인 것으로 간주할 수 있으며, 반대로 자주 나오는 값과 동떨어진 통계량은 이례적인 것으로 간주된다는 점을 인식해야 한다.

앞서 언급한 바와 같이, 게티즈버그 연설에 관한 점그래프는 근사표집분포를 나타낸다. 지금까지 이 책에서는 세 가지의 서로 다른 유형의 분포에 대해 논의했다.

1. 모집단 분포
2. 표본분포 (또는 데이터 분포)
3. 표집분포

이 세 가지 분포 간의 차이와 연관성을 명확히 하기 위해 다음과 같은 탐구 질문에 대한 답을 할 것이다.

모집단 분포, 표본분포(또는 데이터 분포), 표집분포 사이에는 어떤 연관성이 있는가?

Unit 3C의 도입부에서 모집단 분포, 표본분포, 표집분포를 구분했다. 이 세 가지 분포의 차이를 이해했는지 문제 맥락에서 확인해보자.

GettysburgAddressWordwLengths.csv 파일에 Gettysburg Address라는 단어가 있다. 모집단은 주소에 있는 전체 단어 목록이다. 다음 점그래프는 이 데이터세트에 대한 **모집단 분포**를 보여준다.

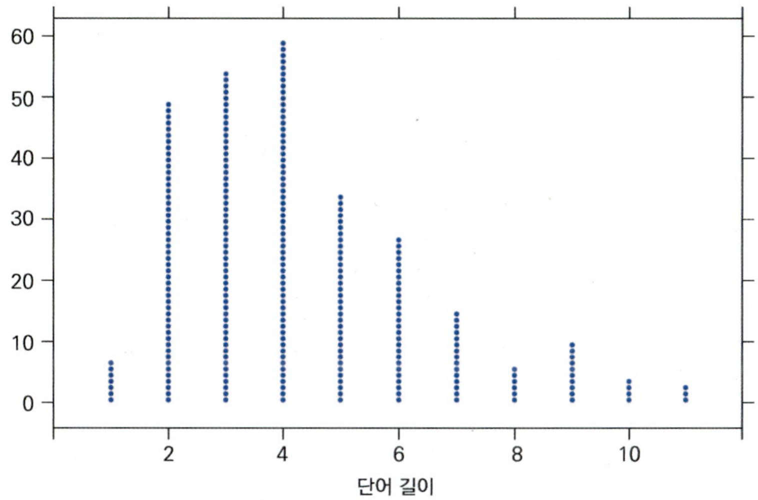

단어 길이의 모집단 분포

이 모집단의 단어 길이의 평균과 표준편차는 각각 4.29와 2.12이다. 모집단을 이루는 단어 길이의 값들은 정수여야 하지만 모평균과 모표준편차는 그렇지 않다. 여기서 4.29와 2.12는 모두 소수이다.

다음으로 크기가 10인 무작위 표본에서 각 단어의 길이를 하나씩 표시하여 표본분포를 만들어보자. 소프트웨어를 이용하여 무작위로 선택된 단어들은 and, men, birth, dead, they, shall, nation, we, a, brave이다.

이 **표본분포**는 다음과 같이 점그래프로 나타낼 수 있다.

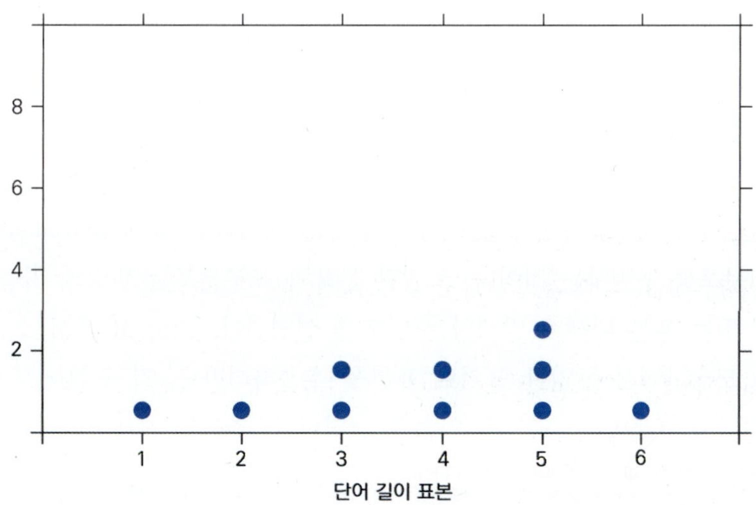

크기가 10인 표본의 단어 길이에 대한 표본분포

이 표본분포에서 표본평균은 3.8이고 표본표준편차는 1.55이다. 다른 표본을 선택하면 표본분포, 표본평균, 표본표준편차는 다르게 나타날 것이다. 표본분포는 선택한 표본에 따라 달라질 수 있지만, 모집단 분포는 항상 동일하게 유지된다. 왜냐하면 전체 모집단에 대한 분포이므로 표본분포처럼 다양하지 않다.

이 탐구의 앞부분에서 설명한 바와 같이, 다음 단어 길이에 대한 표본평균은 근사표집분포를 나타낸다.

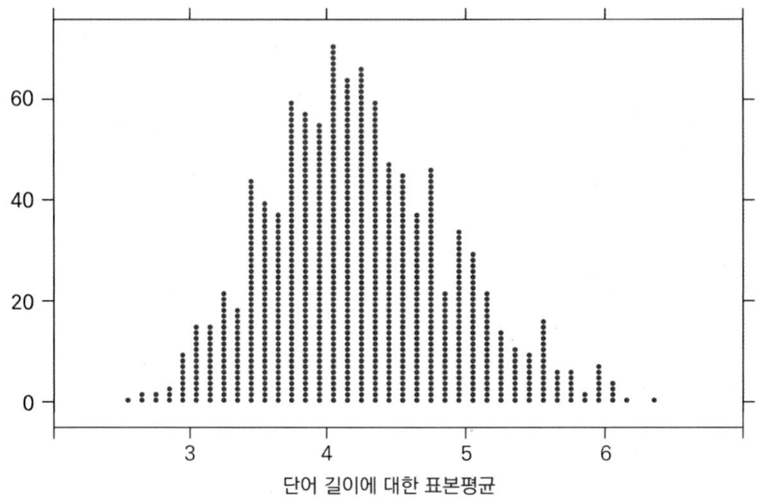

크기가 10인 표본의 단어 길이 평균에 대한 근사표집분포

이 점그래프에 있는 값은 단어에 관한 모집단에서 1000개의 표본을 반복 추출하여 얻은 각각의 표본평균이다. 이 표집분포에서 표본평균들의 평균은 4.28이고 표본평균들의 표준편차는 0.65이다.

세 개의 점그래프는 세 가지 유형의 분포(모집단 분포, 표본분포, 표집분포)를 나타낸다. 다음 탐구에서는 모집단 분포, 표본분포, 표집분포 간의 관계를 자세히 설명한다.

표집분포를 이해하는 과정에서 흔하게 발생하는 어려움은 통계량의 모집단 분포, 표본분포, 표집분포를 구별하는 것이다. 모집단 분포와 표본분포는 변량의 가능한 값과 각 값이 모집단 또는 표본 내에서 발생하는 빈도를 설명한다. Unit 3C에서 소개된 표집분포는 동일한 모집단에서 동일한 크기로 표본을 추출하더라도, 각 표본에서 나올 수 있는 통계량의 값이 표본마다 다를 수 있음을 설명한다. 추리를 진행하려면 서로 다른 이 세 가지 유형의 분포에 익숙해져야 한다.

요약

「탐구 3C.1: 단어 표집하기[두 번째]」에서 주요 개념은 다음과 같다.

1. 모집단 분포, 표본분포, 표집분포, 이렇게 서로 다른 세 가지의 중요한 분포가 있다.
2. 표집분포는 동일한 모집단에서 반복적으로 추출된 표본의 통계량들이 얼마나 다양한지를 설명하는 분포이다.
3. 표집분포는 통계량의 어떤 값이 나올 법한 것이고, 어떤 값이 이례적인 것인지를 보여줄 수 있다.

다음 탐구에서는 표본의 크기가 표집분포에 미치는 영향을 알아보고, 모집단 분포의 모양과 표집분포의 모양 간 관계를 살펴보고자 한다.

탐구 3C.2 : 교수법의 차이

탐구 목표: 다양한 방식으로 표집분포의 모양을 나타내고, 표본의 크기가 표집분포의 모양에 미치는 영향을 살펴본다.

탐구를 통해 표본평균에 대한 표집분포의 모양을 예측하는 실험을 진행한다. 이를 위해서는 먼저 표집분포의 모양을 탐구해야 한다. 다음과 같은 탐구 질문을 생각해보자.

표본평균에 대한 표집분포는 모집단 분포의 모양에 상관없이 정규분포곡선으로 모델링할 수 있는가?

어떤 학교에서는 수학을 가르치는 데 다양한 교수법이 적용되었다. 전통적 교수법, 테크놀로지 기반 교수법, 자기주도 학습, 프로젝트 기반 교수법 등이 있다. 학교의 전교생 수는 4316명이고, 한 해 동안 1079명의 학생이 각각의 교수법으로 수업을 받았다. 학년 말에 전교생이 수학 시험에 응시하였다. 시험 결과는 Pedagogy_Methods.csv 파일에 들어 있다. 이 데이터를 이용하여 모집단 분포의 모양과 표집분포의 모양 사이의 관계를 탐구해보자.

우선 네 가지 교수법 각각에 대하여 학생들의 시험 점수에 대한 모집단 분포를 시각화하였다. 이 모집단 분포는 네 가지 교수법을 적용받은 학생 1079명에 대한 시험 점수를 나타낸다.

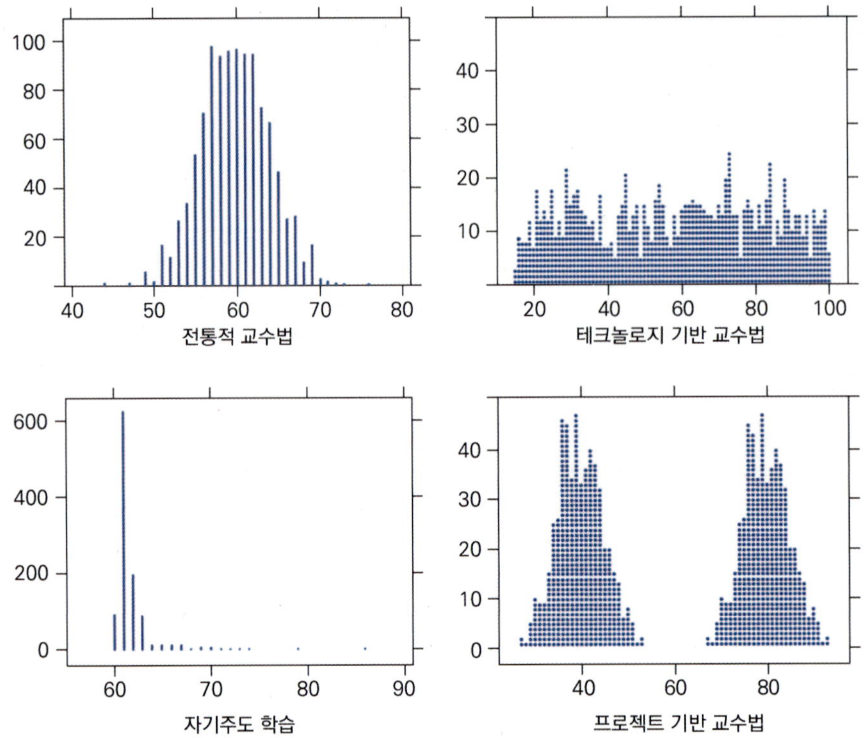

네 가지 교수법 각각에 대한 시험 점수의 모집단 분포

분포 모양에 따라 모집단 분포의 점그래프 형태를 특징짓기 위해 대칭성과 봉우리의 개수에 주목한다. 전통적 교수법에 따른 수학 시험 점수의 분포는 대칭 형태를 띠며 봉우리가 하나이다. 테크놀로지 기반 교수법에 따른 수학 시험 점수의 분포는 대체로 균일하며, 자기주도 학습에 따른 수학 시험 점수의 분포는 오른쪽으로 꼬리가 길다. 그리고 프로젝트 기반 교수법에 따른 수학 시험 점수의 분포는 봉우리 두 개를 중심으로 두 군집으로 나뉜다. 각 분포에 대한 모평균 및 모표준편차는 다음 표에 나와 있다.

교수법	평균	표준편차
전통적 교수법	59.83	4.17
테크놀로지 기반 교수법	58.18	24.01
자기주도 학습	61.65	1.77
프로젝트 기반 교수법	59.63	20.62

각각의 모집단에서 무작위 표집을 통해 1000개의 표본을 추출하는 시뮬레이션을 수행하고 각 표본의 평균을 계산한 다음, 이 표본평균들을 이용하여 표집분포를 점그래프로 표현할 수 있다. 이것은 표본평균의 근사표집분포를 시각화한 것이다. 표본의 크기를 다양하게 설정하여 이 과정을 반복할 수 있다. 먼저 표본의 크기를 10으로 설정하여 위의 과정을 진행한다. 다음으로 표본의 크기를 30으로 설정하여 진행하고, 마지막으로 표본의 크기를 50으로 설정하여 진행한다. 각각의 모집단과 각각의 표본 크기에 대해 표본평균에 대한 근사표집분포를 점그래프로 표현할 수 있다. 따라서 표본평균에 대해 모두 12개의 근사표집분포가 생성된다.

이 실험의 목적은 다음 두 가지 질문에 답하는 것이다.

1. 모집단 분포의 모양이 표집분포에 어떤 영향을 미치는가?
2. 표본의 크기가 표집분포에 어떤 영향을 미치는가?

근사표집분포를 구성하는 과정에서 표집분포의 특성을 탐색하기 위해 다음 표의 빈칸을 채울 것이다.

교수법	표본의 크기	근사표집분포의 모양	근사표집분포의 평균 (표본평균의 평균)	근사표집분포의 표준편차 (표본평균의 표준편차)
전통적 교수법	n=10 n=20 n=30			
테크놀로지 기반 교수법	n=10 n=20 n=30			
자기주도 학습	n=10 n=20 n=30			
프로젝트 기반 교수법	n=10 n=20 n=30			

다음은 전통적 교수법에서 세 가지 표본의 크기에 대해 시뮬레이션한 근사표집분포이다.

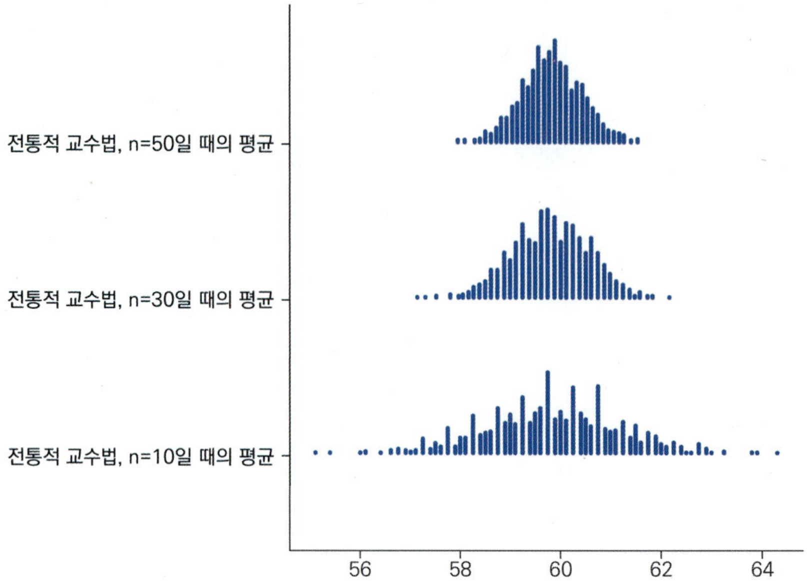

전통적 교수법에서 표본의 크기가 10, 30, 50일 때의 표본평균에 대한 근사표집분포

세 개의 근사표집분포에서 분포의 모양, 퍼짐, 중심에 대해 살펴보자. 표본의 크기가 증가함에 따라 표집분포의 모양은 변이성이 적고 봉우리가 하나이며 대칭 형태를 띤다는 점을 확인할 수 있다. 표집분포의 중심은 모든 표본 크기에 대해 거의 동일하게 유지된다. 다음 표는 전통적 교수법에 대한 기술통계이다.

	n	표집분포의 평균	표집분포의 표준편차
n=10	1000	59.82	1.32
n=30	1000	59.81	0.77
n=50	1000	59.83	0.60

이제 다른 교수법에서도 같은 과정을 반복한다. 다음은 테크놀로지 기반 교수법에서 세 가지 표본의 크기에 대해 시뮬레이션한 근사표집분포이다.

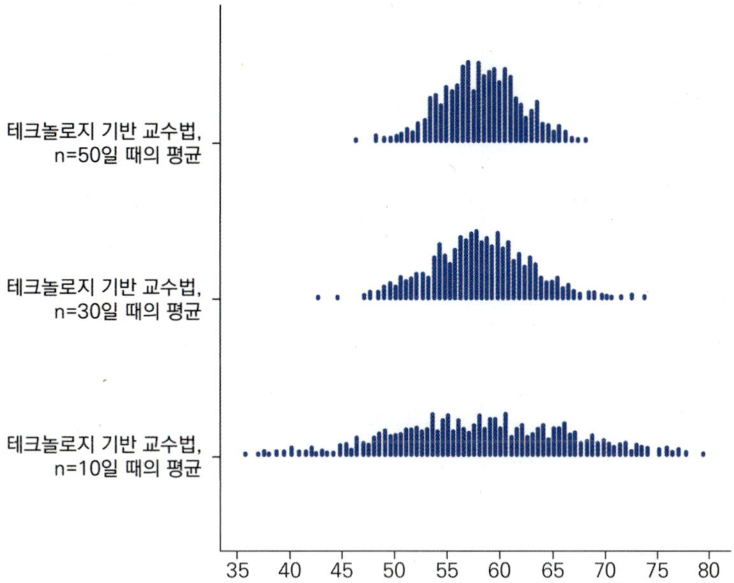

테크놀로지 기반 교수법에서 표본의 크기가 10, 30, 50일 때의 표본평균에 대한 근사표집분포

다시 말하지만, 표본의 크기가 증가함에 따라 분포의 모양에서 변이성이 감소하고 하나의 봉우리를 지닌 대칭 형태의 분포 모양이 분명해짐을 알 수 있다. 다음 표는 테크놀로지 기반 교수법에 대한 기술통계이다.

	n	표집분포의 평균	표집분포의 표준편차
n=10	1000	58.35	7.83
n=30	1000	58.13	4.42
n=50	1000	58.20	3.47

표의 값을 살펴보면, 표본의 크기에 관계없이 표집분포의 평균이 비슷하며, 표본의 크기가 증가할수록 표집분포의 표준편차가 감소한다는 사실을 알 수 있다.

다음은 자기주도 학습에서 세 가지 표본의 크기에 대해 시뮬레이션한 근사표집분포이다.

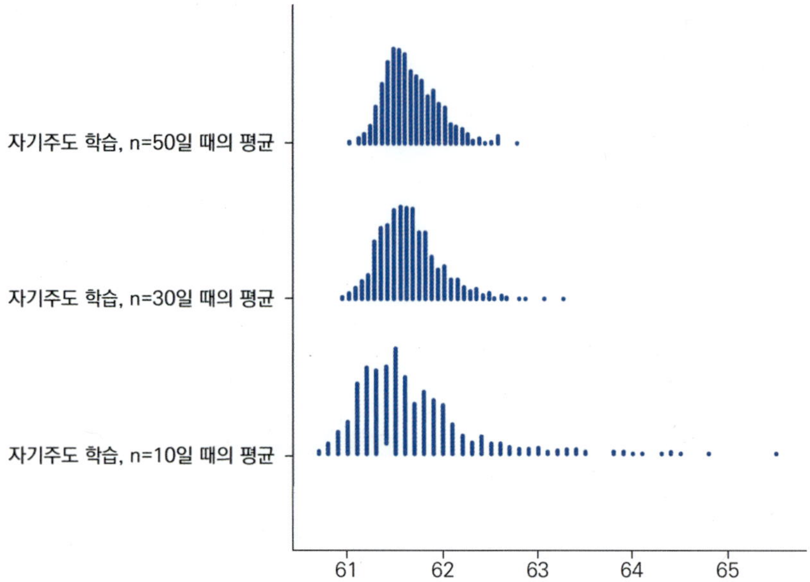

자기주도 학습에서 표본의 크기가 10, 30, 50일 때의 표본평균에 대한 근사표집분포

자기주도 학습에 대한 근사표집분포는 모두 꼬리가 늘어지는 형태를 보인다. 표본의 크기가 증가할수록 꼬리의 길이가 줄어들고, 근사표집분포의 모양이 더욱 대칭적인 형태가 된다. 다음 표는 자기주도 학습에 대한 기술통계이다.

	n	표집분포의 평균	표집분포의 표준편차
n=10	1000	61.64	0.57
n=30	1000	61.64	0.30
n=50	1000	61.66	0.27

모든 표본의 크기에 대한 근사표집분포에서 중심이 거의 동일하게 유지됨을 알 수 있다. 또 표본의 크기가 증가함에 따라 변이성이 감소하며, 분포의 모양에서 꼬리의 길이가 줄어들고 봉우리 하나를 중심으로 대칭성이 높아짐을 알 수 있다. 다음은 프로젝트 기반 교수법에서 세 가지 표본의 크기에 대해 시뮬레이션한 근사표집분포이다.

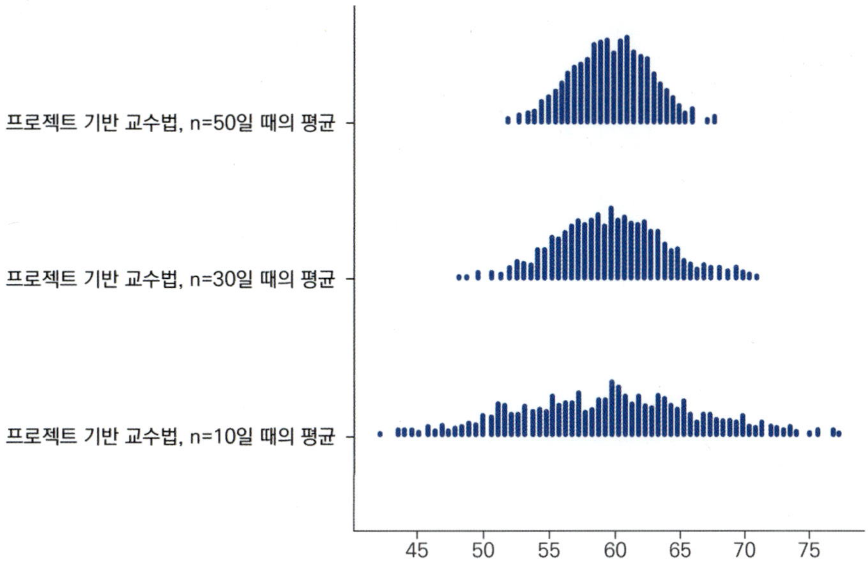

프로젝트 기반 교수법에서 표본의 크기가 10, 30, 50일 때의 표본평균에 대한 근사표집분포

모든 분포의 모양은 거의 대칭 형태이고 하나의 봉우리를 가진다. 다음 표는 프로젝트 기반 교수법에 대한 기술통계이다.

	n	표집분포의 평균	표집분포의 표준편차
n=10	1000	59.40	6.45
n=30	1000	59.64	3.86
n=50	1000	59.66	2.83

이 활동은 4인 1조로 이루어지는 것이 좋다. 조원들은 교수법을 하나씩 선택하고 앞에서 설명한 단계를 수행한다. 각각의 교수법에서 나타나는 세 가지의 근사표집분포(표본의 크기 $n=10$, 30, 50일 때의 분포)와 기술통계량을 구할 수 있다. 조별로 작업함으로써 각 조원은 선택한 교수법에 대한 정보를 얻게 되며, 조원들이 찾은 결과를 서로 비교하여 탐구를 계속할 수 있다.

여기서 각각의 교수법에 대한 네 개의 점그래프를 고려할 수 있다.

- $n=10$일 때, 표본평균 x에 대한 근사표집분포
- $n=30$일 때, 표본평균 x에 대한 근사표집분포
- $n=50$일 때, 표본평균 x에 대한 근사표집분포
- 교수법에 따른 1079명의 시험 점수의 전체 모집단 분포

결과를 살펴보고 다음 질문에 답해보자.

- 여러 교수법에서 표집분포는 비슷해 보이는가, 아니면 다르게 보이는가?
- 표집분포의 모양을 예측할 수 있는가?
- 표본의 크기가 증가할수록 표집분포의 모양은 어떻게 변하는가?
- 표본의 크기는 표집분포의 평균에 영향을 미치는가?

시뮬레이션을 통해 생성된 근사표집분포의 결과를 표로 정리하면 다음과 같다.

교수법	표본의 크기	근사표집분포의 모양	근사표집분포의 평균 (표본평균의 평균)	근사표집분포의 표준편차 (표본평균의 표준편차)
전통적 교수법				
	n=10	종 모양	59.82	1.32
	n=20	종 모양	59.81	0.77
	n=30	종 모양	59.83	0.60
테크놀로지 기반 교수법				
	n=10	종 모양	58.35	7.83
	n=20	종 모양	58.13	4.42
	n=30	종 모양	58.20	3.47
자기주도 학습				
	n=10	꼬리가 오른쪽으로 늘어짐	61.64	0.57
	n=20	거의 대칭인 종 모양	61.64	0.30
	n=30	거의 대칭인 종 모양	61.66	0.27
프로젝트 기반 교수법				
	n=10	종 모양	59.40	6.45
	n=20	종 모양	59.64	3.86
	n=30	종 모양	59.66	2.83

표를 살펴보면, 원래의 모집단 분포가 지닌 모양이 표집분포의 모양에 미치는 영향은 아주 적음을 알 수 있다. 자기주도 학습에서 꼬리가 오른쪽으로 늘어진 표집분포도 표본의 크기가 증가함에 따라 그 꼬리의 길이가 줄어들었다. 표본의 크기가 증가함에 따라 표집분포는 하나의 봉우리를 가진 대칭 형태의 분포(근사적인 정규분포)에 가까워진다. 이를 통해 표본평균의 표집분포가 지닌 **모양**을 실제로 예측할 수 있다고 결론 내릴 수 있다. 표본의 크기가 충분히 크다면, 표집분포의 모양을 정규분포로 모델링할 수 있다. 그리고 모든 경우에 표본평균의 평균은 모평균과 거의 동일하다(표의 4열 참고). 표

집분포의 표준편차를 **표준오차**(standard error)라고 하는데, 네 가지 교수법 모두에서 표본의 크기가 증가함에 따라 표준오차는 감소하였다.

탐구에서 시뮬레이션을 통해 얻은 표집분포는 모두 근사적인 것이다. 이론적인 표집분포는 특정 크기의 모집단에서 추출할 수 있는 모든 표본을 고려한다. 탐구를 통해 모집단 분포의 모양과 상관없이 표본의 크기가 증가할수록 평균에 대한 표집분포가 종 모양이 됨을 이해하는 것이 중요하다. 표집분포의 변이성도 표본의 크기에 따라 달라지는데, 표본의 크기가 증가할수록 표집분포의 표준편차는 감소한다. 표집분포의 평균은 표본의 크기에 영향을 받지 않았다. 대신, 표집분포의 평균은 어떤 크기의 표본에 대해서도 모평균과 같을 것으로 예상된다. 다음 탐구는 이러한 주요 개념들을 더 발전시켜 중심극한정리라고 불리는 통계학의 중요한 정리를 제시한다.

요약

「탐구 3C.2: 교수법의 차이」에서 주요 개념은 다음과 같다.

1. 표본평균에 대한 표집분포의 평균은 표본의 크기에 영향을 받지 않는다. 이론적으로 그것은 모평균과 항상 같다.
2. 표본의 크기가 증가함에 따라 표본평균에 대한 표집분포의 변이성은 감소한다.
3. 표본평균에 대한 표집분포의 모양은 모집단 분포의 모양과 관계없이 표본의 크기가 증가함에 따라 대칭적인 종 모양에 가까워진다.

지금까지의 내용을 통해 표본의 크기가 충분히 클 때, 평균에 대한 표집분포를 예측하는 데 모집단 분포가 별로 중요하지 않음을 알게 되었다. 그리고 표집분포와 추리 간의 연결을 시도하였다. 이러한 활동에서 평균에 대한 표집분포의 특성을 **중심극한정리**(central limit theorem)로 공식화할 수 있다.

탐구 3C.3 : 중심극한정리[22]

탐구 목표: 중심극한정리를 도출한다.

페니 뉴스(Penny News)[23] 기사 "A Brief History of the US Cent"에 따르면 최초의 1센트 동전(페니)은 1787년에 순수한 구리로 만들어졌다. 1787년부터 2000년까지 약 3000억 개의 1센트 동전이 만들어졌다. 고등학교 통계 수업 시간에 교사는 학생들이 집에 있는 동전을 있는 대로 가져오게 하였고, 총 499개의 페니가 학생들에게서 수집되었다. 그리고 각 페니에 적힌 제작 연도와 연식을 기록하였다. 페니의 연식은 2014년에서 페니의 제작 연도를 빼어 구했다. 데이터는 Pennies.csv 파일에 저장되었다.

탐구 목적을 위해 499개의 페니가 현재 유통되고 있는 페니의 전체 모집단에 해당된다고 가정한다. 탐구를 통해 페니의 평균 연식에 대한 표집분포의 모양, 평균, 표준편차가 페니의 모집단 분포와 어떻게 다른지를 살펴보려고 한다. 그리고 모양과 표준편차가 표본의 크기에 따라 어떻게 달라지는지도 관찰할 것이다. 이 활동을 통해 중심극한정리를 발견할 수 있다.

다음은 페니의 연식에 대한 모집단 분포를 시각화한 것이다.

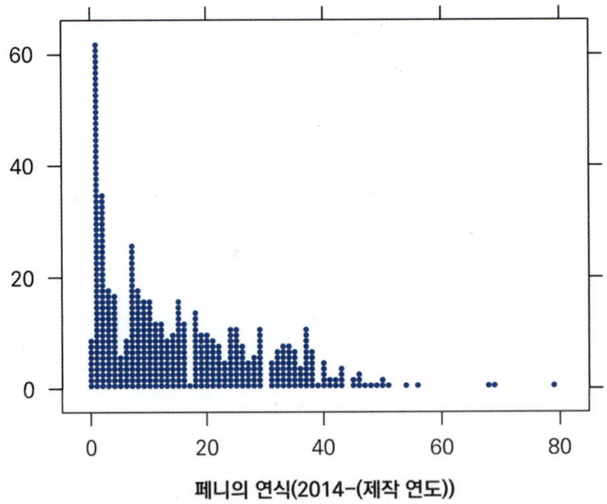

22 여기서 제시되는 페니(동전)에 관한 활동은 Scheaffer et al.(1996)에 있는 내용을 수정한 것이다.

23 www.pennies.org

모집단 분포는 꼬리가 오른쪽으로 늘어진 모양을 지니고 있다. 이는 일반적으로 오래된 페니보다 새로운 페니가 많이 유통되기 때문이다. 모평균과 모표준편차는 다음과 같다.

	모집단 크기	평균	표준편차
페니의 연식	499	15.72	13.8

표본평균에 대한 근사표집분포와 모집단 분포를 비교하기 위해 표본의 크기 10, 30, 50에 대하여 페니의 연식 표본평균에 대한 근사표집분포를 생성하려고 한다. 이를 위해 각 표본의 크기마다 1000회씩 시뮬레이션을 통해 무작위 표집을 실행한다. 이 분포들은 Pennies.csv 파일에 있는 데이터를 기반으로 앞에서 설명된 방법을 사용하여 생성되었다.

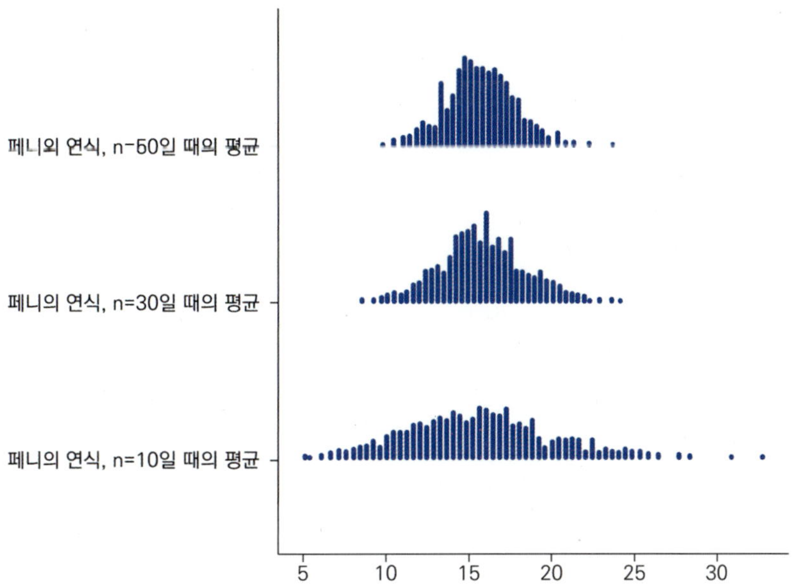

크기가 10, 30, 50인 표본에서의 페니의 연식 표본평균에 대한 근사표집분포

각각의 근사표집분포의 평균, 표준편차는 다음과 같다.

	n	표집분포의 평균	표집분포의 표준편차
n=10	1000	15.60	4.26
n=30	1000	15.81	2.52
n=50	1000	15.71	2.00

이전 탐구에서 살펴본 바와 같이 표본의 크기별로 제시된 표집분포의 평균은 거의 동일하며, 표본의 크기가 증가할수록 변이성(표집분포의 표준편차)은 감소하고, 표본의 크기가 증가할수록 분포의 모양은 대체적으로 종 모양에 가까워진다. 이를 좀 더 명확하게 기술하면 다음과 같다.

표집분포의 평균은 표본의 크기에 상관없이 모평균과 같다.

이 문장은 근사분포의 구성에서 비롯되었으므로 절대적으로 명확하지는 않다. 동일한 크기의 가능한 **모든** 표본을 추출하여 (하나의 근사분포가 아니라) 완전한 표집분포를 구성하면 이 결과를 정확하게 확인할 수 있다. 그러나 근사표집분포를 사용하여 작업하더라도 평균이 15.6~15.7에 일관되게 가깝다는 것을 알 수 있다.

결과는 다음과 같다.

표본의 크기가 증가할수록 표집분포의 변이성이 줄어든다. 표본의 크기가 증가할수록 표집분포의 표준편차는 점점 더 작아진다.

표집분포의 표준편차를 표본통계량(여기에서는 표본평균)의 **표준오차**라고 부른다. 이전의 표로부터 표본의 크기가 증가할수록 표준오차가 감소한다는 것을 알았지만, 더 정확하게 그것이 어떻게 감소하는지를 모델링하는 공식을 구하고자 한다. 표준오차에 대한 공식을 구하기 위해 먼저 표본의 크기를 가로축에 표시하고, 여러 크기의 표본에 대한 표집분포의 표준편차를 세로축에 표시하여 그래프를 만든다. 그래프에서 관계를 모델링할 수 있는 함수 유형(예를 들어, 선형함수, 이차함수, 멱함수, 지수함수 등)은 무엇인가?

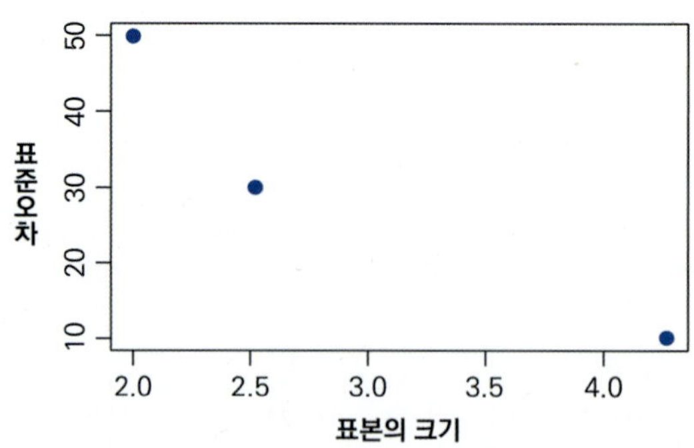

Unit 1E에서는 선형방정식을 찾기 위해 스파게티 조각이나 직선의 모서리를 시각화하여 선형 관계를 탐색하였다. 스파게티 조각을 세 점 사이에 어떻게 정렬하여도 선형 함수로 최적화되지 않으므로 세 점의 관계는 선형으로 표현할 수 없다. 그러나 어떤 형태의 곡선을 이용하면 관계를 모델링할 수 있다. 온라인에서 적합선을 구해주는 사이트[24]를 이용하면 다양한 형태의 곡선을 이용하여 주어진 점들에 적합한 곡선을 구할 수 있다. 이 경우 멱함수가 그래프의 최적합선이다.

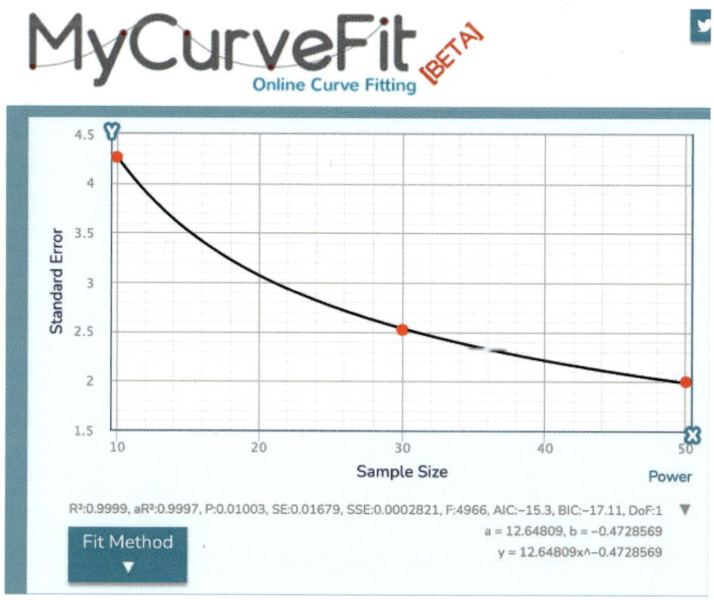

화면의 우측 하단에 있는 방정식은 다음과 같다.

$$y = 12.65\,x^{-0.473}$$

지수 -0.473은 약 $-1/2$이므로, x를 분모로 이동시켜 함수를 다음과 같이 수정할 수 있다.

$$y = \frac{12.65}{\sqrt{x}}$$

여기서 x는 표본의 크기를 나타낸다. 따라서 이 함수는 다음과 같다.

24 예를 들어, www.mycurvefit.com

$$y = \frac{12.65}{\sqrt{(\text{표본의 크기})}}$$

12.65는 모표준편차에 매우 가깝다. 완전한 표집분포의 경우에 표준오차의 분자는 모표준편차와 정확히 같다. 따라서 표본의 크기가 증가함에 따라 표준오차가 감소한다는 것을 알 수 있고, 정확하게 다음 식을 제시할 수 있다.

$$(\text{표준오차}) = \frac{(\text{모표준편차})}{\sqrt{(\text{표본의 크기})}}$$

마지막으로 다음 내용을 제시한다.

> 표본의 크기가 증가할수록 표집분포는 종 모양이 된다.

지금까지의 내용을 종합해서 중심극한정리를 형식화하여 표현하면 다음과 같다.

> **표본평균의 중심극한정리(The Central Limit Theorem, CLT)**
>
> 표본평균의 표집분포는 중심이 모평균 μ이며 표준오차는 $SE = \frac{\sigma}{\sqrt{n}}$이다. 그리고 표본의 크기가 증가함에 따라 표본평균의 표집분포는 정규분포에 가까워진다.

다시 말해, 하나의 표본에 대한 정보만 있어도 그 표집분포를 이용하여 통계량의 특정한 값이 특이한 것인지 아니면 일반적인 것인지를 말할 수 있다. 중심극한정리가 표본통계량의 분포에 대한 지침을 주기 때문이다. 이전의 탐구에서는 표본평균에 대한 표집분포를 시뮬레이션해야 했지만, 이제는 중심극한정리로 인해 표본평균이 어떤 값을 가지는지 예측할 수 있다. 따라서 중심극한정리는 모집단에 대한 결론을 도출할 수 있게 해주는데, 이는 Unit 3C 시작에 있는 추리 과정의 그림을 통해 제시한 탐구의 최종 목표였다.

우리는 통계적 추리를 위한 중심극한정리의 가치를 인식하고 본인의 언어로 중심극한정리를 설명할 수 있어야 한다.

요약

「탐구 3C.2: 중심극한정리」에서 주요 개념은 다음과 같다.

중심극한정리에 따라 표본평균에 대한 표집분포의 표준편차는 $\frac{\sigma}{\sqrt{n}}$이고 표본의 크기 n이 증가할수록 표집분포의 표준편차는 감소한다. 이론적인 표집분포의 평균은 항상 모평균과 같다. 표본의 크기가 증가함에 따라 표본평균에 대한 표집분포의 형태는 종 모양의 대칭 곡선에 가까워진다.

어떤 통계량에 대한 표집분포의 양상을 알면 추리를 통해 표본의 정보를 모집단에 연결할 수 있다. 중심극한정리는 추리의 핵심이므로 통계학에서는 매우 중요하다. 표집분포 개념은 학생들이 이해하기 어렵다는 점에 유의해야 한다. 시뮬레이션을 이용하면 이러한 지식을 이해하는 데 도움이 될 수 있지만, 추리를 수행하기 위해 항상 여러 개의 표본이 필요하다고 생각할 수 있으므로 시뮬레이션은 학생들을 오해하게 할 수도 있다. 교사는 이러한 잠재적인 함정을 인지하여 학생에게 오개념을 가르치지 않도록 Unit 3C의 아이디어를 신중하게 표현해야 한다.

중심극한정리와 Unit 3C는 매우 중요한 내용을 담고 있기에, Unit 3C에서 제시된 핵심 아이디어들을 다시 한 번 요약하여 다음과 같이 제시한다.

1. 표집분포는 동일한 모집단에서 같은 크기로 반복 추출한 표본의 통계량이 얼마나 다양하게 나타나는지를 설명하는 분포이다.
2. 표집분포는 통계량의 어떤 값이 일반적인 것이고 어떤 값이 특이한 것인지를 보여준다.
3. 표본평균에 대한 표집분포의 평균은 표본의 크기에 영향을 받지 않는다. 표본평균에 대한 이론적 표집분포의 평균은 모평균과 같다.
4. 표본평균에 대한 표집분포의 변이성은 $\sigma/\sqrt{n}$에서 확인할 수 있듯이 표본의 크기가 증가할수록 감소한다. 여기서 n은 표본의 크기이다.
5. 표본평균에 대한 표집분포의 모양은 표본의 크기가 증가함에 따라 점점 더 정규분포에 가까워진다.

이러한 탐구는 표본평균에 초점을 맞추었지만, 표본비율에 대해서도 비슷한 결과가 나온다. 예를 들어, '모든 학생의 성공을 위한 교육법(Every Student Succeeds Act,

ESSA)'에 대해 호의적으로 생각하는 비율, 또는 등교 전에 아침 식사를 하는 학생의 비율과 같은 모비율에 관심이 있다고 가정하고, 모집단의 사람들을 무작위 표집하여 이러한 주제에 관해 탐구한다고 하자. 다른 표본에서는 ESSA에 대해 호의적이거나 아침 식사를 하는 학생의 표본비율이 다를 것이다. 따라서 표본마다 표본비율은 다르다. 평균과 마찬가지로 표본비율에 대한 표집분포도 표본의 크기가 증가함에 따라 정규분포를 따른다. 표본비율에 대한 중심극한정리는 다음과 같다.

표본비율의 중심극한정리

표본비율의 표집분포는 중심이 모비율 p 이며, 표준오차 $SE=\sqrt{\dfrac{p(1-p)}{n}}$ 는 표본의 크기가 증가할수록 감소한다. 표본의 크기 n 이 충분히 크면, 표집분포의 형태는 거의 정규분포에 가까워진다.

더 알아보기

1. 나올 법한 (일반적인) 값인가? 아니면 특이한 (이례적인) 값인가?

관리자 브라운은 근무하는 학교의 중학생과 전국의 중학생들을 비교하는 방법을 알아보려고 한다.

교육부는 미국 전역에서 1000개의 중학교를 무작위 표집으로 선정하여 각 학교의 학생에 대해 가정 환경과 활동에 대한 설문을 실시하였다. 이 중학교들은 중상류층이 주로 거주하는 중간 규모의 교외 지역에서 표본으로 추출되었다. 학교에 모두 약 600명 정도의 학생들이 재학하고 있으며, 이것은 중간 규모 정도의 학교로 볼 수 있다. 설문조사 문항 중 일부는 다음과 같다.

a. 학교에서 제공하는 방과 후 활동에 참여하고 있습니까?
b. 중학교나 고등학교에 다니는 형제자매가 있습니까?
c. 오늘 아침 식사를 했습니까?
d. 어젯밤 11시 전에 잤습니까?
e. 집에 인터넷이 가능한 컴퓨터가 있습니까?

1000개의 중학교 각각에 대해 교육부는 각 설문 문항에서 “예”라고 응답한 학생들에 대한 표본비율의 표집분포를 나타내는 시각 자료를 다음과 같이 제시했다고 가정하자.

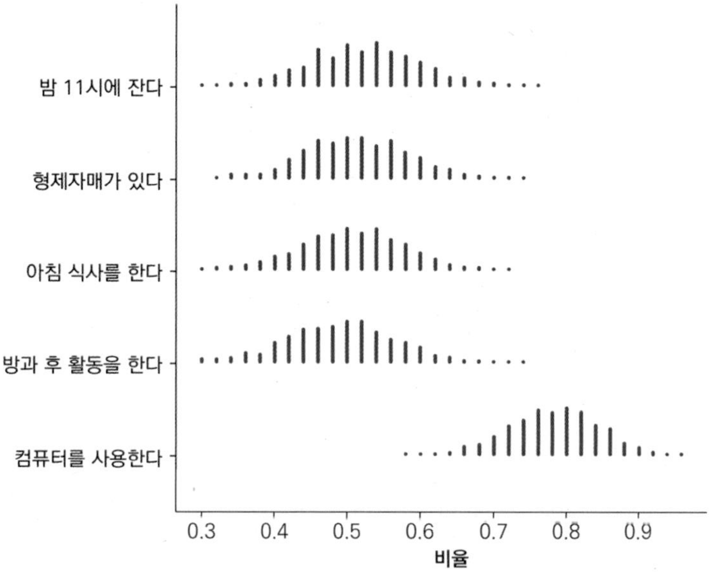

브라운의 학교에는 600명의 재학생이 있는데, 이는 교육부가 표본으로 추출한 학교들과 같은 규모이다. 브라운은 그의 학교를 전국적으로 다른 학교들과 비교하기 위해 교육부가 시행한 설문조사와 같은 설문을 재학생에 대하여 시행하였다. 브라운의 학교에 관한 설문 결과는 School_Data.csv 파일에 저장되었다. 데이터 세트를 이용하여 브라운의 학교에서 각 질문에 대해 “예”라고 응답한 학생의 비율을 계산하였다.

a. 교육부에서 제공하는 근사표집분포를 바탕으로 그 분포에서 브라운의 학교에 관한 요약 통계량을 찾아서 표시하시오.
b. 브라운의 학교에 관한 요약 통계량이 일반적인 것인지 이례적인 것인지 판단하고, 그렇게 생각한 이유를 설명하시오.

2. 표집분포는 모두 정규분포일까?

Unit 3C에서는 탐구를 통해 표본평균에 대한 중심극한정리를 도출하였다. 표본이 추출되는 모집단의 분포와 관계없이 표본평균의 표집분포가 근사적으로 정규분포를 따른다는 것을 확인하였다. 또 표본비율도 표본평균과 비슷한 성질을 지니고 있음을 살펴보았다. 아래 문제는 평균 이외에 다른 통계량에 대해서도 이러한 패턴이 나타나는지를 확인하는 것이다. 질문에 대한 답을 찾아보자.

표본의 최댓값에 대한 표집분포에서도 표본평균과 표본비율의 표집분포와 비슷한 패턴이 나타날까?

Pennies.csv 파일에 있는 데이터를 이용하여 질문에 답해보자. 각 표본의 평균을 계산하는 대신 각 표본의 최댓값을 계산하여 표본의 최댓값에 대한 세 가지 표집분포를 시뮬레이션한다. 크기가 10, 30, 50인 무작위 표본을 각각 1000번씩 추출한다. 각 표본에 대해 최댓값을 계산한다. 각 표집분포의 평균, 표준오차, 모양에서 어떤 결과를 살펴볼 수 있는가? 최댓값의 표집분포가 평균의 표집분포와 비슷한 유형으로 나타나는가? 왜 그렇다고 생각하는가?

이전의 탐구에서는 모집단에서 동일한 크기의 표본을 반복적으로 추출하여 표본통계량의 근사표집분포를 생성하였다. 그러나 실제로는 모집단에서 반복적으로 추출한 표본들을 이용하는 것이 아니라 하나의 표본만 이용하였다. 한 개의 표본을 이용하여, 표본통계량의 어떤 값이 '나올 법한 일반적인 것인지' 또는 '특이하고 이례적인 것인지'에 대한 아이디어를 제공하는 근사표집분포를 구할 수 있는가? 대답은 '그렇다'이다. 어떠한 표본통계량에 대해서도 표집분포에 관한 통찰력을 얻을 수 있는 부트스트랩이라는 다른 방법이 있다. 표본평균과 표본비율에 대한 표집분포는 알려져 있지만, 다른 분포는 그렇지 않다는 것에 유의해야 한다.

부트스트랩 방법은 기본적으로 하나의 무작위 표본을 추출하여 이를 모집단으로 간주한다. 이 '모집단'에서 동일한 크기의 표본들을 반복적으로 복원추출한다. 각 표본에 대해 앞에서 제시했던 기존의 방법과 동일한 방법을 적용하여 시행한다. 각 표본에 대해 표본통계량을 계산하여 부트스트랩 근사표집분포를 생성할 수 있다. 이 아이디어는 다음 탐구에 잘 나타나 있다.

탐구 3C.4 : 페니 실험 [계속]

탐구 목표: 부트스트랩을 도입한다.

아래 질문에 대해 답을 찾는 것을 목표로 한다.

유통되고 있는 페니의 평균 연식은 대략 어느 정도일까?

고등학교 한 학급에서 총 499개의 페니가 수집되었다. 페니 1개를 가져올 때마다 제작 연도와 연식을 기록했다. 페니의 연식은 2014에서 제작 연도를 뺀 값이다. 데이터는 Pennies.csv 파일에 저장되어 있다.

이 탐구를 위해 499개의 페니가 현재 유통되고 있는 페니의 전체 표본이라고 가정한다. 이 페니의 표본에서 평균 연식은 15.7년이다. 다음 점그래프는 페니 499개에 대한 표본분포를 나타낸 것이다.

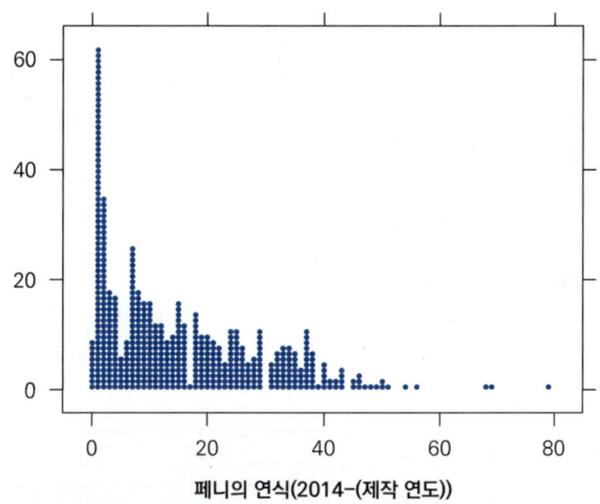

대략적인 평균 연식에 대한 감을 잡기 위해서는 평균 연식인 15.7년이 일반적인 것인지 아니면 특이한 것인지를 이해해야 한다. 이를 위해 더 많은 표본평균(예를 들어, 1000개 정도)을 시뮬레이션해서 얼마나 많은 평균이 15.7에 근접하는지 확인할 수 있다. 유통되고 있는 페니의 전체 모집단을 알 수 없으므로 페니 499개로 이루어진 이 표본을 모집단으로 정하고, 여기서 표본을 바로 추출해야 한다.

부트스트랩의 핵심은 복원추출로 표본을 만드는 것이다. 이 추출의 과정은 499개의 페니에서 추출된 모든 페니의 연식에 대해 다음 페니의 연식이 표본으로 추출되기 전에 모집단에 다시 배치되는 것과 같다. 이 방법으로 1개의 페니를 반복적으로 추출할 수 있다. 아래는 복원추출로 무작위 표집을 1000회 시뮬레이션하는 것을 보여준다.

```
replicate(1000, mean(sample(pennies$age, size = 499, replace = TRUE)))
```

이 시뮬레이션은 표본의 크기를 499로 설정하고 전통적 방법을 모방하여 동일한 크기의 표본을 반복하여 복원추출한다. 각각의 표본에서 페니의 평균 연식을 구하고, 새로운 열에 이 표본평균을 저장한다. 부트스트랩 표집분포를 나타내는 점그래프를 (앞의 탐구에서 했던 것과 동일하게) 만들어서 이 표본평균을 시각화할 수 있다.

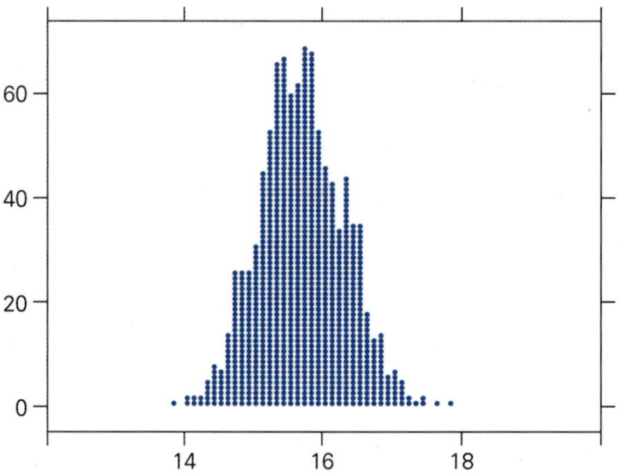

이전의 탐구와 유사한 방식으로 이 표본평균의 평균과 표준오차도 계산할 수 있다.

	n	평균	표준편차
표본평균의 평균	1000	15.76	0.61

위의 표를 통해 평균 연식 15.7년이라는 원래의 표본통계량이 실제로도 매우 타당하다는 것을 알 수 있다. 이는 표본의 크기 $n = 50$일 때의 근사표집분포에서 평균이 15.71이고 표준편차가 2.00인 이전 탐구에서 얻은 표본의 정보와도 부합한다.

부트스트랩은 전체 모집단에 접근할 수 없는 상황에서 근사표집분포를 찾는 또 다른 접근 방식을 제공한다. 실생활에서는 표본의 정보만으로 전체 모집단에 접근할 수 없다는 점을 유념해야 한다. 만약 전체 모집단에 대한 정보를 알고 있다면, 표집을 힘들지 않게 시행할 수 있다. 따라서 부트스트랩을 사용하면 실생활에서 표본통계량이 지닌 값의 범위를 구할 수 있다. 이는 무작위 표본의 최댓값과 같이 정규분포의 곡선으로 모델링할 수 없는 표본통계량의 표집분포에서 매우 중요하다.

여기서 신뢰구간을 이용하여 "유통되고 있는 페니의 평균 연식은 대략 어느 정도일까?"라는 질문에 답할 수 있다. 부트스트랩으로 생성된 표집분포는 거의 정규분포를 따르므로 경험 법칙을 적용할 수 있다. 표본평균들 중 약 95%가 표집분포의 평균 15.76을 중심으로 표준편차 0.61의 2배 이내에 있다는 것을 알고 있다.

따라서 유통 중인 페니의 평균 연식에 대한 타당한 값임을 확인하기 위해 신뢰수준 95%인 신뢰구간을 고려할 수 있다.

$$15.72 \pm (2 \times 0.61) = (14.5,\ 16.94)$$

그러므로 95%의 신뢰수준에서 유통 중인 페니의 평균 연식에 대한 타당한 값의 범위를 (14.5, 16.94)로 제시한다.

요약

「탐구 3C.4: 페니 실험[계속]」에서 주요 개념은 다음과 같다.

1. 모집단을 알 수 없는 경우와 어떤 통계량의 표집분포가 지닌 성질을 알 수 없는 경우의 실생활 상황에서 표본통계량의 표집분포를 이해하는 데 부트스트랩이 매우 효과적인 대안이다.
2. 부트스트랩은 원래의 표본을 모집단으로 처리한다. 원래의 표본에서 복원추출로 표집을 하려면 공학 도구를 이용해야 한다.
3. 부트스트랩을 통해 구한 근사표집분포를 이용하여 관심 있는 모집단의 모수에 대한 타당한 값의 범위를 추정할 수 있다.

중심극한정리는 통계적 추리에서 매우 중요하다. 이전 탐구에서는 표본을 반복적으로 추출하여 중심극한정리를 도출했지만, 실생활에서는 실제로 그렇게 할 수 없다. 부트스트랩 탐구에서 언급했듯이, 오직 1개의 표본에만 접근할 수 있다. 모집단에 관해 별로 아는 것이 없어도 표본평균 또는 표본비율이 지니는 값에 관한 정보를 알고 있으므로 중심극한정리는 강력하다. 부트스트랩과 같은 기술이 나오기 전에는 중심극한정리가 모든 추리의 근간이었다. 공학 기술이 더욱 발전함에 따라 부트스트랩은 중심극한정리 이론에 대한 대안을 제공하였다. 앞에서도 언급한 것처럼, 부트스트랩은 어떠한 표본통계량에 대해서도 복원추출 시뮬레이션을 통해 표집분포에 관한 통찰력을 제공할 수 있다. 중심극한정리는 표본평균과 표본비율에 대해서만 사용할 수 있지만, 부트스트랩은 다른 표본의 통계량을 구하는 상황에서도 사용할 수 있다.

부트스트랩은 중심극한정리의 이론적 방법에 대한 좋은 대안을 제공하지만, 현재의 교육 상황에서는 부트스트랩에 관한 교육이 제한적이다. 표본평균 또는 표본비율을 구할 때에도 아직은 중심극한정리 이론이 적용되고 있다.

참고 문헌

Bargagliotti, A., Franklin, C., Arnold, P., Gould, R., Johnson, S., Perez, L., & Spangler, D. (2020). Pre-K-12 *Guidelines for Assessment and Instruction in Statistics Education II (GAISE II)*. American Statistical Association and National Council of Teachers of Mathematics.

Scheaffer, R., Gnanadesikan, M., Watkins, A., & Witmer, J. (1996). *Activity-Based Statistics*. New York: Springer.

Watkins, A. E., Bargagliotti, A., & Franklin, C. (2014). Simulation of the sampling distribution of the mean can mislead. *Journal of Statistics Education, 22*(3).

마무리 요약

이 책 전체에 걸쳐 제시된 개념과 내용은 기본적인 추리에서부터 더 복잡한 알고리즘 및 컴퓨팅에 이르기까지 교사와 학생의 통계와 데이터과학 학습을 다루기 위한 것이다. 이 책에 제시된 개념들은 데이터 작업의 기초이다. 추가적인 정보와 사례들은 GAISE II 보고서에서 찾을 수 있다. 이 책에서 사용된 데이터 세트는 모두 내려받을 수 있다.[1] 그 외의 중요한 자료들은 미국통계협회 웹사이트[2]의 Education 탭에서 찾을 수 있다.

1 https://bit.ly/Statistics-DataScience-for-Teachers

2 http://www.amstat.org

감사의 글

이 책을 검토해주신 Pip Arnold, Stephanie Casey, Rob Gould, Shonda Kuiper, Gary Kader, Steven Miller, James Perrett, Josh Tabor, Doug Tyson, Ann Watkins에게 특별히 감사드립니다.

그래픽 작업에 도움을 주신 Terri Johnson과 편집을 도와주신 Caroline Coppel에게 진심으로 감사드립니다. 또한 디자인과 레이아웃 작업을 도맡아주시고 표지 삽화를 그려주신 Shirley E. M. Raybuck에게 감사드립니다.

India Dastic, David De LaTorre, Efrain Estrada, Anna Gralnik, Jessica Quin, Rosa Pastor, Alvaro Pineda, Kim Price, 그리고 이 책을 읽고, 수업 계획을 설계하고, 몇 년 동안 이 책에 제시된 탐구 활동을 학교 현장에 적용해보면서 개선할 점들을 제안해주신 교사분들께 특히 감사를 드립니다. 또한 이 책에서 제시한 주제와 특정 탐구 활동에 대해 대화를 나눈 수많은 교사분들, 그리고 이 책에서 많은 수업을 시범적으로 수행하고 작업에 기여한 모든 학생들에게 감사합니다.

항상 미래를 생각하고 GAISE II와 이 책의 출판을 위해 재정 지원을 해주신 미국통계협회/미국수학교사협의회 공동위원회에 진심으로 감사드립니다.

이 책을 집필하는 과정 전반에 걸쳐 지원을 해주신 미국통계협회의 Donna LaLonde와 Rebecca Nichols, 미국수학교사협의회의 Dave Barnes와 Jeff Shih에게 특별히 감사드립니다.

Anna는 자녀 Siena(11세)와 Luca(8세)에게 이 책을 바치고 싶습니다. 이 책에 수록된 수많은 탐구 활동을 알면서도 때로는 무의식적으로 테스트에 참여하는 그 의지 덕분에 많은 개선을 이룰 수 있었습니다. 또한 이 책의 집필을 완수할 수 있도록 사랑과 지원을 아끼지 않았던 남편 Joey에게 이 책을 바치고자 합니다.

Chris는 Anna Bargagliotti에게 이 책을 바치고 싶습니다. Anna는 비전을 가지고 헌신적으로 이 책을 집필했고, 학교 통계교육에 많은 공헌을 했습니다. Anna가 나의 특별한 동료이자 친구라는 사실에 감사합니다.

부록

[부록 1] 「사례연구 6: 여론조사」 탐구를 위한 기사

[부록 2] 「사례연구 7: 치실의 효과」 탐구를 위한 기사

[부록 1]
「사례연구 6: 여론조사」 탐구를 위한 기사

2016년 미국 대선 – 2016년 6월 21일

트럼프의 이미지 실추와 클린턴의 이미지 유지

트럼프에 대한 순호감도

4월 1일~7일	6월 13일~19일
−28	−33

2016 갤럽의 일일 추적

[이야기의 하이라이트]

트럼프의 이미지에 대한 순호감도는 5월 초의 −28과 비교해서 −33으로 하락했다.
클린턴의 이미지에 대한 순호감도는 −13으로 지난 한 달 반 동안 거의 변하지 않았다.
미국인들은 11개월 전보다 현재 두 후보자를 덜 긍정적으로 보고 있다.

프랭크 뉴포트 기자

[뉴저지 주 프린스턴] 도널드 트럼프에 대한 미국인들의 시각은 지난 한 달 반 동안 더 부정적인 방향으로 기울어졌다. 트럼프에 대한 순호감도가 5월 첫째 주에는 −28이었으나, 6월 13일부터 19일까지의 조사에서는 −33으로 더 떨어진 것이다. 힐러리 클린턴에 대한 미국인들의 시각은 트럼프에 비하면 부정적으로 기울어진 정도가 덜하다. 클린턴에 대한 순호감도가 같은 기간에 −13에서 −14로 더 안정적인 양상을 보이고 있다.

힐러리 클린턴과 도널드 트럼프의 순호감도

순호감도는 우호적인 시각에 대한 백분율에서 비우호적인 시각에 대한 백분율을 뺀 값이다.

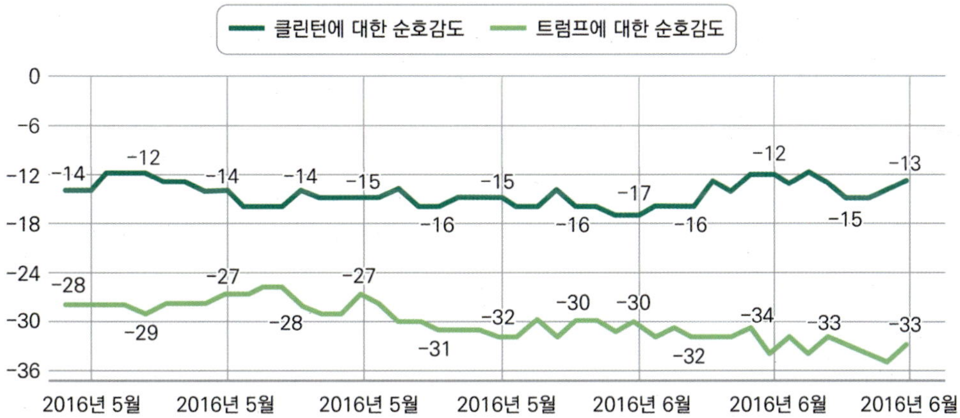

참고: 7일 평균 자료임 **[갤럽]**

이 결과는 갤럽 데일리(Gallup Daily)가 두 후보의 순호감도를 추적한 결과로, 각각의 추정치는 7일간 평균 약 3500건의 인터뷰를 기반으로 한다.

지난 한 달 반은 두 후보 모두에게 다사다난한 기간이었다. 트럼프는 5월 23일 한 주 동안 후보 지명에 필요한 1237명의 대의원을 확보했다. 얼마 지나지 않아 그는 판사의 멕시코 혈통 때문에 연방 판사가 트럼프 대학과 관련된 사건을 심리하는 것의 공정성에 의문을 제기해 큰 관심을 끌었다. 클린턴은 6월 7일 캘리포니아를 비롯한 여러 주에서 승리를 거두면서 민주당 후보 지명에 필요한 대의원을 확보했다. 또한 두 후보가 6월 12일에 올랜도에서 발생한 총기 사고(49명의 사망자를 낸 비극적인 사건) 이후 제시한 논평이 대중 사이에 매우 화제가 되었다. 그들은 각각 최고 책임자로서 그러한 사건을 어떻게 다룰 것인지에 대한 대안을 제시하였다.

클린턴에 대한 미국인들의 시각은 그가 당의 지명을 확정지은 후 다소 나아졌지만, 이는 기본적으로 그의 이미지가 5월 초 수준으로 되돌아가는 것을 의미했다. 클린턴은 지난 한 달 반 동안 전반적인 상황을 안정적으로 파악하고 있다. 반면 트럼프에 대한 미국인들의 시각은 5월 마지막 주에 악화되기 시작했고 그 이후 계속 하락했다. 중요한 것은 지난 한 달 반 동안 특정 사건에 의해 갑작스럽게 변화한 것이 아니라 점진적으로 하락하는 추세였다는 것이다. 기사의 마지막에 제시된 그래프는 두 후보 모두에 대한 우호적인 시각과 비우호적인 시각의 전체 추세를 보여준다.

지난 여름보다 더 부정적인 두 후보의 이미지

갤럽은 2015년 7월 중순부터 클린턴과 트럼프를 바라보는 대중의 시선을 추적해왔다. 이후 두 후보의 이미지는 더욱 부정적으로 변했다. 클린턴에 대한 미국인들의 시각은 8월 말 잠깐을 제외하고는 계속 트럼프보다 긍정적이었다.

2015년 7월에는 클린턴에 대한 긍정적인 시각과 부정적인 시각이 비슷하게 나타났지만, 그 직후 민주당의 최종 후보자에 대한 사람들의 긍정적인 시각이 시들해졌다. 지난 8월부터 현재까지 상당한 기복이 있기는 했지만, 클린턴에 대한 부정적인 평가가 긍정적인 평가보다 더 많았다. 클린턴에 대한 미국인들의 시각은 4월 중순 이후 대체로 큰 변동 없이 안정적으로 유지되고 있다.

트럼프의 이미지는 긍정적인 시각보다 부정적인 시각이 우세하다. 순호감도는 8월 말에 정점을 찍은 뒤 4월까지 전반적으로 하락하였는데, 가장 낮은 값은 −39였다. 그의 이미지는 5월 중순까지 다시 나아졌다가 그 후 현재와 같은 상황으로 다시 하락하였다.

힐러리 클린턴과 도널드 트럼프의 순호감도

순호감도는 우호적인 시각에 대한 백분율에서 비우호적인 시각에 대한 백분율을 뺀 값이다.

참고: 7일 평균 자료임 **[갤럽]**

지난 11개월간 벌어진 변화에도 불구하고 두 후보 간의 순호감도 격차는 갤럽이 두 후보를 조사하기 시작했던 2015년 7월의 점수 차(21점)와 현재의 점수 차(20점)가 거의 같다.

시사점

후보자 토론과 예비 투표 단계를 거치면서 지난 7월에 비해 두 후보 모두에 대한 긍정적인 시각이 더 줄어들었다.

그동안 각 정당에서 대통령 후보의 지명이 확정되는 선거 과정에서, 일반적으로 이 시점까지 후보들은 지금의 클린턴과 트럼프보다 더 긍정적인 이미지를 가지고 있었다. 1992년 이래 갤럽은 선거가 있는 해의 6월과 7월에 순호감도가 마이너스인 대통령 후보들을 거의 찾을 수 없었다. 2012년 7월 밋 롬니의 −9, 1992년 6월 빌 클린턴의 −6, 조지 H.W. 부시의 −7 정도가 예외였다. 그러나 이들 후보 중 현재의 힐러리 클린턴이나 트럼프만큼 순호감도가 낮은 후보는 없었고, 빌 클린턴과 롬니는 선거가 가까워지면서 순호감도가 플러스로 바뀌었다.

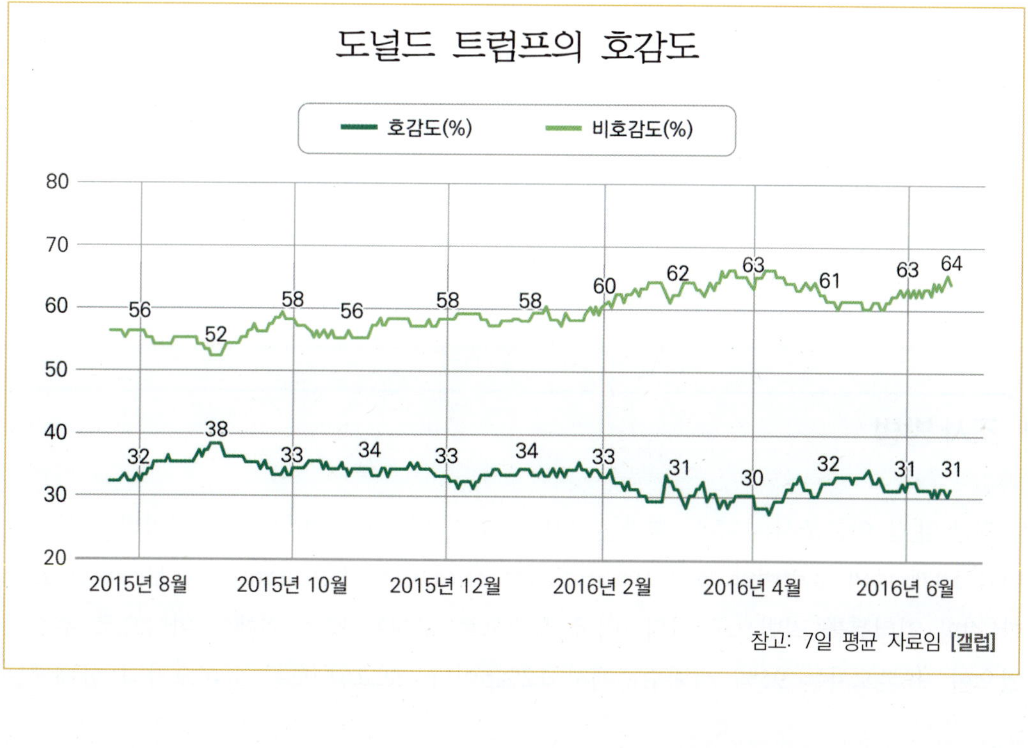

참고: 7일 평균 자료임 **[갤럽]**

특히, 미국인들은 7월 중순에 시작되는 전당대회 동안 앞으로 지지할 후보들에 대한 그들의 생각을 확실히 바꿀 수 있다. 클린턴에 대한 대중의 시각은 그가 다양한 정치적, 비정치적 역할을 오가면서 전국적인 대중의 시선을 받아온 25년 동안 상당한 변화를 겪었고, 그에 대한 시각이 다시 한 번 바뀔 가능성을 시사했다. 트럼프는 중앙 정치 무대에서 더욱 생소한 인물인데, 미국인들이 그에 대한 생각을 얼마나 바꿀지는 두고 봐야 한다.

힐러리 클린턴의 호감도

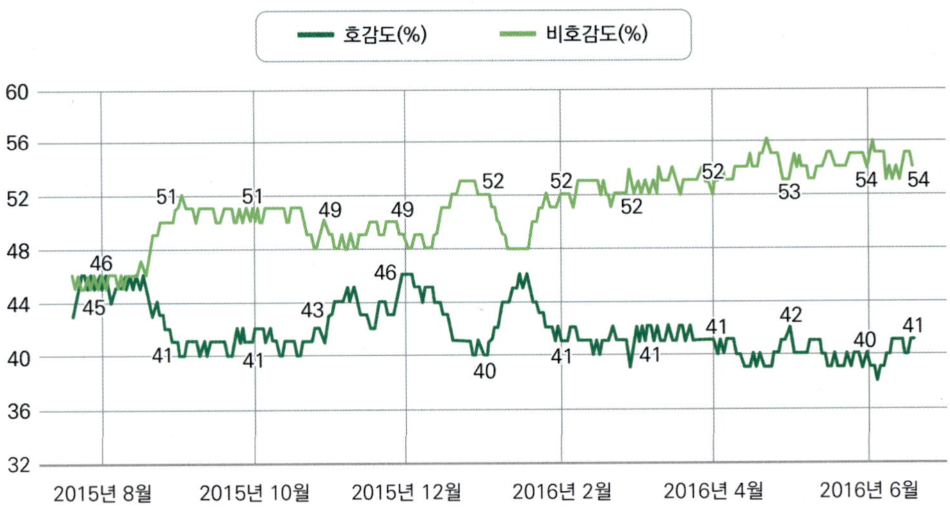

참고: 7일 평균 자료임 [갤럽]

이 데이터는 갤럽 애널리틱스(Gallup Analytics)에서 확인할 수 있다.

조사 방법

최근 갤럽 여론조사의 추정 결과는 2016년 6월 13~19일 미국 갤럽 데일리 조사에서 미국 50개 주와 컬럼비아 특별구에 거주하는 18세 이상 성인 3560명을 무작위로 표집한 전화 인터뷰를 기반으로 한다. 미국 성인으로 구성된 표본 전체를 바탕으로 추정하였으며, 표본오차는 95% 신뢰수준에서 ±2%p이다. 보고된 모든 표본오차의 한계에는 가중치에 대해 계산된 설계 효과가 포함된다.

미국 성인에 대한 각 표본에는 지역 내 시간대별로 최소 할당량이 추가로 포함되어 있으며 60%의 휴대전화 응답자와 40%의 유선전화 응답자가 포함되어 있다. 유선전화 및 휴대전화 번호는 무작위 숫자 다이얼(RDD) 방식을 사용하여 선택되었다.

[부록 2]

「사례연구 7: 치실의 효과」 탐구를 위한 기사

2016년 8월 2일

The New York Times

치실을 사용하지 않은 것에 대해 죄책감을 느끼나요? 아마 그럴 필요가 없을걸요.

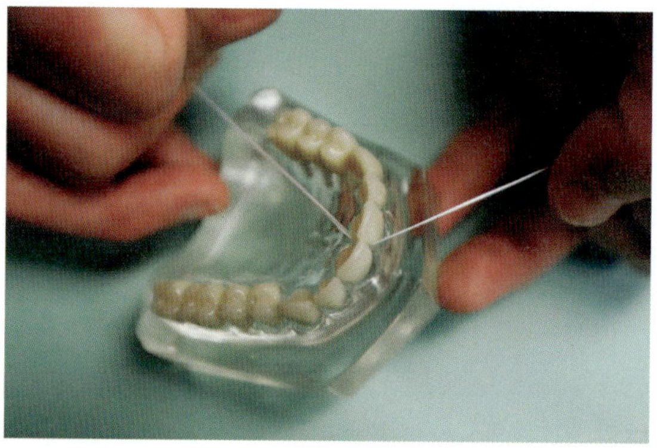

Julio Cortez/Associated Press

Catherine Saint Louis 기자

수십 년 동안, 연방 정부와 치과의사는 치아가 빠질 정도로 병든 충치와 잇몸 질환을 예방하기 위해 매일 치실 사용을 하는 것이 필요하다고 주장해왔다.

알고 보면 치실에 대한 모든 것들이 과대평가되었을 수도 있다.

농무부와 보건복지부에서 발행한 「미국인을 위한 최신 식생활 지침」에서는 별다른 예고 없이 치실 사용에 대한 언급을 조용히 삭제했다. 이번 주 AP통신의 보도에 따르면, 관료들은 미국인들에게 치실을 사용하도록 장려해왔지만, 그 전에 정기적인 치실 사용의 효과에 대해 연구한 적은 없었다.

화요일에 발표된 성명에서 미국 치주과학회는 연구자들이 피실험자를 충분히 확보하기 어려웠고 또한 “장기적인 잇몸 건강 검사”를 실행할 수 없었기 때문에 현재까지 나온 대부분의 증거가 부족하다고 인정하였다.

매일 치실 사용을 위해 노력하였으나 워낙 달성하기 어려운 높은 목표인지라 그로 인해 죄책감을 가졌던 시민들은 이 폭로로 인해 동요하였다. 하지만 전문가 집단 내에서는 치실 사용이 충치나 심각한 치주 질환 예방에 별다른 효과가 없다는 것이 공공연한 비밀이었다.

2011년 코크런 데이터베이스(The Cochrane Database of Systematic Reviews)에 발표된 12건의 무작위 통제 실험을 리뷰한 결과, 치실 사용이 1개월 및 3개월 후에 치석을 감소시킬 수 있다는 “신뢰하기 어려운” 증거만 제시되었다. 연구자들은 충치 예방을 위해 양치질과 함께 치실을 사용하는 것의 효과를 검증하는 연구를 찾을 수 없었다.

시애틀의 워싱턴대학교 구강건강과학전공 교수인 필리페 후조엘 박사는 “불소 없이 이루어지는 치실 사용과 양치질, 이 두 가지 습관이 충치와 치아 손실을 예방한다고 많은 사람들이 믿고 있다는 사실은 매우 놀라운 일이다. 그 두 습관이 효과적임을 보여줄 무작위 임상실험은 아직 존재하지 않는다”고 말했다.

미국 치과협회의 웹사이트에는 치실 사용이 “이와 잇몸을 관리하는 데 필수적인 부분”이라고 언급한 내용이 있다. 작년에 이 단체의 대변인이자 캘리포니아대학교 로스앤젤레스 캠퍼스(UCLA)의 치과보존학전공 교수인 에드먼드 R. 휴렛 박사는 “양치질과 치실 사용이 치석 내 박테리아 증식을 막기 때문에 유익하다고 확신한다”고 말했다.

그러나 실제로 이는 단지 절반만 증명되었다. 불소가 함유된 양치질은 충치를 예방한다. 치실 사용도 같은 이점이 있다는 것은 결코 증명되지 않은 직감일 뿐이다.

그나마 치실 사용이 잇몸 출혈과 치은염 감소에 효과가 있다는 몇 가지 증거가 있다는 점이 위안이 될 수 있다. 코크런 리뷰에서 저자는 증거의 질이 “매우 낮다”고 경고하기는 했지만, 정기적으로 양치질을 하는 사람과 치실을 사용하는 사람이 양치질만 하는 사람보다 잇몸 출혈이 적다는 사실을 발견했다.

초기 치은염은 심한 치주 질환과 거리가 멀다. 하지만 일부 치과의사들은 엄격한 연구가 부족함에도 잇몸 질환을 초기에 예방하는 데 치실 사용이 중요하다고 주장한다.

버팔로대학교 치주과학전공 석좌교수인 세바스찬 G. 시안시오 박사는 “치은염은 치아 손실을 유발하는 치주염으로 진행되는데, 이는 다시 말하면 치은염을 줄임으로써 치아 손실을 막을 수 있다는 논리가 성립하게 된다”고 말했다.

심각한 치주 질환은 발병하는 데 5년에서 20년이 걸릴 수 있다.

뉴저지 주의 홀름델에서 실제 진료를 하고 있고 현재 미국 치주과학회 회장을 맡고 있는 웨인 알드리지 박사는 "치은염은 매우 서서히, 천천히 뼈를 녹이는 질병"이라고 말했다.

알드리지 박사는 치실 사용이 말기 치주 질환 예방에 효과가 있다는 분명한 증거가 없더라도 환자에서 치실 사용을 권장한다며, 치실 사용을 그만 두는 사람들은 "위험을 감수하고 있는 것"이라고 말했다.

그는 "치주 질환이 발병할 수도 있는 데다, 너무 늦게 알게 될 수도 있기 때문"이라고 말했다.

대부분의 사람들은 치실 사용을 잘 하지 않고 있기 때문에, 치실 사용이 충치나 잇몸 질환 감소에 효과가 있다는 증거는 아마 뒷받침하기 어려울 것이다.

아마도 치실을 사용하는 것이 충치나 잇몸 질환을 감소시킨다는 증거는 우리 모두가 매우 빈약한 치실 사용자이기 때문에 뒷받침되지 않을 것이다. 후조엘 박사에 따르면, 치위생사 중에서는 치실 사용을 매우 열성적으로 하는 사람들이 있는데 이들은 "치아를 따라" 잇몸 부분까지 내려가며 치실 사용을 하는 것을 목표로 한다.

그러나 욕실 거울을 한심한 표정으로 쳐다보는 대부분의 일반인들은 대충 한 번 정도만 가볍게 치실로 훑는 정도로 마무리짓는 경향이 있다.

6건의 실험을 검토한 결과, 전문가들이 약 2년 동안 학교에서 아이들의 이를 치실로 닦았을 때 충치 위험이 40% 감소한 것으로 나타났다.

그래서 어쩌면 완벽한 치실 사용은 효과적일 수도 있다. 하지만 과학자들은 그 이론을 검증할 사람을 찾기가 어려울 것이다.

찾아보기

ㄱ

결합 상대빈도 67
경험적 확률 144, 146
관찰 단위 4, 6
관찰연구 8
교란변수 199
근사표집분포 206
기운 분포 37

ㄷ

데이터 수집 5
독립 157

ㅁ

막대그래프 27
모수 204
모집단 4, 9
무작위 과정 143
무작위 대조 연구 197
무작위 표집 182
무작위 할당 182, 183, 195, 196
민감도 175

ㅂ

반응변수 56
변수 4, 80
  범주형 4
  수치형 4
변이성 28, 31
분포 24
  모양 31
  중심 31
빈도표 4

ㅅ

사분위수범위 47
상자그림 30, 45
설명변수 56
수학적 확률 146
시뮬레이션 144, 145, 151
실험 연구 195

ㅇ

연관성 56
오차한계 187
원그래프 27, 28
이론적 확률 146
이원배치표 67

ㅈ

전수조사 4
점그래프 30, 44
조건부 상대빈도 67
주변 상대빈도 67
중심극한정리 221
중앙값 31

ㅊ

최빈값 27
최빈 범주 27

ㅋ

큰 수의 법칙 144

ㅌ

통계적 문제해결 과정 2
통계적 탐구 질문 2
특이도 175
특이점 46

ㅍ

편향 182
　선택 편향 186
평균 31
평균절대편차 31
표 27
표본 9
　단순 무작위 185
표본공간 156, 167
표본통계량 205
표준오차 221, 224
표준편차 33
표집변이성 205
표집분포 205

ㅎ

확률의 덧셈정리 173
히스토그램 30, 37, 44

데이터 기반 문제해결 교육을 위해

교사가 알아야 할 통계와 데이터과학

지은이 Anna Bargagliotti · Christine Franklin
옮긴이 탁병주 · 지영명 · 이윤경 · 김은하 · 구나영 · 이자미 · 전수경 · 한수연
펴낸이 조경희
펴낸곳 경문사
펴낸날 2023년 5월 31일 1판 1쇄
등 록 1979년 11월 9일 제1979-000023호
주 소 04057, 서울특별시 마포구 와우산로 174
전 화 (02)332-2004 팩스 (02)336-5193
이메일 kyungmoon@kyungmoon.com

값 23,000원

ISBN 979-11-6073-639-7